ALTERTÜMER

VON

PERGAMON

KÖNIGLICHE MUSEEN ZU BERLIN

ALTERTÜMER

VON

PERGAMON

HERAUSGEGEBEN IM AUFTRAGE

DES KÖNIGLICH PREUSZISCHEN MINISTERS DER GEISTLICHEN UND UNTERRICHTS-ANGELEGENHEITEN

BAND I TEXT 1

BERLIN
VERLAG VON GEORG REIMER
MCMXII

KÖNIGLICHE MUSEEN ZU BERLIN

STADT UND LANDSCHAFT

VON

ALEXANDER CONZE

OTTO BERLET ALFRED PHILIPPSON CARL SCHUCHHARDT
FRIEDRICH GRÄBER

MIT BEITRÄGEN VON JOHANNES MORDTMANN KURT REGLING
PAUL SCHAZMANN AUGUST SENZ ADAM ZIPPELIUS

MIT CIV BEIBLÄTTERN, DXLVI TEXTABBILDUNGEN
UND MIT EINEM ATLAS VON XXXVI TAFELN

I

BERLIN
VERLAG VON GEORG REIMER
MCMXII

PERGAMON

I 1

INHALTSÜBERSICHT

BAND I

STADT UND LANDSCHAFT

I

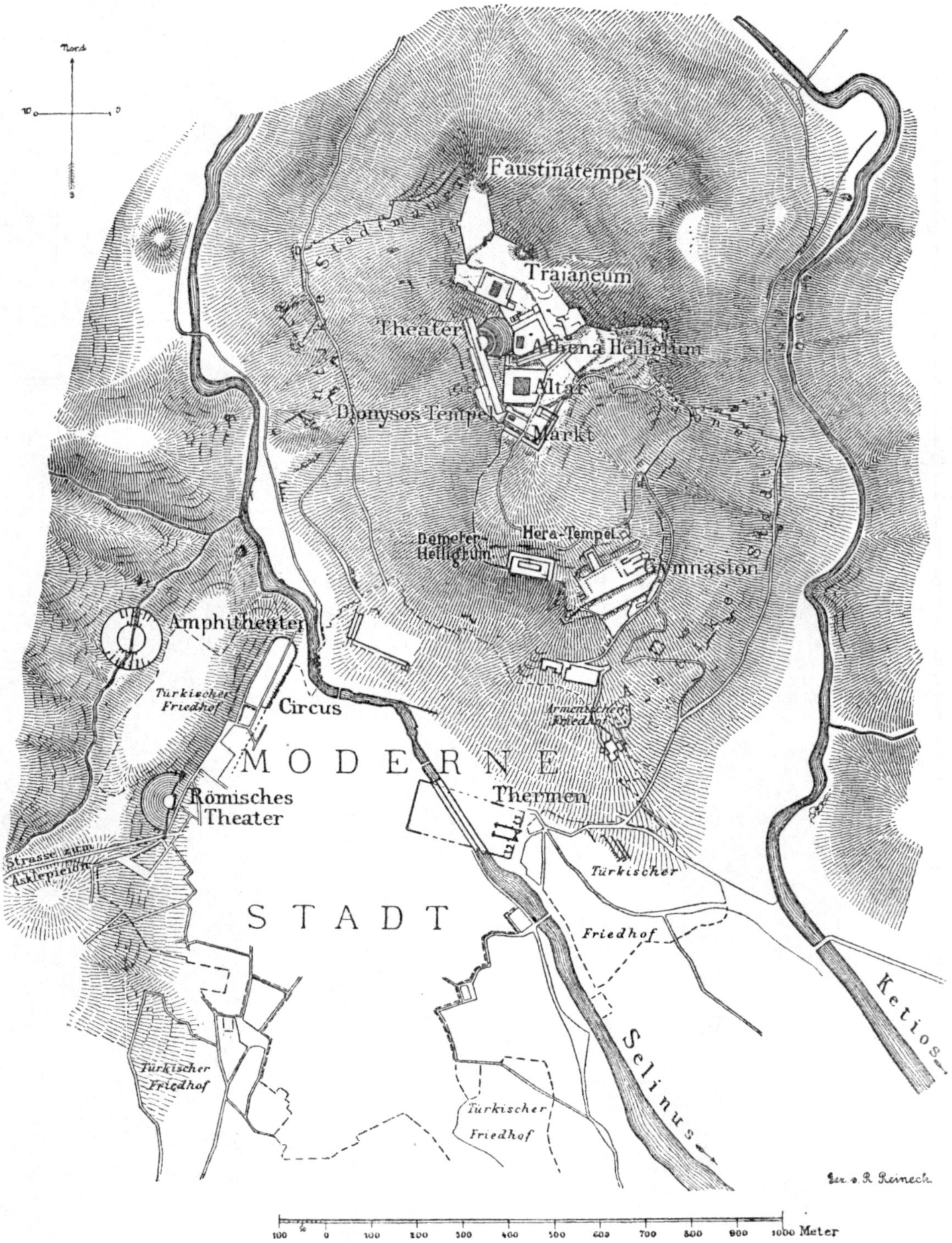

Faustinatempel
Traianeum
Theater
Athena Heiligtum
Altar
Dionysos Tempel
Markt
Hera-Tempel
Demeter-Heiligtum
Gymnasion
Amphitheater
Türkischer Friedhof
Circus
MODERNE
STADT
Thermen
Römisches Theater
Strasse zum Asklepieion
Türkischer
Friedhof
Türkischer Friedhof
Türkischer Friedhof
Selinus
Ketios
Gez. v. R. Reineck.
100 50 0 100 200 300 400 500 600 700 800 900 1000 Meter

»Es mag die Stadt, die auf einem Berge liegt, nicht verborgen ſein.«

Pergamon hat nach dem Niedergange der antiken Welt nie ſeinen alten Namen verloren, und ſo iſt auch eine dunkle Erinnerung daran, daß dieſer Name einſt einen großen Klang hatte, nie ganz verwiſcht worden. Wer die Stelle betrat, dem weckten die Überreſte aus alter Zeit wenigſtens eine Ahnung davon. Bei den Türken kleidete ſich das einſt wohl in den bewundernden Namen eine Nimrudſtadt. Daremberg (*Notices et extraits des mss. médicaux*, Paris 1853, S. 121) führt eine byzantiniſche Aufzählung aus einer Meermannſchen Hſ. an, in der an letzter Stelle erſcheint: Καὶ ἐν Περγάμῳ ἱερὸν (ἱερῷ *cod.*) Κύρου τοῦ βασιλέως, und, wie mir ebenfalls Hermann Schöne nachweiſt, treten τὰ Κύρου βασίλεια ἐν Περγάμοις ganz entſprechend auf unter den Weltwundern in Piccolomini, *Estratti inediti dei cod. gr. della Laurenziana* (Piſa 1879, S. 45).

Eine frühe Beſchreibung von Pergamon beſitzen wir dann in einem Briefe des ſpäteren Kaiſers Theodoros II Laskaris an den Geſchichtſchreiber Georgios Akropolites, zuletzt abgedruckt von Gelzer (Pergamon unter Byzantinern und Osmanen, Abh. Berliner Ak. 1903, S. 89, Anm. 1). Laskaris beſuchte Pergamon um 1250 n. Chr. In dem ſehr griechiſch wortreichen Erguſſe iſt die Rede von zerſtörten Theatern, und maßlos werden die langen Überwölbungen des Selinus bewundert. Dann heißt es, zu beiden Seiten der Ummauerungen des großen Theaters (dafür wird die heute ſo genannte Kiſil-Awli genommen) ſtänden Rundtürme (wie ja noch heute), οἷον ἐξ ἴσου τοὺς λίθους ἔχειν ζηλοτυποῦντες ζώνας τέ τινας περιζωννύμενοι (die noch jetzt erhaltenen umlaufenden Simſe). Das Folgende iſt aber nach dem jetzigen Zuſtande der Ruine nicht zu verſtehen, daß durch die Türme der Aufgang ſei zu den Ummauerungen dahinter, alſo doch wohl zum Mittelbau (οἱ δὲ μέσον τὴν ἄνοδον ἔχοντες διαπορθμεύουσι πρὸς τὰ μετ᾽ αὐτοὺς περιτειχίσματα τὴν ἐξέλευσιν). Ein Haus des Galen wurde noch gezeigt, ſonſt fehlen Benennungen der Ruinen. Der Faden klarer Erinnerung erſcheint nach dieſem Berichte eines hochgebildeten Griechen abgeriſſen. Aus dem Hauſe des Galen wird bei Ibn Batuta, der etwa hundert Jahre ſpäter Pergamon beſuchte, ein Haus des Philoſophen Plato (Gelzer S. 94). Der Volksmund aber weiß, noch bis heute nachklingend, von dem Schloſſe auf dem Stadtberge nur mit den verwirrten Variationen eines bekannten Tragudi zu berichten, deren Aufzeichnung aus dem Munde mehrer Pergamener wir Hepding verdanken[1].

Σὰν τῆς στερεᾶς τὸ κάστρο, κάστρο δὲν εἶδα,
Ποῦ‿ἔχει‿ἀσημένιες πόρτες καὶ‿ἀργυρᾶ κλειδιά.
— Ἀργυρ' ἀργυρᾶ κλειδιά, Φράγκα μὲ τὰ ῥεπαντιά —
Φράγκοι τὸ πολεμούσανε χρόνια δώδεκα
— Χρόνους, μῆνες δεκατρεῖς· Φραγκοποῦλα θὰ γενῇς. —
Σαράντα χιλιάδες ὄχλος ἀπ' ἔξω φυλάγανε,
Διὰ ν' ἀνοίξῃ‿ἡ πόρτα, μέσα νὰ‿ἔμπουνε.
Δεκαοχτὼ χρόνια τὸ πολεμούσανε.
Καὶ‿ἕνα μικρὸ Φραγκόπουλο μὲ τέχνη τὸ‿ἔκανε·
Βάζει γυναικαροῦχα, Φράγκα γίνηκε.
Μὲ μιὰ ὀκᾶ βαμβᾶκι ἐγγαστρώθηκε.
— Ἀγκαλαγαστρώθηκε· Τὸ κάστρο παραδόθηκε —
Ἀπ' ἔξω ἀπὸ τὸ κάστρο κάθεται καὶ κλαίει·
»Ἄνοιξε, βασίλισσα, καὶ κοιλοπονῶ,
»Νὰ‿ἐμπῶ, νὰ τὸ γεννήσω, καὶ ὕστερα νὰ‿ἐβγῶ.«
Ὅσον ν' ἀνοίξῃ ἡ πόρτα, χίλιοι ἤμπανε.
— Ὅσον ν' ἀγκαλανοίξῃ, χιλιάδες δέκα ἤμπανε —

Über den Ruinen der Unterſtadt niſteten ſich die Nachlebenden ein, mit immer neuem Bebauen und Wiederverfallenlaſſen häufte ſich allmählich meterhoch der Schutt der Baufläche. Auf dem Stadtberge aber wurde es ſtill und ſtiller, in den letzten Jahrhunderten erſcholl auch nicht mehr als vereinzelter Kriegslärm. Nur die Steinmetzen und Kalkbrenner ſtörten regelmäßig die Ruhe mit ihrer Ausbeutung der beiden offenbleibenden marmorreichen Wunden am Stadtkörper des Berges, Gymnaſium und Trajaneum.

Wir haben die volle Verödung oben noch geſehen, und wo noch nicht gegraben iſt, herrſcht ſie weithin noch heute.

Nur niedriges Buſchwerk und Kraut wuchert zwiſchen dem Trachytgeröll, das den kahlen Berg überdeckt.

Wenn im November die erſten Regen fallen, dann treten die niedrigen Leontodonpflänzchen mit ihren glänzend gelben Blumen hervor. Alles Krautwerk fängt an ſich zu rühren. Die Diſteln entfalten ihre Blätterkelche. Die noch lebensfähigen Königskerzen, auf deren verdorrten Stengeln oben die letzten gelben Blüten vergehen, nehmen wieder Saft und Farbe an. Die Aſphodeloszwiebeln laſſen ihre Blätter ſprießen. Die Malven zeigen wieder Blüten im dunklen Laub. Im Dorngeſtrüpp blüht ein Alpenveilchen. Auch am Stadtberge geht ſo die Pflanzenwelt der Regenzeit entgegen.

Wird es dann Sommer, ſo erglänzen die zahlreichen Ginſterbüſche mit ihrem leuchtend gelben Blütenſchmucke all über den Berg hin verſtreut, und der Liguſter ſetzt ſeine lila Blüten an.

Brennend ſteht die Hochſommerſonne über der Höhe und dörrt alles aus. Nur die Büſche behalten ihr fahles Grün, drunter iſt das Kraut trocken, vergilbt. Dann kann ein kleines Fünkchen einmal eine ganze Bergſeite in Flammen ſetzen. Nachher ſteht es verſengt, die Zweige ſchwarz, das Laubwerk in Aſche. Erſt nach Jahr und Tag wecken es die Regen wieder auf. Aber es wächſt nichts hoch, auch die wilden Ölbäume bleiben Büſche, die Holzſucher aus

[1] Zum Text zu vergleichen Conze, Reiſe auf den Inſeln des Thrak. Meeres S. 5. Παχτικός, 260 δημώδη ἑλληνικὰ ᾄσματα I, 7 Nr. 4. *Garnett, Greek folk poesy* I 255, 256.

dem Orte und früher die Schaf- und Ziegenherden ließen nichts aufkommen. Eintönig dehnt ſich die Oberfläche des Berges.

Und es iſt ſtill, auch das Tierleben iſt ſpärlich. Zeigt ſich einmal ein Haſe oder ein Schwarm Rebhühner, ſo ſind die Jäger aus der Unterſtadt gleich da. Nur das Kleinſte bewegt ſich noch, von den Mäuſen abwärts, die einem über den Weg huſchen. Hoch in den Lüften kreiſen die Geier und Adler. Ziegen- und Schafherden ziehen langſam um den Berg, jetzt ſo weit, wie wir es zulaſſen; nur die Eſelchen unſeres Wächters dürfen noch überall ihr Futter ſuchen.

In dieſe Stille, in dieſes Dunkel der Vergeſſenheit fiel ein erſter Strahl der Morgenröte klaſſiſcher Studien mit der Reiſe des Cyriacus von Ancona, der auch Pergamon beſuchte, zweimal, um 1431 und 1444. Unter dem, was noch immer verſtreut von ſeinen Aufzeichnungen geblieben iſt, läßt er, wenn auch in entſtellter Form, den Namen des großen Bauherrn der alten Stadt auf dem Berge, des Eumenes, wieder erſtehen (Ziebarth in Athen. Mitt. des Inst. 1902, S. 445 f.). Was er ſah, wird ſo verzeichnet: *Immania templa* (gewiß beſonders die Kiſil-Awli), *duo maxima amphitheatra* (Theater und Amphitheater) *colosseaque de marmore deorum heroumve simulachra* (ob Stücke der Gigantomachie?) *et egregia inter sepulchra ingens et magnis editus lapidibus instar altissimi montis tumulus* (Jigmatepe oder Maltepe, deren ſteinerne Krepis auch ſpätere Reiſende noch freiliegend ſahen).

Für die dann kommenden Jahrhunderte iſt es weniger die antike Glanzzeit Pergamons, als deſſen Platz unter den ſieben Kirchen der Apokalypſe[1], welcher die Aufmerkſamkeit gebildeter Europäer dem Platze zuwendet.

Dem verdanken wir eine erſte ſorgfältige Beſchreibung der Altertümer in Pergamon von Tho. Smith, *B. D. and fellow of St. Mary Magdalen College* in Oxford: *Remarks upon the manners etc. of the Turks, together with a survey of the seven Churches of Asia, as they now ly in Ruines etc.* London 1678. (Vorher lateiniſch Oxford 1674.) Auf S. 209 beginnt die Reiſe von Smyrna über Menemen, Chiaur-Kuy und Cliſia-Kuy, bis an den Kaïkos, *which we past over at a miles distance from the city on a stone-bridge of 13 arches, the city lying NW of it.* Er ſieht, wie die Stadt vor dem Nordwinde geſchützt liegt unter dem hohen und ſteilen Hügel; auf dem die Feſtung, vernachläſſigt von den Türken, da ſie hier keine Feinde hätten. Er ſieht die oſtwärts ablaufende Eumeniſche Mauer mit der Turmruine am Ende: *from the castle there runs down eastward a good part of the hill a stone wall; at the end of which some ruins of a fortification, that seems to have been built for the security of it that way.* Dann folgt eine Beſchreibung der Umfaſſungsmauer der Kiſil-Awli längs der Straße (*ruins of a Palace,* aber, wie er vorſichtig hinzuſetzt, *as it is judged to be*), an welcher er noch Marmorſäulen mit Kapitellen (*curiously wrougt*) aufrechtſtehend findet, eine wertvolle Angabe, ebenſo wie ſeine Beſchreibung mit Maßen der öſtlich davon gelegenen *very famous ruines of a Church dedicated to St. John,* alſo der Kiſil-Awli. *By the stream not far from the great Church, part of a wall is yet standing of about ninety paces,* die ſüdliche Umfaſſungsmauer der Kiſil-Awli. Mehre Brücken über den Selinus waren vorher kurz erwähnt, teils mit zwei, teils mit drei Bogen. Drei Bogen hat die noch davon benannte Ütſch-Kemer-Köprü. Dann folgt *on the other side of Selinus a very handsome and large Church, formerly called Sancta Sophia, into which you*

[1] II, 13: Οἶδα ποῦ κατοικεῖς· ὅπου ὁ θρόνος τοῦ Σατανᾶ. Den Thron des Satans hat man in einem Bauwerke geſucht, früher in dem in römiſcher Zeit unter den pergameniſchen Kulten ſtark in den Vordergrund gerückten Tempel des Asklepios, jüngſt dann in dem neuentdeckten Rieſenaltar mit der Gigantomachie. Das hat begreiflichen Beifall gefunden, doch hält dem eine andere Auslegung mehr als die Wage. Pergamon war der frühe Sitz des Kaiſerkultus, dort war der erſte Tempel des Auguſtus und der Roma, von deſſen Prieſterſchaft die Chriſtenverfolgungen vielfach ausgingen, und gegen den Kaiſerkult richtet ſich mit beſonderem Eifer die Apokalypſe. Das wird alſo der Thron des Satans ſein. (Bouſſet, Offenbarung Johannis, Göttingen 1906, in Meyers Kommentar über das N. T., S. 211, und Ramſay, *The letters of the seven churches of Asia.* London 1904, S. 293.)

ascend by several stone-stairs, now polluted by the Turks and made a Mosch. Es iſt das mit dem von Spon ein altes Zeugnis für die noch heute bei den Einwohnern gangbare Annahme, daß die Ulu-Tſami urſprünglich eine Kirche Agia Sophia geweſen ſei. Der folgende Satz kann ſich auf eine im Jahre 1906 von Dörpfeld und Gräber wieder freigelegte Leitung oberhalb der Gurnellia beziehen (Sitzungsber. der Berliner Akademie der Wiſſ. 1906, S. 846): *We observed a passage underground from the Castle to the Selinus, by which they supplied themselves with water.* Die allerdings unbegründete Meinung, es ginge ein Gang bis zur Burg hinauf, beſteht bei den Einwohnern noch heute. Smith iſt ſehr ſorgfältig und gibt ausdrücklich zu Anfang an, er habe einen Kompaß mit auf die Reiſe genommen. Wenn er aber die Überreſte eines Aquädukts angibt »*along the side of a hill from the southwest*«, ſo iſt die Richtigkeit ſchwer zu finden. Auf die zwei Ruinenenden des Amphitheaters beziehen ſich dann die großen Ruinen an einem Hügel weſtlich der Stadt *with six great arches over a water, which seemes to have been formerly a common-shore* (Schleuſe), *and South of this another range of six arches more, with two large rooms. The former of these ruines the Turks call Kiz-serai (Women's Seraglio).* Ganz richtig folgt dann weiter ſüdwärts das Theater mit ſeiner ſchönen Ausſicht auf Stadt und Ebene. Ziemlich unten im Theater ſieht er einen etwa 7 Spannen langen und 2 Spannen breiten Marmor mit der Inſchrift ΗΡΑΚΛΗΣ, dem gegenüber auch eine Marmorſtatue, die er durch einen armen Chriſten entfernen ließ (*caused to be removed*), um ſie vor der Bilderfeindſchaft der Türken zu ſchützen. Er ging dann in die Stadt hinunter und erwähnt die überall vorhandenen Gewölbe. Gerade in der Gegend liegen ja die römiſchen Ruinen, welche Schazmann in Band VI behandelt. Den Schluß macht die damals als Viehſtall benutzte Ruine im heutigen Aiwas-Ali-Baktſche, jetzt als das Asklepieion erkannt, *about a quarter of a mile out of Town, to the SW.* Und endlich nach Süden in etwa gleicher Entfernung die beiden Hügel, die er nicht als Grabhügel anſieht, ſondern als *raised artificially to command the passage and secure the Avenues that way; in the mid way lies the road: and the like toward the East.* So ſieht auch Spon die Tumuli für Befeſtigungen des Zugangs zur Stadt an und fügt ebenfalls hinzu: *au Levant il y en avait deux autres semblables.* Es muß damit der Tauſchan Tepe und ein ganz kleiner, nordweſtlich ihm gegenüberliegender Tumulus gemeint ſein. Den Schluß der Beſchreibung macht die Marmorvaſe im türkiſchen Bade, die fortan eine Hauptſehenswürdigkeit von Pergamon war, bis ſie nach Paris kam; das Bad trägt aber noch heute ſeinen Namen von ihr: Küpü-Hamam (A. v. P. VII, n. 459). Auch die zwei Inſchriften im Bade kopiert der ſorgfältige Mann noch (I. v. P. 635 und C. I. Gr. 3559). Über Soma und Thyatira reiſt er zurück.

Bei keinem der ſpäteren Reiſenden, die um der ſieben Kirchen willen kamen, habe ich, ſoweit ſie mir bekannt geworden ſind, ſo viel ſelbſt geſehenes Tatſächliches über die antiken Überreſte des Platzes gefunden wie bei Thomas Smith, Dallaway etwa ausgenommen. Wallace (1842) zitiert nur ältere Reiſende, Baratta (1840) und Noroff (1860) ſind ſehr flüchtig und geben etwas phantaſtiſche Abbildungen. Ein jüngſter Nachwuchs dieſer Literatur iſt das mehr auf den heutigen Zuſtand gerichtete Buch von Georgios Lambakis, οἱ ἑπτὰ ἀστέρες τῆς ἀποκαλύψεως. Athen 1909, 8°.

Mit Jacques Spon beginnt dann die Reihe der vorzugsweiſe auf die Antike ihr Augenmerk richtenden Reiſenden. Wir lernen aber aus Spons zuerſt 1678 erſchienenem *Voyage en Italie* uſw. nichts Neues. Das wenige, das er gibt, klingt auffallend an Thomas Smiths ſorgfältigere Beſchreibungen an, ſo auch die Auffaſſung der beiden großen Tumuli als Befeſtigungen des Zugangs zur Stadt, zwei auch im Oſten. Smith läßt auf dieſe Ausführung über die Hügel, aber nach einer Zwiſchenbemerkung über die Lage der Chriſten, die Marmorvaſe im Bade folgen, Spon fährt unmittelbar nach der Ausführung über die Hügel fort: *Près de la un grand vase de marbre etc.*, was ja gar nicht zutrifft. Spon muß Smith benutzt haben.

Die Beſchreibung von Pergamon in George Whelers Reiſe (Amſterdam 1680), noch kürzer als die von Spon, von der ſie abhängig iſt, gibt der gegenüber nichts Neues.

Erſt reichlich hundert Jahre ſpäter erſcheint wieder eine Reiſebeſchreibung über Pergamon, die über Selbſtgeſehenes berichtet, die von James Dallaway, *late chaplain and physician to the British ambassy to the Porte, Constantinople, with excursions etc.* London 1797, S. 299ff. Beim Annähern an die Stadt bemerkt er die drei großen *tumuli, thrown up, according to received tradition, by the Turks or probably during the siege of Moslemah,* man wiſſe aber nichts Sicheres. Nahe bei dem Chan, in den er einkehrt, beſchreibt er zuerſt die Kirche des Agios Theologos, alſo die Kiſil-Awli. Dann geht er auf umwindendem, gepflaſtertem Pfade bequem zur Burg hinauf. Halbwegs findet er die Befeſtigung mit den Türmen, wenig darüber eine Plattform, die als Batterie beabſichtigt wäre, ganz aus Marmorbruchſtücken, Säulen u. a., in Mörtel gelegt, in die Reihe gelegte durchbohrte Säulen als Kanonen. Es kommen ja ſolche, wenn auch nicht zu dem Zwecke durchbohrte Säulentrommeln gelegentlich vor. Gleichviel, das Ganze will das Gymnaſion τῶν νέων im damaligen Zuſtande beſchreiben. Er kommt dann weiter oben (»im Südoſten« iſt ein Verſehen) zu der etwa 100 Fuß tiefen Mauer aus Hauſteinen, darüber Subſtruktionen, die eine große Fläche bilden, auf der ein prächtiger Tempel ſtand, weithin ſichtbar von der Ebene und der See. Er beſchreibt die korinthiſchen Säulen und vermutet dann nach der Ornamentik, daß der Bau zu Ehren des Trajan aufgeführt ſein möchte; richtig, aber nicht wieder beachtet. Den königlichen Palaſt weiß er nicht zu beſtimmen, erwähnt kurz den Aquädukt und die »Naumachie« (das Amphitheater) und greift nun wieder mit einer richtigen Erkenntnis vor. Er ſagt, daß die Stadt den Berg bis zur unteren Befeſtigung einnahm, bis die Römer eine zugänglichere Lage wählten, die ſich bis in die heutige Stadt ausdehnte, *the common sewers of which, composed of a cylinder of brick of at least thirty feet diameter, and serving as a conduct of the stream* (Selinus), *are amongst the most expensive and useful of their public works.* Er muß die Überwölbungen des Selinus meinen, ſie ſind zwar nicht aus Ziegeln, und das Maß paßt auch nicht. Am Hügel im Weſten folgt noch das Theater mit ſeinen Bögen, unten von Hütten überbaut, daneben der türkiſche Friedhof, nahe zu dem oder an deſſen Stelle er den Asklepiostempel ſuchen möchte.

Dallaway beſucht Pergamon zur Zeit der auch von ihm gerühmten guten Verwaltung der Familie der Kara Osman Oglu. Wenn die auch ein Ende nahm, ſo iſt doch auch über ſie hinaus im 19. Jahrhundert Pergamon zugänglicher geworden.

Die Reiſe des Grafen Choiſeul-Gouffier eröffnet die Reihe, und ſein imponierendes Prachtwerk iſt eine Hauptquelle ſpäterer Beſchreibungen geworden[1]: *Voyage pittoresque de la Grèce.* Paris 1809. Bd. II, 1.

Choiſeul kommt wieder von Smyrna her über Menemen und Elaia, paſſiert den Kaïkos, etwa eine *lieue* von der Stadt auf einer ſteinernen Brücke, wie ſchon Smith. Der Weg führt zwiſchen zwei koniſchen, ſicher von Menſchenhand gemachten Hügeln hin, die er, mit Verwerfung der Smith- und Sponſchen Deutung auf Feſtungen, für Gräber erklärt, was von da an als ſicher erkannt Geltung behält. Er erwähnt die zwei Spitzen des einen Hügels, der andere, alſo der Maltepe, erhebt ſich *sur un mur circulaire d'environ quinze pieds de hauteur,* was ja ganz jüngſt nur durch Ausgrabung unvollkommen wiedererkannt werden konnte. Die Kammern in dieſem Grabhügel erwähnt er nicht.

Er geht zur Burg, mehrere Wege gingen hinauf, oben kommt er zum »Tempel der Minerva« mit ſeinen korinthiſchen Säulen und über der hohen Terraſſenmauer; dieſe Benennung hat dann bis zur beſſeren Erkenntnis durch Ausgrabung Geltung behalten. Er erwähnt oben noch ſchöne Ziſternen und ſteigt dann wieder hinunter an der Weſtſeite, wo er links Ruinen eines Gebäudes läßt, mit einer Vormauer mit Türmen, einer großen Terraſſe, Säulenfragmenten. *On ne pourrait former que des conjectures*; es iſt das Gymnaſion. An Stelle dieſer Befeſtigung glaubt er die Grenze der Philetairosſtadt zu erkennen, die Nachfolger hätten weiter abwärts

[1] So bei A. G. van Cappelle, *Comm. de regibus et antiquitatibus Pergamenis,* S. 91 ff.

ihre Paläste gebaut, *et une seconde muraille forme une nouvelle enceinte.* Es klingt fast, als hätte er schon etwas von der Mauer gesehen, die wir die Eumenesmauer nennen.

Außerhalb der Zitadelle nennt Choiseul die Ruinen eines Tempels und die eines großen Gebäudes, das er nach den auf einem Steine erhaltenen Buchstaben ΠΡΥΤ für das Prytaneion halten möchte. Welche Ruine meinte er? Er geht dann wieder über zu dem Tempel, Tempel des Äskulap, wie er nun genannt wird. Es ist die Kisil-Awli gemeint, die dann ja auf lange hin wiederholt so benannt wird. Um den Platz zu vergrößern, ganz richtig das, sei der Fluß mit zwei langen Kanälen überwölbt worden (*en briques*, wie es auch hier unrichtig heißt). Er erkennt auch die Umfassungsmauern des Temenos des Tempels und nennt weiter die beiden Rundbauten, welche ihm neben seinem Äskulaptempel als vielleicht der Hygieia und Telesphoros geweiht gelten können. Der Tempel selbst sei eingestürzt, *puis, rebâti en briques sous le bas empire et consacré à St. Jean l'évangeliste,* sei er noch einmal zerstört. Die Granitsäulen, von denen einige noch in der Kirche, seien sonst unter Sultan Achmed nach Konstantinopel gebracht. Nahe dem Tempel am Nordrande der Plattform desselben sei noch ein anderes Gebäude, dessen Reste in die Mauern des Basars eingeschlossen seien. Ch. sucht darin das Nikephorion. Es müssen die, genauer gesagt, westnordwestlich vom Hauptbau gelegenen Teile der Umfassungsmauern sein, an welche noch jetzt die Basarstraße herangebaut ist. Ch. fährt fort: *En remontant le Selinus on trouve un pont antique et plus loin les ruines d'un immense édifice, qui peut avoir été le gymnase.* Mit der Brücke wird die jetzt zerstörte Chasandschi-Köprü gemeint sein, und mit dem großen Gebäude nicht etwa die Gurnellia, sondern, wie die Abbildung auf Taf. 2 annehmen läßt, die weiter den Selinus aufwärts an seinem linken Ufer gelegene Ruine, die später wohl ebenso grundlos Bibliothek genannt worden ist. Südwärts von da hinabgehend gelangt Ch. zum Stadium (*très-reconnaissable*), dann zum Theater, links von dem ein Tor (das Waran-Kapu), durch welches man zum Amphitheater gelangt. Dallaways Naumachie lehnt Ch. ab. Das ist alles klar. Nach dem Amphitheater auf Taf. 3, in malerischer Ansicht gut zu erkennen, nur mit hinzukomponiertem Vordergrunde, schließt auf Taf. 4 die Marmorvase.

Es folgt die Reise C. R. Cockerells im zweiten Jahrzehnt des Jahrhunderts, deren Journal wir durch die Herausgabe seines Sohnes (London 1903) erhalten haben. Auch Cockerell kommt von Smyrna auf dem Wege über Menemen und die Küste entlang und kehrt zurück über Kinik, Soma, Kirkagatsch in das Hermostal. Das Journal erwähnt nur die Burg, das Amphitheater und die große Marmorvase, die inzwischen durch ein Geldangebot von Canning bereits preiswerter geworden war. Auf der Burg werden drei Etagen mit Befestigungen der verschiedenen Zeiten unterschieden; die zweite mit zwei Türmen und einer großen Mauer, *built of Roman-Greek fragments of white marble*, muß die frühbyzantinische sein, welche uns die zahlreichen Stücke der Gigantomachie lieferte; *above are two larger towers with a gate and strong wall full of fragments*, die höchste Ummauerung, auf deren Erwähnung eine kurze Beschreibung der Trajanstempel-Ruine folgt, ohne Versuch einer Benennung. Unter den jetzt im Britischen Museum befindlichen Zeichnungen Cockerells sind zwei Gesamtansichten der Stadt und eine der Burg von Südwest (*JHst* 1909, S. 57).

Auch Cockerells Genosse Otto von Stackelberg ist in Pergamon gewesen. Loeschcke zeigte mir drei, noch im Besitze der Familie befindliche, im Jahre 1811 von Stackelberg am Orte gezeichnete landschaftliche Ansichten, aus denen für uns aber nichts zu entnehmen war.

Ein anderer junger baltischer Reisender, der im Jahre 1816 Pergamon besuchte und in Begeisterung für das Altertum eifrig beschrieb, war Otto Friedrich von Richter, der am Klimafieber erkrankt bald darauf in Smyrna starb. Er kommt von Ajasmat her an und kehrt zurück über Klissekiöi. Früh ersteigt er den Berg mit seinen drei bis vier Terrassen, die »wohl allmählich entstanden seien, je nachdem man das Schloß zur Stadt erweiterte«. Die alte gepflasterte Straße führt hinauf, mit einem Tore an der unteren und oberen Terrasse. Er beschreibt dann in der Richtung von oben nach unten. »Auf der oberen Terrasse hat man ein türkifches Schloß gebaut, das jetzt wüft liegt, nur von einem alten Fuchfe bewohnt, den ich dort auftrieb.« Dann befchreibt er die Refte des Trajaneums, ohne zu benennen: gewölbte Gemächer, Fundamente und korinthifche Kapitelle, einen »Architrav, von unten mit einem Bande von Lorbeerblättern, um welche Schlangeneier liefen, geziert« (fo von uns nicht mehr gefunden, Bd. V, 2, S. 20). Der Fries mit Kränzen, von Adlern und Ochfenköpfen getragen, den Richter im Tore der Hochburg vermauert fah, gehört zum Propylon des Athenabezirks (Bd. II, S. 50). Vor dem Tore (d. h. innerhalb) der in den Felfen gehauene Brunnen oder Zifterne (f. Bd. II, S. 82f.). »Die darauf folgende Terraffe, wo das Tor der alten Straße ift, hat man fpäter mit alten Fragmenten ausgebeffert und eine Menge Säulen liegend eingemauert, die man jetzt fchon zu anderem Gebrauche herausbricht.« Das ift die frühbyzantinifche Mauer mit den Gigantomachieplatten. Das Tor der römifchen Mauer erwähnt R. nicht; denn der bei ihm nun folgende untere Wall mit »zerftörten, runden Türmen neuer Zeit« ift die Ummauerung der Gymnafiumterraffen. »Gleich darüber fand ich das Theater, von dem man noch einige Sitze, Treppen und Zugänge unterfcheidet.« Das ift der kleine theaterförmige Bau im Gymnafion τῶν νέων (Athen. Mitt. des Inftituts 1908, S. 334ff.). Richter wird dann über den Selinus auf der Tabak-Köprü gegangen und, ohne zu erwähnen, daß er von da über die Flußüberwölbungen wieder auf dasfelbe Ufer hingelangte, zur alten Kirche, Agios Theologos geweiht, gekommen fein. Von den beiden Rundbauten erwähnt er nur den einen als einen Turm von Granit [Trachyt] und Ziegeln, mit Marmor geziert [dem Gefimfe]. Später fei ein fchlechtes Minare angebaut, eine Mofchee daraus gemacht, jetzt feien es wieder Efelsftälle. Er geht zur Stadt hinaus, in der er »von alten Reften nur ein halb verfchüttetes, halb verbautes Tor« findet; was ift das? Er fieht Grabhügel und auf der Höhe, dem Schloßberge gegenüber, ein Theater, mit zwei Toren, an jeder Ecke des Profzeniums, das eine an den Berg gelehnt, zu dem eine doppelte Treppe von innen hinabführt, das andere freiftehend, gewölbt, und wegen der Richtung des Theaters und Berges fchräg [Waran-Kapu]. Darauf folgt das Amphitheater mit dem hindurchfließenden Bache.

Am andern Tage verläßt R. noch einmal die Stadt — er wird ja im Chani an der rechten Seite des Fluffes gewohnt haben —, und eine antike Brücke von zwei Bogen mit großem Unterbau (die jetzt zerftörte Chafandfchi-Köprü) führt ihn »über den Selinus zu anfehnlichen Ruinen, von denen eine Wand mit einem Tore und mehrere Nebengewölbe ftehen. Sie liegen dicht am Fuße des Schloßberges, und der Talweg läuft quer darüber weg«. Es fcheine ein längliches Viereck gewefen zu fein und bis an den Fluß gereicht zu haben, wo man die Fundamente wohlerhalten fehe, vielleicht auch über ihn hinaus; denn auf der andern Seite feien zerftörte Gewölbe, die ihm wohl oben neu fchienen, aber aus alten Fragmenten gebaut. Das Ganze ift die einmal grundlos Bibliothek genannte Ruine, die Choifeul Gymnafium taufte. Hierzu ftimmt es, wenn R. anfchließend weiter im Tale hinauf eine Wafferleitung mit einer Reihe hoher Bogen nennt, die er vom Schloßberge, aber nicht aus der Nähe habe befehen können. Endlich befichtigt R. noch die Altertümer im türkifchen Bade, das er Pafcha-Hamam nennt, namentlich die Marmorvafe, deren Abbildung bei Choifeul ihm nicht genügt.

Bald nach Richter, im Jahre 1818, befuchte der franzöfifche Architekt Huyot Pergamon. Seine Aufzeichnungen befinden fich in der Nationalbibliothek zu Paris (*Fonds français, acquisitions nouvelles*, nn. 664, 1580, 1581), und ich verdanke Collignon, der bereits felbft davon Gebrauch gemacht hatte (*Pergame* S. 10), die Mitteilung des Inhalts. In Huyot kam ein Beobachter von befter technifcher Vorbildung. Er orientierte fich rafch, warf in drei Skizzen den Lageplan des Ortes und die Lage der antiken Bauten hin, nahm auch drei einzelne Bauten auf, die Kifil-Awli, das Amphitheater und die Selinusüberwölbungen. Er erwähnt es in feiner Aufzeichnung, die Blätter hat Collignon aber nicht vorgefunden.

Die Befchreibung beginnt mit dem Tempel der Minerva, wie ja die Trajaneumsruine feit Choifeul-Gouffier hieß, der Bau könne aber, wie er wieder fchon richtig datiert, nur Hadrian zugefchrieben werden, deffen Namen man mehrfach in den Infchriften des Platzes fände. Sonft werden oben nur die Zifternen erwähnt. Die auf dem Hügel gelegene Stadt habe anfcheinend drei Umfeftigungen gehabt, die unterfte »*sur le bord du fleuve*«, was an Choifeul erinnert; als die zweite fieht er nach der Bezeichnung auf feinem Plane die römifche an, die dritte die, welche die Hochburg umfchließt. In der Ruine ftadtaufwärts am linken Selinusufer, die Choifeul Gymnafium nannte, möchte er den Asklepiostempel vermuten. Gegenüber auf der andern Seite des Fluffes bemerkt er »*une sépulture antique avec plusieurs chambres et à deux étages; elle est construite en petites pierres et on a formé dans la construction même une inscription avec des briques*« (Infchr. von Perg. n. 555). Von da den Hügel entlang trifft er auf ein Remma (*ravin*), mit reichlichem Waffer (er war im Mai dort). »*Dans le temps de Pline (sic) on le traversait sur un pont.*« Diefen gibt er auch in feinem Plane als das vom Amphitheater herabkommende Remma überfetzend, und die Lage wird weiter feftgelegt durch das Folgende: »*À l'autre extrémité de ce petit pont est une roche taillée avec des niches et des bancs*«, alfo der Merak-tafchi. »*En avant était une construction. Il semble que ce lieu ait été consacré; il était lié à la colline* (den Friedhofshügel, das ift richtig) *par une chaine de rochers semblables. Derrière un rocher se trouve un petit monticule sur lequel on voit encore quelques débris de colonnes.*« Er deutet das auch auf feinem Plane an. Weder von der Brücke noch von den Säulen ift heute etwas zu fehen.

H. geht dann im Remma aufwärts, befchreibt das Amphitheater, und auf der andern Seite der Höhe das Theater mit dem Waran-Kapu und den Zirkus. Antike Brücken zählt er fechs. Da muß die zwar nicht antike am Teke-Bogas mitgezählt fein, dann die jetzt zerftörte Chafandfchi-Köprü, die Ulu-Tfami-Köprü, auch kaum antik, die Tabak-Köprü und »*un pont, ou, pour mieux dire, deux passages sous la ville où passe le fleuve*, und die Ütfch-Kemer-Köprü. Bei der Ulu-Tfami meint H., fie fei über den Ruinen eines antiken Tempels erbaut, der Fund eines fchönen dorifchen Kapitells aus rotem Granit wird gleich dabei erwähnt, und für den Tempel kommt er auf die Vermutung Asklepiostempel. Kurz erwähnt und im Plane vermerkt werden die Aquädukte, der im Norden und der das Ketiostal überfetzende, endlich nur mit einem Worte noch die Tumuli in der Ebene. Damit fchließen die Aufzeichnungen, von denen man bedauern muß, daß fie nicht zur Durcharbeitung gekommen find.

1826 kommt Fr. V. J. Arundell nach Pergamon. Er hat feine Bemerkungen zweimal herausgegeben: *A visit to the seven churches of Asia. London* 1828. *Discoveries in Asia minor. London* 1834 (II, S. 302 ff.). Er bringt viel von Dallaways Angaben. Wir erfahren vom ihm kaum Neues.

Etwas anders geartet ift Mac Farlane, der über feinen Befuch in Pergamon 1828 berichtet: *Constantinople in 1828 etc.* London 1829. Über die antiken Refte verweift er auch auf Dallaway. Sehr eingehend fchildert er Szenen aus dem damaligen Leben in Pergamon und läßt fich Gefchichten erzählen, fo von der Schlange, welche die Palikaren verfcheuchte, welche den Maltepe berauben wollten, und von den Gefäßen voll Gold und Silber, die mit der jetzt Parifer Marmorvafe gefunden fein follen. Die Marmorvafe bildet er (S. 159) ganz leidlich ab. Er befucht aber, was außer Smith keiner feiner Vorgänger beachtete, mit einem Führer die jetzt als die des Asklepieions erkannte Stelle und das darüber hinausliegende Gerberbad, *a warm source of mineral water, converted into baths.* Er meint, an der erfteren Stelle könne eine Kirche und ein Klofter gewefen fein, töricht würde es Palaft des Attalos genannt. Er findet da »*some massy ruins of an inexplicable building, situated round the edge, and down the sides of a dark gulley, trough which a brawling stream discharges itself from a long passage under ground*«.

Von dem größten der drei Tumuli, alfo dem Jigma-Tepe, fagt er: »*its base has been girt by walls, which are still to be traced nearly all around*«. Das war damals alfo noch beffer zu fehen, als jüngft vor der Ausgrabung. Von den beiden anderen Tumuli hätte der eine »*no appearance of building about it*«, der andere ſei ebenſo »*without ruins*«. Aber am Maltepe bezeugte ja Choiſeul-Gouffier die ſogar 15 Fuß hohe Krepis.

Zu Anfang der dreißiger Jahre erſchienen die lebendigen Schilderungen deſſen, was er von den Altertümern in Pergamon ſah, vom Baron Prokeſch von Oſten, ziemlich gleichlautend in ſeinen Erinnerungen aus Ägypten und Kleinaſien. Wien 1831 (III, S. 291 f.) und in den von Münch herausgegebenen Denkwürdigkeiten und Erinnerungen aus dem Orient. Stuttgart 1836/37 (III, S. 304).

Prokeſch beginnt ſeine Beſchreibung von der äußerſten Nordſpitze der Burg aus, ſchildert die Ausſicht von da mit den Aquädukten und in die Täler, ſchließt daran die Schilderung der Ausſicht von dem nach SSO hin liegenden Burgtore auf die Stadt und auf die Tumuli in der Ebene. Die Beſchreibung der Ruinen beginnt dann wieder im Norden mit dem ſogenannten Garten der Königin, von ihm »Vorhof« genannt. Da iſt die Mauer mit den Türmen, die ſpätbyzantiniſche, welche die übrige Burg gegen den Garten der Königin abſchließt. Er gibt da etwas jetzt Zerſtörtes an, öſtlich vom mittleren Turme ein Tor, vor dem Tore eine ſchützende

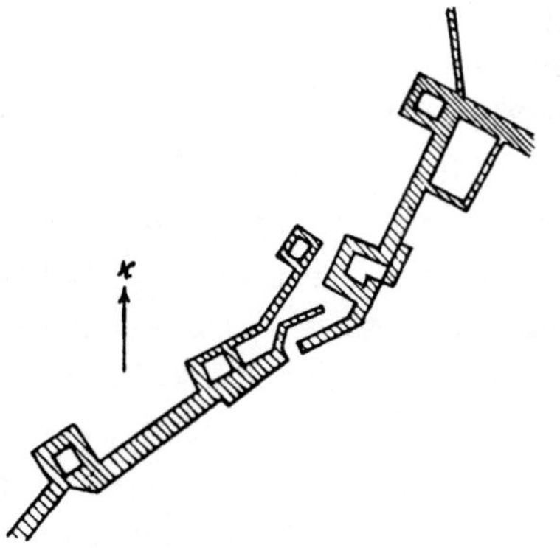

a

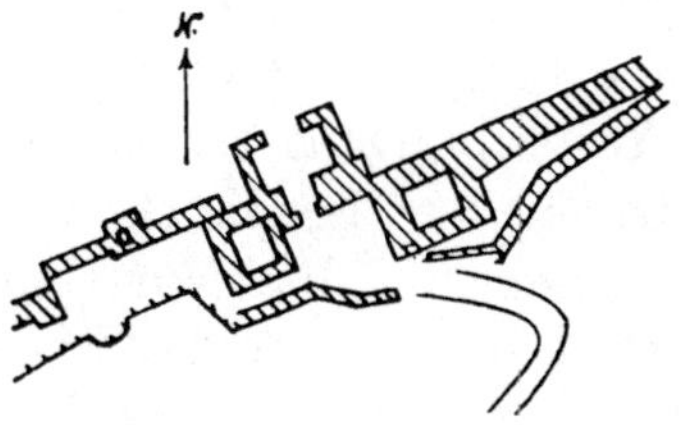

b

Ringmauer, wovon jetzt noch eine Spur vorhanden iſt, was Humann aber in beiſtehender Skizze (*a*) vom Jahre 1880 noch deutlich gibt.

In der Decke des Tores ſieht er ein »doriſches Geſims mit Triglyphen«. Dann wird die ſchöne nordöſtliche Stützmauer und die übrige Umfaſſung der Burg beſchrieben und das Tor, das immer als Haupttor der Hochburg gebliebene; es ſei nicht rechtwinklig überdeckt, wie das (erſtbeſchriebene) nördliche, ſondern gewölbt; neben dem Tore der auch von Richter ſchon erwähnte »weiße Marmor mit Feſtons, die von Tierköpfen und Adlern getragen werden«, wie wir jetzt wiſſen, vom Propylon des Athenaheiligtums. Beide Tore ſind natürlich in ihrer baulichen Geſtalt byzantiniſchen Urſprungs geweſen; vom ſüdlichen hat das unſere Unterſuchung gründlich beſeitigt; beiſtehend aber noch der Plan Humanns (*b*) vom Jahre 1880.

Wenn Prokeſch weiter abwärts noch zwei »Vorwerke«, wie er es nennt, angibt, das eine mit einem Tor im Oſten, ſo paßt das, mit Übergebung der altbyzantiniſchen Mauer auf das Tor der römiſchen Mauer, die dann das eine »Vorwerk« wäre. Wenn nach Prokeſch dann aber die gepflaſterte Straße zu einem Tore »im Südweſten« führen ſoll, das breit und aus Werkſtücken ohne Mörtel, teils aus hohlgeſtreiften weißen Marmorſchäften ſein ſoll, ſo bleibt das nicht ganz verſtändlich. Das zweite Vorwerk, etwa 1000 Schritt weiter, ſtärker als die anderen, iſt dann die Turmmauerfront von dem Gymnaſium, wo, ganz wie Prokeſch angibt, gegen Weſten, nahe am großen Eckturme, ein Tor hinausführte, deſſen Gemäuer am Ende des ſogenannten Kellerſtadiums des Gymnaſiums erſt jetzt beſeitigt wurde. Was Prokeſch noch weiter ein paar hundert Schritte unter dem Eckturme (alſo dem ſüdweſtlichen der Gymnaſiumsfront) von polygoniſcher Ummauerung angibt, iſt wieder unverſtändlich.

Die Beschreibung der Unterstadt sagt uns nach denen der früheren Reisenden nichts Neues: Kisil-Awli und Flußüberwölbung sollen von einem Palaste, etwa mit Bibliothek, sein, das Theater, eine Wasserleitung, womit das Amphitheater, unter dem ja der Bach durchfließt, gemeint ist, wie schon Smith an etwas Ähnliches dabei dachte, dann die Marmorvase mit der Geschichte von ihrem Funde, und zum Schlusse die nach Choiseul nicht mehr nötige Abweisung der Smith-Sponschen Auffassung der Tumuli als Befestigungen.

Nun folgt aber, vom Jahre 1833 an, die große Unternehmung von Charles Texier, welche für Jahrzehnte unserer Kenntnis der antiken Bauüberreste von Pergamon den Stempel aufgedrückt hat.

Unter der Regierung Louis Philippes vom Unterrichtsminister Guizot eigens ausgesandt, von der französischen Marine unterstützt, auch von der türkischen Regierung begünstigt, konnte Texier sich seine Aufgabe, die Denkmälerwelt Kleinasiens und damit auch Pergamons aufzunehmen, in großem Sinne stellen und sie bis zur Drucklegung des Werkes vollenden: *Description de l'Asie mineure. 3 parties.* Paris 1838—1849. Folio. Mit Band II, S. 209 des Textes beginnt der Abschnitt Teuthrania und mit S. 217 Pergamon. Nach einem Abrisse der Geschichte der Stadt folgt auf S. 221 bis 237 die Beschreibung des Orts und seiner Denkmäler mit den Tafeln 116 bis 127. Er vollendete es »*se trouvant seul pour rédiger l'ensemble de l'ouvrage*«.

Wenn in größerer Zahl zusammenarbeitende Nachfolger, unter noch günstigeren Verhältnissen, mit Beschränkung auf einzelne Teile des großen kleinasiatischen Ganzen und mit Zuhilfenahme von Ausgrabungen, an die Texier nicht gehen konnte, zu größerer Treue in der Wiedergabe der Denkmäler, wie sie auch die Zeit mehr und mehr fordert, durchdringen können, so soll das der großen französischen Unternehmung nichts von ihrem Verdienste und Ruhme nehmen. Léon de Laborde hat darüber in Tadel und Anerkennung bereits gerecht geurteilt.

Die Ortsbeschreibung beginnt Texier, wohl im Anschlusse an Dallaway, mit einem richtigen Satze, der später zunächst nicht mehr genügend beachtet worden ist, daß nämlich die Stadt unter den Königen auf den Berg beschränkt blieb, und er setzt die Burg zu Lysimachos' Zeit auf den höchsten Gipfel.

Er scheint aber nur einmal oben gewesen zu sein, hinaufsteigend auf der Hauptstraße, hinabsteigend nach Südwesten, also über die Demeterterrasse; er betont den verschiedenzeitlichen Charakter der Mauern auf dieser Seite. Beim Aufstiege fällt ihm zunächst auf »*une sorte de palais*«, offenbar das Gymnasium, mit dessen damals sichtbaren Einzelheiten Texiers Beschreibung nicht ganz klar zu vereinigen ist. Hier fängt dann, wie noch bis zu unseren Ausgrabungen der letzten Jahre, die mit Platten belegte Straße an, bis hinauf zur Burgkrone. Die augenfällige Ruine des Trajaneums ganz oben, die er schon mehr zerstört findet als Dallaway, ist auch für ihn die des Tempels der Athena. Er charakterisiert die Stützmauer und die Unterwölbungen, dann auch die nach Osten gekehrte Stützmauer mit abgetreppten Steinlagen; er rechnet diese zum Palais des Lysimachos, also, vom Namen und der genaueren Zeit abgesehen, übereinstimmend mit unseren Ausgrabungsresultaten (Bd. V, 1).

In der Unterstadt, südwestlich vom Berge, werden Baureste der alten Bewohnung bemerkt, aber weiter im Süden läßt er sie fehlen, und es wird ihm fraglich, wie Theater und Amphitheater mit der übrigen Stadt verbunden gewesen seien. Auffallend ist, daß die Ulu-Tsami nur als vorjustinianische Kirche Agia Sophia, eine Benennung, die wir schon kennen, erwähnt und, ohne ein Wort von der Moschee, kurz beschrieben wird. Als nicht genügend von ihm untersucht bezeichnet er am linken (soll heißen rechten) Selinusufer in der Linie der Musluk-Köprü die *ruines d'un grand palais byzantin, ou qui du moins ne remonte pas au delà du regne de Gallien.* Die eine Seite der Straße sei von der Fassade eingenommen, mit Fenstern und in das Mauerwerk gelegten Marmorpilastern. Ein Grieche habe es für einen Teil der Agora angesehen. Auf dem Plane ist es als »*ruines d'un portique*« angegeben. Es ist das Stück der Umfassungsmauer des Bezirks der Kisil-Awli längs der heutigen Straße. Es folgen das Theater mit dem ſchrägen Tor (Waran-Kapu), die Kaimauern des Selinus, von denen verſchiedene Reſte noch immer erhalten ſind, und fünf Brücken. Die Überwölbungen des Selinus ſind dabei mitgezählt und, wie der zwar doch nicht ganz genaue Plan zeigt, die damals noch nicht zerſtörte Chaſandſchi-Köprü, die als jungen Urſprungs bezeichnet wird, während die Musluk-(jetzt Tabak-) Köprü als römiſch auf griechiſchen Fundamenten angeſehen wird. Die Säulen, welche er auf die Südſeite ſetzt, haben wohl nichts mit der Brücke zu tun. Die Konſtruktion der Selinusüberwölbung wird eingehend gewürdigt. Auf Taf. 123—125 ſind die Brücken und das Mauerwerk der Flußüberwölbung dargeſtellt, das letztere nicht ſehr charakteriſtiſch; die jetzt zerſtörte Brücke fehlt leider.

Am eingehendſten werden die beiden hervorragendſten Ruinen mit Anſichten, Aufriſſen und Plänen (Taf. 116—122) behandelt, das Amphitheater, das er auch als zu Naumachien eingerichtet anſieht, und die Baſilika, wie er ſie mit Verwerfung der Äskulaptempelbenennung nennt, die Kiſil-Awli mit den beiden rätſelhaft gelaſſenen Rundbauten. Die Baſilika, bei der er wieder auf Dallaway anerkennend verweiſt, ſei trotz der Benennung nach dem Agios Theologos keine Kirche von Haus aus; aber der deutliche Umbau zur Kirche wird nicht bemerkt. Texiers Aufnahmen und Angaben ſind in unſrem Bd. VI zu verwerten.

Mit beſonderer Ausführlichkeit wird auf S. 230 ff. die große Marmorvaſe behandelt und auf Taf. 126, 127 mit einer nicht haltbaren Ergänzung dargeſtellt, auch mit Erzählung der mit Variationen noch heute in Pergamon umlaufenden Geſchichte der Entdeckung. Texier hat ſich auch die beiden der Erzählung nach mitgefundenen Alabaſtervaſen in der Vorhalle der Agia Sophia in Konſtantinopel angeſehen. Wir geben beiſtehend eine Anſicht der einen. Die Höhe gibt Texier mit 1,80 m an.

Daß, abweichend von Texiers Rekonſtruktion, die große Vaſe mit einem Deckel geſchloſſen geweſen ſein müſſe, haben Villefoſſe und Winter (Bd. VII, S. 359) erkannt. Erſt nachher habe ich mich darauf beſonnen, daß bereits Humann dieſen Deckel noch in Pergamon bei der Familie der Beſitzer des Bades, in dem die Vaſe lange ſtand, aufgefunden hatte (Göttinger gel. Anzeigen 1910, S. 463). Ich gebe Humanns Aufnahme beiſtehend.

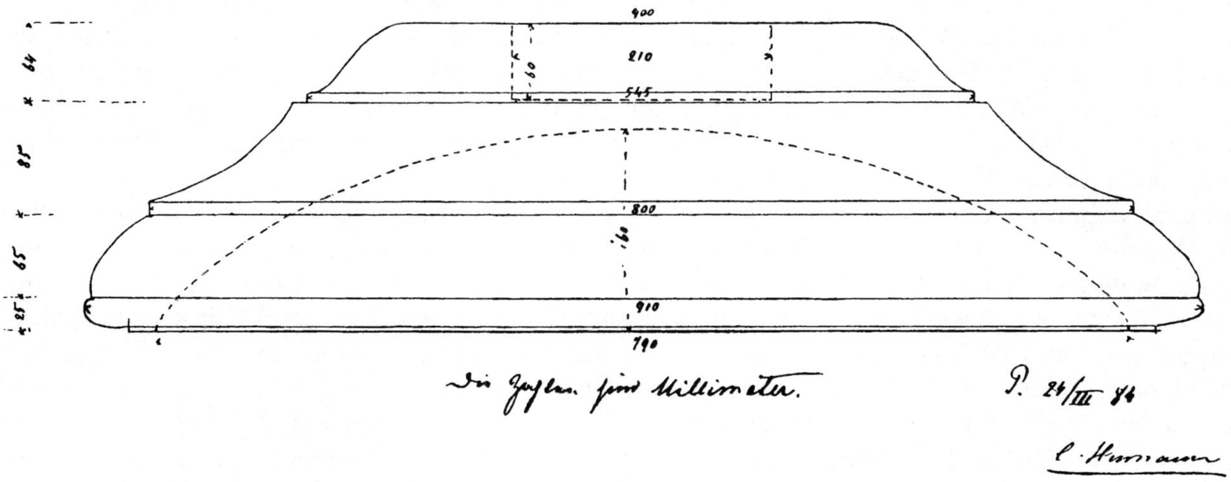

Der Stadtplan auf Taf. 122 beanſprucht Genauigkeit, wie Texier ſelbſt erklärt, nur für den Flußlauf mit den Brücken und einige Punkte der Unterſtadt.

Das von Texier 1865 mit R. Popplewell Pullan herausgegebene Werk *The principal ruines of Asia minor* wiederholt nur die Tafeln mit der »Basilica« mit gekürztem Texte. Pullan hat Pergamon nur ganz flüchtig besucht.

Auf Texier folgen von Reisenden, die ihre Anschauungen im Druck veröffentlicht haben, im Jahre 1838 Fellows (*A journal written during an excursion in Asia minor*, London 1839, S. 33 f.), Welcker 1842 (Tagebuch einer griechischen Reise, Berlin 1865. II, S. 193 ff.), Baumeister (Archäol. Zeitung, Anzeiger 1854 Sp. 509 f.), die aber bei kurzem Aufenthalte nichts für uns Erhebliches bringen konnten. Für sich hatte Welcker aber einen starken Eindruck von Pergamon empfangen und bewahrt; denn als König Maximilian II. ihn im Jahre 1857 veranlaßte, den Vorschlag zu einer für die Altertumswissenschaft förderlichen Unternehmung zu machen, bezeichnete Welcker als das in Kleinasien am zweckmäßigsten zu nehmende Hauptziel Pergamon. Er wollte zwei geeignete junge Philologen ausgesandt wissen, die sich dort festsetzen sollten und gewiß auch ohne sehr große Nachgrabungen Resultate gewinnen würden. (Rhein. Museum 1864, S. 550 ff.). Die Zeit war noch nicht gekommen.

Zweimal, 1850 und 1854, hat aber ein so guter Kenner von Land und Leuten wie A. D. Mordtmann, Pergamon besucht und namentlich das zweitemal sorgfältige Aufzeichnungen, auch mit einer kleinen topographischen Skizze, gemacht. Ich verdanke seinem Sohne, Herrn Generalkonsul Mordtmann in Smyrna, die Benutzung der handschriftlichen Blätter.

Mordtmann betritt bei seinem ersten Besuche 1850 von seinem Quartier im Chan am Atbasar aus den Stadtberg durch dasselbe kleine Tor in der byzantinisch verstärkten römischen Mauer neben dem südwestlichen Rundturme, durch das wir Prokesch die Burg verlassen sahen; denn er gibt an, daß am Turme am Eingange die Inschrift I. v. P. 457 sich befunden habe, die wir an dem Südwestturme verbaut gefunden haben.

Bei seinem zweiten Besuche, am 19. September 1854, korrigiert Mordtmann ausdrücklich manches in den Aufzeichnungen seines ersten Besuches, bei dem seine Begleiter ihm zu wenig Zeit gelassen hätten. In einer zwar mit ungeübter Hand entworfenen Planzeichnung verdeutlicht er seine so gewonnenen Auffassungen. Er unterscheidet zwei aus zeitlich verschiedenen Teilen bestehende Mauerringe, den römisch-byzantinischen und den der Hochburg, neben der er nach Norden gewandt den Garten (der Königin) angibt. Er verzeichnet, wie die Straße gewunden hinauf und durch die beiden Mauern führt. An Stelle der heutigen Stadt habe die Vorstadt, der προάστειον, gelegen. Alles das sei unter den Königen bewohnt gewesen, vorher aber nur die Hochburg. Den Palast der Könige sucht er, wie schon Texier, im Nordosten der Hochburg; die Ruine des Trajaneums, deren gewaltige Marmormassen er bewundert, erklärt er schließlich auch für die des Athenatempels. Die Gewölbe darunter, die er aber im Plane abgetrennt in die mittlere Gegend der Hochburg ansetzt, möchten die königlichen Schatzkammern gewesen sein. Merkwürdig ist, daß Mordtmann in der Südwestecke der Hochburg, die bis zu Bohns Aufdeckung des Athenatempels ein ganz wüst überschütteter und überwachsener Platz war, aus dem nur die Rückmauern der Bibliothek unverstanden herausragten, einen alten Tempel ansetzt, ungewiß, welcher Gottheit geweiht. Solche Lichtblicke bei den alten Reisenden sind im Wechsel der wenig begründbaren Vorstellungen hin und wieder aufgetaucht und wieder verschwunden. Theater und Amphitheater werden am Friedhofberge angegeben. M. geht zum Amphitheater hin über eine Brücke und erwähnt Einfassungsmauern des Flusses. Die Brücke muß die Tabak-Köprü gewesen sein, da die näher zum Amphitheater führende Chasandschi-Köprü damals schon durchs Hochwasser zerstört war. Die Kisil-Awli, die er übrigens sowenig wie ein anderer Reisender vor ihm mit diesem Namen nennt, ist ihm der Äskulaptempel. Von den Verde-antico-Säulen des Innern, die zum Bau der Achmed-Moschee nach Konstantinopel gebracht seien, glaubt er, als dabei liegengeblieben, einige Stücke am Strande bei Dikeli gesehen zu haben. Die Hauptmoschee, die nur so kurz erwähnte Ulu-Tsami, sei der Inschrift nach aus der Seldschukenzeit, »vermutlich« aber erst eine christliche Kirche gewesen.

Mit den ſechziger Jahren des vorigen Jahrhunderts traten wir ein in die Vorbereitung einer entſcheidenden Wendung in der Kenntnis der Attalidenſtadt, während man von ihr bis dahin doch eigentlich nur Reſte ihrer Nachblüte in römiſcher Zeit vor Augen gehabt hatte. Dazu führte ein günſtiges Zuſammentreffen von Perſonen und Umſtänden.

Carl Humann hat es in dem erſten vorläufigen Berichte über die Ergebniſſe der Ausgrabungen zu Pergamon (Jahrbuch der Kgl. Preuß. Kunſtſammlungen Bd. I, Berlin 1880) erzählt, wie er nach Kleinaſien und im Winter 1864/65 zum erſten Male nach Pergamon kam, wie er dort Gaſtfreundſchaft bei dem Arzte Nikolas Rallis fand, dann wiederholt nach Pergamon zurückkehrte, 1869 zu einem längeren Aufenthalte behufs des Baues der Fahrſtraße von Pergamon nach Dikeli. Die antiken Überreſte regten ſeine Aufmerkſamkeit lebhaft an, und es mag damit zuſammenhängen, daß ſein Gaſtfreund im Jahre 1870 eine kurze Geſchichte und Topographie von Pergamon herausgab: N. J. Rallis, Ἐπίτομος ἱστορία καὶ τοπογραφία τῆς Περγάμου. Ἐν Σμύρνῃ 1870.

Das in katechetiſcher Form abgefaßte Schriftchen iſt für den Standpunkt des Verfaſſers ganz anerkennenswert. Er führt alles auf, was nach ſeiner Auffaſſung und nach Tradition an Bauten aus dem Altertume noch vorhanden und wohl oder übel zu benennen ſei. Der Maltepe iſt das Grab des Auge, der Jigma-Tepe das der Andromache, Mauerwerke beim Türkendorfe Καρὰ Χετρελή hält er für die Teuthrasſtadt und ſpricht auch von der Lage anderer umliegender Städte. Die Trümmer des Trajaneums ſind auch ihm der Athenatempel, das Megaron der Könige wird in den Weſten der Stadt an die Stelle Βερὶμ καπί (Waran-Kapu, der Bogen des Theaters) gelegt, Reſte der Bibliothek ſeien im Norden der Stadt, womit die Ruine am hinteren Selinusufer gemeint iſt, die Überreſte der Agora lägen am Atbaſar; das ſind die ſchon bei Texier von einem Griechen ſo benannten Umfaſſungsmauern des Bezirks der Kiſil-Awli. Die Akademie verlegt er nach Südweſten in den Aiwas-Ali-Baktſche mit der ſchönen Waſſerquelle, wo wir jetzt das Asklepieion anſetzen. Überreſte des Apollotempels ſucht er in den weißen Marmorfußböden und verſchütteten korinthiſchen Kapitellen unterhalb des Waran-Kapu ἐν τῇ κατὰ τὸ δικαστήριον (Μασχεμί) ὀθωμανικῇ ἐνορίᾳ. Es müſſen die ausgedehnten, in den türkiſchen Häuſern verſtreuten römiſchen Ruinen unweit der Arslanli-Tſami ſein, welche erſt Paul Schazmann genauer ſtudiert hat (Bd. VI). Der prachtvolle Ziegelbau der Kiſil-Awli iſt auch für Rallis der Asklepiostempel, die beiden Rundbauten βωμοὶ der Hygieia und des Telesphoros, dann Kirchen der Apoſtel Joannis und Antipas. Auf die Brücken folgt der überwölbte Kanal des Selinus, dann ganz kurz, die Waſſerleitungen und das Amphitheater, das Attalos dem Dritten zugetraut wird. Merkwürdigerweiſe heißt es, die Lage des Theaters ſei nicht genau zu beſtimmen — er hat ja da den königlichen Palaſt geſucht —, es möchte ſüdöſtlich innerhalb der unterſten Akropolismauer liegen; es iſt der theaterförmige Bau im oberen Gymnaſion, auf den er ſich damit bezieht. Endlich das Gymnaſion möchte zwiſchen dem Aiwas-Ali-Baktſche und dem Amphitheater geweſen ſein, da ſeien auch die, hier ſind es ſieben, Gefäße voll Gold gefunden, deren eines jetzt in Paris. Als Überreſte des Baues ſieht er an eine σειρὰ ἱκανὴν ἀπόστασιν ἔχουσα θεμελίων ἐξ ὀγκολίθων τετραγωνικῶν συνηρμοσμένων, offenbar wie Dörpfeld gleich ſah, die Reihe von Pfeilerfundamenten, in denen Humann die Reſte des zum Asklepieion im Aiwas-Ali-Baktſche führenden bedeckten Ganges erkannte.

Man ſieht, es war, mit Hineinfließen auch der Namengebungen früherer Reiſenden, ein ziemlich wirres Bild dieſe Vorſtellung von der Bedeutung der antiken Überreſte bei einem doch nicht ganz unkundigen Bewohner des Platzes.

Vor Gewinnung neuer Hilfen war es aber auch für jemand von größerem Wiſſen ſchwer, zu erheblich beſſeren Einſichten zu gelangen. Das zeigte ſich bei der nächſten Erkundung des Platzes unter Führung von Ernſt Curtius, der im Sommer 1871 mit ſeinen Genoſſen Adler, Gelzer, Hirſchfeld und Regely Pergamon, wo Humann ſie empfing, beſuchte. Er nahm das Problem der Stadttopographie unter günſtigeren Verhältniſſen in Angriff, als sie, mit Ausnahme etwa von Texier, irgendeinem der früheren Reisenden gegönnt gewesen waren; freilich war es nur ein kurzer Aufenthalt. Die Ergebnisse der gemeinsamen Arbeit liegen vor in den Abhandlungen d. Berl. Akad. d. Wiss. vom Jahre 1872: Beiträge zur Geschichte und Topographie von Kleinasien (Ephesos, Pergamon, Smyrna, Sardes), in Verbindung mit den Herren Major Regely, Baurat Adler, Dr. Hirschfeld und Dr. Gelzer herausgegeben von Ernst Curtius. Der Text S. 45 ff. und die Tafel III beziehen sich auf Pergamon.

Curtius eröffnet die Geschichte und Beschreibung der Stadt in seiner anziehend schildernden Weise, indem er den Platz sofort in den größeren Zusammenhang der griechischen Welt rückt. Er unterscheidet dann für die Zeit vor Alexander dem Großen die Burg oben, samt einer ursprünglich wohl unten am Selinus gelegenen und, wenn auch nicht nachweislich, ummauerten Stadt und zweitens die erst durch Eumenes II. bewirkte Vereinigung dieser Teile zu einer, auch durch Zuzug aus den Nachbarorten bevölkerten einheitlichen Großstadt. Diese umfaßte also nach ihm die Hochburg, die von ihr südwärts sich hinabziehenden Terrassen des Berges und eine Unterstadt bis über den Selinus hinaus mit Vorstädten bis zur Kaïkosebene hinunter, wo ihm die großen Grabhügel die äußerste Grenze des städtischen Weichbildes bezeichnen. Die Stadt ist also nach Curtius in ihrer je erreichten Ausdehnung bereits unter Eumenes II. fertig.

Adler schließt sich in seiner Besprechung der Denkmäler vom bautechnischen Standpunkt im wesentlichen Curtius, oder dieser ihm, an. Er läßt sich auch dazu herbei, Felsbearbeitungen, die zur Herrichtung von Wohnungen vielfach gedient haben, und auch die am Meraktaschi, als hochaltertümlich gelten zu lassen. Die drei großen Grabhügel in der Ebene, auch der Maltepe mit seinen Steinkonstruktionen, werden als Werke der Königszeit besprochen, ebenso sicher die Selinusüberwölbungen der Attalidenepoche zugeschrieben. Die Kisil-Awli samt ihren Umfassungsmauern werden für altchristlichen Ursprungs, aber wohl an Stelle eines älteren Heiligtums, gehalten. Das Ganze wird von Curtius, anscheinend im Anschluß an eine schon von Texier erwähnte, auch bei Rallis vertretene einheimische Auffassung für den Stadtmarkt gehalten. Von dem wird eine Prozessionsstraße durch den schräggelegten Bogen des Theaters, weiter durch den von Humann bei seiner Planaufnahme bemerkten Pfeilerweg nach dem gleichfalls von Humann richtig erkannten Asklepieion im Aiwas-Ali-Baktsche geführt. Von den drei um den türkischen Friedhofshügel gruppierten Spielgebäuden wird das Theater wenigstens der ersten Anlage nach für griechisch erklärt, während das Amphitheater, dessen Lage gewählt sei, um das Wasser des darunter durchfließenden Baches durch Stauwerk zum künstlichen See zu benutzen, als Bau des zweiten Jahrhunderts n. Chr. nicht verkannt werden konnte.

Am Stadtberge werden die drei damals bekannten Ummauerungen beschrieben. In die höchste Nordostecke in die Bindemauern der großen Stützmauer wird bei Curtius im Anschluß an Texier die Schatz- und Rüstkammer der Könige gelegt. An der Ruine des Trajaneums will Adler das Quadermauerwerk des Tempels und die in Gußmörtelwerk hergestellten Unterwölbungen des Peribolos, als verschiedenen Zeiten entstammend, unterscheiden. Es ist interessant, wie sich der richtige Blick des Architekten mit der traditionellen Benennung des Baues als Athenatempel in dem folgenden Satze abzufinden sucht: »Wegen der bevorzugten Lage an der ausgezeichnetsten Stelle der Burg, wegen der reichen Durchführung im edelsten Material und der vorzüglichen Technik wird das Heiligtum wohl kaum anders als der Athena-Polias-Tempel zu bezeichnen und vielleicht in die Zeit Attalos' I. zu stellen sein, obschon die Detailbehandlung einzelner Bauteile, wie der Säulen- und Antenkapitelle, der Türkonsolen und großer eiförmig formierter Kymatien ein späteres, der römischen Detailbildung nicht allzufern stehendes Gepräge besitzt. Hierdurch, sowie wegen der übereinstimmenden Planbildung mit den Augusteen zu Ancyra, Pola und Mylasa, wird die Vermutung geweckt, daß das für Pergamon erwähnte Augusteum gleichfalls an dieser Stelle zu suchen sei, etwa unter der Annahme, daß durch die Aufnahme des Cäsarenkultus in den einheimischen Göttindienst ein glanzvoller Neubau bedingt wurde, der dann allerdings den erften Jahrzehnten des erften Jahrhunderts angehörte.« So äußert fich auch Curtius. Stiller hat fich in Bd. V, 2 damit auseinandergefetzt.

Begleitet ift die Abhandlung in den Akademiefchriften von einem befcheiden Skizze genannten Plane von Pergamon nach Humanns Aufnahme. Er gibt zum erften Male ein im wefentlichen richtiges Bild. Daß ihm von damals bereits fichtbaren Monumenten ein fo augenfälliger Teil, wie die Eumenifche Mauer, noch fehlt, zeigt, wie gewaltig der Umfang des Ganzen und nicht in einem Anlaufe zu erfaffen ift. Humann hat an der immer vollkommeneren Geftaltung diefes Planes alle die Jahre hindurch, während denen er in Pergamon fpäter tätig war, mit befonderer Liebe gearbeitet und fo den Grund zu dem gelegt, was auf unferen Tafeln III und IV gegeben ift.

Aber noch mehr wurde, die Inangriffnahme einer eingehenden Unterfuchung vorbereitend, bei diefer Begegnung Humanns mit den deutfchen Reifenden bewirkt. Humann hat es felbft ausgefprochen, wie diefer Befuch ihn lebhaft anregte, in ihm die Hoffnung weckte, einen Weg gefunden zu haben, feine Kenntnis der Ruinenftätten praktifch zu verwerten. Befonders folgenreich war es aber, daß damals zwei Bruchftücke einer großen Hochreliefdarftellung aus der, wie man fie bald κατ' ἐξοχήν nannte, byzantinifchen Mauer herausgebrochen und nach Berlin gefchickt wurden (die beiden Stücke Bd. III, 2, S. 2). »Hiermit war der Keim gelegt, und die Curtiusfche Expedition hat ihn legen helfen, wenn er auch fpät aufgegangen ift.« So leitet Humann feinen Bericht über den weiteren Hergang ein.

Die drei Teilnehmer der Curtiusfchen Expedition, welche vorzugehen am nächften berufen fcheinen konnten, wurden alsbald durch das große Unternehmen in Olympia ganz in Anfpruch genommen. Der eine von ihnen, Guftav Hirfchfeld, der gern verfucht hätte, an Pergamon Hand anzulegen, gab Humann den Anlaß, zu einem dritten, inzwifchen fchon aus der Mauer geborgenen Hochreliefftück ein viertes bei fich zu fichern (Bd. III, 2, S. 2).

Die zwei erften nach Berlin gefandten Stücke waren dort nicht ganz ohne Beachtung geblieben. Ich weiß nicht, wer darauf kam, daß fie zu einem Monumente in Pergamon gehören könnten, von dem nur eine einzige fchwache Kunde auf uns gekommen ift. Unter den von Lucius Ampelius in feinem *Liber memorialis* zufammengetragenen Notizen wird im achten Buche unter den Weltwundern aufgezählt: *Pergamo ara marmorea magna, alta pedes quadraginta, cum maximis sculpturis; continet autem gigantomachiam.* Hiermit ließen fich die Refte von Kampfdarftellung auf den Fragmenten, die fichtlich zu einem großen Ganzen gehört hatten, in der Tat fehr wohl in Verbindung bringen.

Im Jahre 1877 kam Alexander Conze als Direktor an die Abteilung der antiken Skulpturen der Königlichen Mufeen zu Berlin. Durch feine bisherige Tätigkeit war er bereits einigermaßen auf dem Wege, den Humann gern gegangen wäre. Er war einft, den Fußtapfen Ludwig Roß' weiter nachgehend, der griechifchen Kunft in ihrem Heimatlande nahegetreten und hatte nicht umfonft Charles Newtons großen Griff am Maufoleum von Halikarnaß gelingen fehen, hatte bei den öfterreichifchen Expeditionen nach Samothrake auch fchon felbft gelernt, eine folche Sache anzugreifen. Dergleichen für die Berliner Mufeen zu verfuchen, war der Augenblick günftig. Die Mufeen follten gerade damals unter Kronprinz Friedrich Wilhelm, der nicht nur dem Namen nach Protektor war, vom Kultusminifter Falk zu erfolgreichem Wirken neu organisiert werden. Das Statut trat am 18. November 1878 in Kraft.

Sobald der neue Direktor mit Humann in Verbindung getreten war, hatte es fogleich gegolten, die Suche nach den Hochreliefreften in Pergamon fortzufetzen. An den Mufeen felbft brachte, was jetzt zu erzählen nicht lohnt, die Lage der Anftalt es mit fich, daß von dem Unternehmen zu fchweigen war. Aber auch fonft verfuhren wir nach jenem Wahne, in dem Goethe tiefen Sinn findet, daß man, um einen Schatz wirklich zu heben und zu ergreifen, ftillfchweigend verfahren müffe.

Humann erhielt den Auftrag, verfuchsweife nach anderen Stücken der Hochreliefs fich umzufehen und dem Monumente, zu dem fie gehören würden, nachzugehen, dem Altare des

Ampelius mit der Gigantomachie. Am 9. September 1878 begann er sein Werk mit inzwischen erteilter Erlaubnis der türkischen Regierung.

Um der Reliefs willen griff Humann zunächst die byzantinische Mauer an, welche die ersten Proben geliefert hatte, und oberhalb der Mauer zog er seine Gräben auf eine sichtlich nicht natürliche Erderhöhung zu. Der Erfolg an Funden in der Mauer und mit Freilegung von Teilen eines großen Baufundaments in der Erhöhung kam überraschend schnell. Schon am 12. September telegraphierte er: »Elf große Reliefs, meist mit ganzen Figuren, dreißig Bruchstücke, und Ara gefunden.«

Diese Nachricht und Humanns erster brieflicher Bericht hatten zur Folge, daß der Minister zu einer Nachsuchung nach allem, was zu dem großen Altare gehören möchte, sich entschloß. Die Ausführung am Platze wurde in Carl Humanns Hand gelegt, unter Leitung des Direktors der Skulpturenabteilung an den Königlichen Museen in Berlin, der aber erst im Frühling 1879, nachher aber noch fünfmal während der Museumsausgrabungen, jedesmal auf längere Zeit, nach Pergamon ging. Nachdem inzwischen Richard Schöne an die Spitze der Museumsverwaltung getreten war, ist dann in dieser Weise mit zweimaliger Unterbrechung bis zum Ende des Jahres 1886 im Auftrage der Königlichen Museen fortgearbeitet worden, mit Hinzuziehung immer neuer persönlicher Kräfte.

Es folgten aufeinander als Mitarbeiter am Platze neben Richard Bohn, der von 1879 an Humann zur Seite stand, Gerardus Lolling, Hermann Stiller und Otto Raschdorff, Ernst Fabricius, Friedrich Koepp, auf kurze Zeit Alfred von Oechelhäuser, dann Johannes Böhlau, Carl Schuchhardt, Walter von Diest, August Senz, Friedrich Graeber und zuallerletzt noch Paul Wolters. Deren Anteil wird im einzelnen zu erwähnen sein. Photographische Aufnahmen besorgte dreimal Konstantin Athanasiu aus Athen. Als Arbeitsaufseher hatten Humanns Vertrauen die an den Marmorarbeiten auf Tinos geschulten Meister Jannis Laludis und Jannis Samothrakis. Mit künstlerischer Leistung trat uns außerdem Christian Wilberg gleich anfangs im Jahre 1879 zur Seite. Seine von der Höhe über dem römischen Theater genommene Aquarellvedute befindet sich in den Berliner Museen. Herausgegeben hat Wilberg »Skizzen aus Pergamon, nach der Natur gezeichnet (Berlin 1880)«. Und im Sommer 1885 fanden sich Alexander Kips und Georg Koch ein, um ihre Studien für das nachher eine Zeitlang in Berlin ausgestellte Pergamon-Panorama zu machen. Das Panorama ist verschollen. Ein gedruckter »Führer« erschien von Fabricius und Pietsch. Von dem Panoramabilde angeregt scheint das Blatt Pergamon zu sein in »Friedrich Preller d. J., Kartons zu griechischen Wandgemälden, herausgegeben von Weniger. Berlin 1895«. Eine selbständige Rekonstruktion des Altarplatzes nach dem damaligen Stande der Kenntnis hatte schon Friedrich Thiersch geliefert (Die Königsburg von Pergamon. Stuttgart 1883). Das Original befindet sich in den Berliner Museen.

Wenn alle diese Namen genannt werden, wobei auch noch so mancher Besucher gedacht werden könnte, so muß man, als auch etwas für die Arbeit förderlichen, dankbar dessen gedenken, in welch nie getrübter Harmonie alle am Platze Arbeitenden zusammenstanden, und wie, getragen gewiß ganz besonders durch Humanns Persönlichkeit, harmlose Heiterkeit in den Ruhestunden die Kräfte erfrischte. Dessen zum Gedächtnisse sei hier ein Stück rasch hingeworfener Wandmalerei wiedergegeben, mit der Alexander Kips unser damaliges Wohnhaus schmückte, danach gezeichnet von Dschewat Bey, einem türkischen Offizier.

Humann hat über die gesamten Museumsarbeiten in drei »Vorläufigen Berichten« im Jahrbuch der K. Preuß. Kunstsammlungen (1880, 1882, 1888) berichtet, mit Eingehen in all das einzelne des Hergangs und mit der Wärme, welche er in die Aufgabe hineintrug und welche sich an den Erfolgen steigerte. Hat man doch bei einer Ausgrabung großer griechischer Kunstwerke wohl nie so aus dem vollen schöpfen können, wie in Pergamon bei dem Nachsuchen vor allem nach

den Überresten des großen Altars. Wir haben hier nur den Gang der Untersuchung darzulegen, mit welchen Absichten wir sie führten und unter beständig bestimmendem Einflusse der die Aufgabe auch stetig erweiternden Funde bis zu einem gewissen Grade auch durchführten.

Von vornherein wurde festgesetzt, daß das Denkmal, der Altar, dessen Teile uns im Interesse der Museen angelockt hatten, als Ganzes erforscht werden müsse. Und es wurde zunächst Beschränkung auf dieses eine Objekt gefordert, gegenüber allen Versuchungen, darüber hinaus auch an anderen Stellen des umliegenden, sichtlich denkmälerreichen Bodens mehr als mit kleinen Rekognoszierungen vorzugehen. Dieser Versuchung erlag man schon etwas zu sehr im ersten Winter, als Humann die Anwesenheit Lollings zum Anlasse nahm, in die Ruinen auf der Südterrasse, wo das große Gymnasion sich schließlich ergeben hat, einzudringen. Lolling war auf unser Ansuchen vom athenischen Sekretariate des Deutschen Archäologischen Instituts entsandt, um bereits gefundene Inschriften aufzunehmen. Sonst war Humann damals allein.

Die Hauptarbeit blieb den ganzen Winter 1878/79 gerichtet auf den Abbruch der byzantinischen Mauer, welche die ersten Stücke der Gigantomachiereliefs geliefert hatte und deren immer mehr lieferte, auf die Freilegung der Fundamentruine des großen Altars selbst und auf Nachsuchung nach weiteren Trümmern dieses Prachtbaus, die zunächst zwischen seinem Platze und der byzantinischen Mauer verstreut im Boden zum Vorschein kamen. Besonders dicht lagen sie unmittelbar unterhalb der antiken Terrassierungen auf dieser Strecke, als wären sie beim Transport zur Mauer hin an solchen Absätzen liegen geblieben. Hierbei wurde eine Fundkarte der einzelnen Stücke geführt (Band III, 2, Beilage 1).

Die große Mauer ist schließlich vollständig bis auf den östlichen Endturm abgebrochen worden. Es war eine schwere Arbeit, die nicht jeder auf sich genommen haben würde. Der Kalkmörtel, mit dem alles fest verbunden war, war steinhart, gewiß aus Massen antiken Marmormaterials hergestellt. Den östlichen Endturm haben wir stehen gelassen, weil in ihm, wie er ja auch am weitesten von den uns interessierenden Bauten entfernt liegt, kein Marmorwerkstück sichtbar wurde. Sein Verbleiben ist auch wünschenswert, weil er an seinem Platze eine wichtige Marke für die geschichtliche Topographie der Stadt bildet.

Schon im Oktober 1879 waren der Fundstücke so viele, daß man festzustellen wünschte, was davon den Berliner Museen zufallen sollte, denen bei Erteilung der türkischen Ausgrabungserlaubnis zwei Dritteile des Gefundenen zugesagt waren. Zu Ende Oktober fand die Teilung durch eine Kommission statt, zu der neben Humann zwei vom Wali aus Smyrna entsandte Vertreter gehörten. Nun konnten die auf dem Wege nach Dikeli zumal in der Winterzeit vielfach schwierigen Transporte beginnen. Wie die einzelnen Stücke von Büffeln gezogen hinabgeschafft wurden, hat Wilberg in der beistehenden Skizze festgehalten. Weiter half die Kaiserliche Marine. S. M. Schiff »Komet«, Kommandant von Senden-Bibran, nahm im Januar 1879 die erste Ladung an Bord, nicht ohne Schwierigkeiten bei den ganz unvollkommenen Einrichtungen an der kleinen Skala in Dikeli, und brachte sie in Smyrna auf den Dampfer »Tibisco« des Österreichischen Lloyd, mit dem sie nach Triest und von da aus weiter mit der Eisenbahn ging. Diesen Weg nahmen alle die kostbareren Fundstücke. Erst zuletzt wurde Geringeres von Smyrna über Rotterdam nach Hamburg geleitet, wobei dann einmal der Dampfer

bei Rotterdam auf Grund ging, doch so, daß die Fracht mit geringer Schädigung durch das Seewasser nach einiger Zeit gerettet werden konnte. Alles ist so ans Ziel gelangt, wohl der größte Marmortransport, der aus griechischen Landen *to northern climes abhorred* stattgefunden hat. Wir sind nicht fühllos dagegen gewesen, was es heißt, die Reste eines großen Denkmals seinem Mutterboden zu entreißen zu uns hin, wo wir ihnen das Licht und die Umgebung nie wieder bieten können, in die hinein sie geschaffen wurden, und in denen sie einst voll wirkten. Aber wir haben sie der immer vollständigeren Zerstörung entrissen. Damals war noch kein Hamdi Bey in Sicht, den bald warme Freundschaft mit Humann verband, und wir konnten damals noch nicht denken, was mit seiner Hilfe inzwischen möglich geworden ist, daß die am Orte verbleibenden Ruinen vor den Steinräubern der modernen Stadt, Griechen übrigens so gut wie Andersgläubigen, würden geschützt werden können. Unsere Museen haben dann eine jahrzehntelange Bemühung darangesetzt, die Trümmer wieder zum Ganzen zu fügen, eine Bemühung, die nicht leicht an anderer Stelle, am allerwenigsten am Orte selbst, hätte aufgewandt werden können. Und auch die gewonnenen Schätze in möglichst würdiger Weise der Beschauung und dem Studium darzubieten, ist von der Leitung der Museen mit äußerster Bemühung gesorgt worden. Ein eigens dazu erbautes Museum durfte nur als provisorisch gelten, und schon ist man am Werke, für die Aufstellung in noch glänzenderer Weise zu sorgen (Bode, im Jahrb. d. K. Preuß. Kunstsamml. XXXI, 1910, S. 59ff.).

Am 5. März 1879 ging der letzte Transport der uns bei der Teilung zugesprochenen Skulpturen die große Treppe des Schinkelschen Museums hinauf, wo zunächst eine werkstattmäßige Unterkunft für sie beschafft war.

Ein gewisser Abschluß unserer Bestrebung der ersten Monate und zugleich die Vorbereitung für ein Vorgehen im weiteren Sinne fielen in das Frühjahr und den Sommer 1879.

Der Abschluß zum Besten der Museen und zugleich im Interesse von Kunst und Wissenschaft bestand darin, daß die Ottomanische Regierung außer dem bereits Erworbenen alle Fundstücke bis zum Ende der bis zu Anfang Dezember 1879 verlängerten Ausgrabungserlaubnis uns gegen eine Zahlung zu eigen überließ und demgemäß die Transporte wieder ihren Anfang nehmen konnten. So erst war eine möglichst vollständige Wiederherstellung des Ganzen gesichert. Dazu wurde im Frühjahr und Sommer 1879 von den Altarskulpturen wohl das Kostbarste von allem, die in aller Zerstörung so wunderbar glücklich erhaltene Hauptdoppelgruppe, die des Zeus und der Athena, gefunden.

Das Vorgehen im weiteren Sinne sollte aber bereits einen Schritt über die anfangs ausschließlich auf den großen Altar gerichtete Absicht hinausführen und hat alsbald zu der Untersuchung der ganzen Stadt, der Königsstadt vornehmlich, übergeleitet.

Dabei befanden wir uns aber in anderer Lage, als man z. B. bei der Aufdeckung der Altis von Olympia oder des heiligen Bezirks von Delphi sich befand. Kein Pausanias, der Pergamon kannte, aber es nur ganz flüchtig erwähnt, hat uns eine Beschreibung in die Hand gegeben, nach der die Ausgrabung sich richten konnte. Auch war nicht, wie z. B. in Priene, so viel schon vor der Ausgrabung vom Stadtplan in Ruinen über dem Boden sichtbar, daß man sich daran halten konnte. Und deshalb hatten auch die früheren Reisenden nur wenig fördernde Aufklärungen geben können, ja sie ließen uns mit geradezu irrigen Vorstellungen an unsere Arbeit gehen, bei der also auch kein vorher, wenn auch nur vermutungsweise fertiger Plan befolgt werden konnte. Nachdem wir an einer Stelle, zunächst vorwiegend um die Königlichen Museen zu bereichern, eingesetzt hatten, ließen wir uns Schritt für Schritt, wie ins Dunkle hinein, weiterleiten, bis endlich eine große, aber klar begrenzte Aufgabe vor uns lag, bei deren Lösung wieder die Funde den Weg ins weiterhin Unbekannte zeigen mußten und fernerhin müssen.

Es handelte sich 1879 nicht nur um Erweiterung der Arbeiten, sondern auch um ihre möglichst allseitig umfassende Ausführung. Dazu bedurfte es auch einer Vermehrung des Personals. Das schon im Jahre 1878 dem Archäologischen Institut in Athen gemachte Anerbieten, ganz für die wissenschaftliche Verwertung der Funde einzutreten, hatte zunächst keine Gegenliebe gefunden, in der Folge sind uns aber von daher die Kräfte reichlich zugewachsen.

Ausgrabungleiten, Zeichnen und Berichten, dann die Transporte bis nach Smyrna hin nebst allem dabei gelegentlich sich Aufdrängenden hatten Humanns Kraft voll und ganz in Anspruch genommen und mußten ihn auch ferner reichlich beschäftigen. Er erklärte auch selbst, daß er nicht allem, was außerdem getan werden mußte, gewachsen sei. Dazu gehörte die Rekonstruktion des Altarbaues, von dem wir nur die zerstreuten Stücke gefunden hatten, aber so viele, daß sie zusammen mit dem freigelegten Fundament Erfolg versprachen.

Von seiner Arbeit an den Athenischen Propyläen weg wurde Richard Bohn, der schon bei der Ausgrabung von Olympia Erfahrungen gesammelt hatte, für die Bearbeitung der Architekturfunde gewonnen, und er ist dem treu geblieben. Das Ergebnis der ersten Jahre seiner Mitarbeit war die grundlegende Wiederherstellung des Außenaufbaues des Altars.

Gleichzeitig wurde uns von dem Herrn Minister für Kultus und Unterricht eine weitere Hilfe gewährt, indem Hermann Stiller, dem Otto Raschdorff sich anschloß, nach Pergamon entsandt wurde.

An zwei Stellen des Stadtberges lagen wie offene Wunden beharrlich von Steinmetzen und Kalkbrennern ausgebeutete Marmorruinen. Die eine auf der Südterrasse, die des Gymnasions, hatten wir, wie gesagt, bereits in Angriff zu nehmen uns nicht enthalten. Die andere war die auf der Höhe mit ihren prachtvollen Kolossalkapitellen korinthischen Stils. Sie war bisher für die des Athenatempels gehalten oder, wie Adler und Curtius versuchten, des mit diesem etwa verbundenen Augustustempels. Hier durch Ausgrabung Klarheit zu schaffen, übernahmen Stiller und Raschdorff.

Da wir durch das Urteil unserer letzten Vorgänger vor die Frage an den Bau gestellt waren, ob hellenistisch oder römisch, so wurde auch die, wie gesagt, bereits begonnene Aufdeckung des Gymnasions fortgesetzt, da wir dort einen, soweit wir damals sahen, sicher römischer Zeit angehörigen Bau gern zur Vergleichung heranziehen wollten. Aber wir konnten damit bei weitem nicht zum Abschlusse kommen, und bei der zu weit von unserem oberen Arbeitsplatze entfernten Lage dieser Ruinen war eine Bewachung erschwert. So ist eine Ausbeutung der aufgedeckten Marmorreste durch die begehrlichen Baulustigen der heutigen Stadt leider nicht ganz ausgeblieben.

Für den vermeintlichen Athenatempel kamen wir zu der Einsicht, daß es sich da um einen ganz einheitlichen Bau aus der Kaiserzeit handelte. Daß es nicht der Athenatempel war, ergab auch der gänzliche Mangel an inschriftlichen oder anderen dafür zeugenden Fundstücken. Wir hielten den Bau damals irrigerweise für den Augustustempel.

Nachdem die Kräfte am Platze so, wie gesagt, verstärkt waren, kam auch zur Geltung, daß die verschiedenen Ummauerungen des Stadtberges eigens ein Gegenstand des Studiums werden müßten. Einen wie unvollständigen Überblick man überhaupt noch über das ganze Gelände des Stadtberges hatte, zeigt sich z. B. daran, daß erst im Oktober 1879 zum ersten Male der ganze im Osten hinabziehende Zug der Eumenischen Stadtmauer von uns bemerkt wurde. Bohn übernahm das Studium der Stadtmauern und hat es bis zum Ende der Museumsausgrabungen mit Liebe und Erfolg betrieben. Die ganze, von uns die Attalische genannte Mauer hat er dabei erst im Zusammenhange erkannt. Alles Gewonnene hat Humann in seinen großen Stadtplan eingetragen, mit dessen Aufnahme und Zeichnung er im November 1879 begann und der mit den Beiträgen von Bohn und Senz und in der Terrainzeichnung und Schlußredaktion von Otto Berlet auf unsern Tafeln III und IV vorliegt.

Der Schluß der damaligen Arbeiten zog sich bis in den Frühling 1880 hin; im April brachte S. M. Schiff »Loreley«, Kommandant von Wietersheim, die letzten Kisten des zweiten großen Transports nach Smyrna, anderes ging schon den Weg über Rotterdam. In den ersten Tagen des Juni war alles in Berlin.

Dort waren inzwischen die Skulpturstücke, deren Behandlung den kundigen Händen der Bildhauer Antonio Freres und Temistocle Possenti anvertraut wurde, so weit geordnet, daß sie in vorläufiger Weise der Betrachtung dargeboten werden konnten. Nachdem durch einen Vortrag in der öffentlichen Sitzung der Akademie der Wissenschaften am 29. Januar 1880 das Eis des Stillschweigens gebrochen war, wurde der Andrang der Besucher in den Museen so groß, daß der Zutritt nur abteilungsweise gestattet werden konnte. Die Tagesblätter waren alsbald des Jubels voll über die Bereicherung der Sammlungen und über die Erweiterung unserer Kenntnis der antiken Kunst. Ein besonderes Lieblingsstück unter den Funden wurde dabei ein weiblicher Kopf (Bd. VII, n. 90). Seine Majestät Kaiser Wilhelm hatte bei seinem Besuche in den Museen der Allerhöchsten Anerkennung Ausdruck gegeben. Humann, dessen Namen in aller Munde war, wurde nach Berlin eingeladen, und die Bewunderung seiner Leistung kam in mannigfacher Weise zum Ausdruck. Sie fand ihre Krönung erst später in dem glänzenden Feste, welches der Verein der Berliner Künstler im Juni des Jahres 1886 veranstaltete.

Über alles bisher Gewonnene wurde, soweit es so rasch möglich war, in dem Ersten vorläufigen Bericht über die Ergebnisse der Ausgrabungen zu Pergamon Nachricht gegeben

(Jahrb. d. K. Preuß. Kunstsamml. 1880). Im Schlußwort wurde bereits ausgesprochen, daß wir über das Erreichte hinaus die Aufgabe ins Auge faßten, »das topographisch-monumentale Bild der alten Stadt in den verschiedenen Phasen ihres Bestehens nach und nach klarer herauszuarbeiten«.

Dank der Geneigtheit aller uns vorgesetzten Stellen, bis zu Seiner Majestät dem Könige hinauf, konnten wir daraufhin fortschreiten. Zunächst folgte noch eine Ruhepause bis zum 22. August 1880. An diesem Tage stand aber Humann wieder am Platze. Es galt der immer noch zu erwartenden Vervollständigung der Funde vom großen Altare, der Hoffnung von den historisch bedeutsamen sogenannten Schlachtenmonumenten (Bd. VIII, n. 21 ff.) noch weitere Stücke zu gewinnen, dann aber vor allem der Aufgabe, den Tempel der Athena zu suchen. Dieser mußte nach literarischen und inschriftlichen Erwähnungen für ein Hauptheiligtum der Stadt gelten, und seine Ansetzung da, wo man ihn früher meist gesucht hatte, war durch die Ausgrabungen bereits ausgeschlossen. Man hatte jetzt besonders den Raum zwischen den beiden bisherigen Ausgrabungsplätzen der Hochburg, dem damals noch Augusteum genannten Trajaneum und dem Platze des großen Altars, in Angriff zu nehmen. Hier war die Südwestecke, oberhalb des Altars, ein besonders wüst durch Verschüttung überdeckter Platz, im Süden und Westen eingefaßt von hohen byzantinischen Mauern; damals pflegte man sie noch türkische zu nennen. Nur auf dem ansteigenden Terrain innerhalb ragten wenige Steinschichten antiker Trachyt-Quadermauern aus dem Boden hervor. Sie wurden später als zu der Rückwand der Bibliothek gehörig erkannt. Man ging an den Abbruch der byzantinischen Mauern, die manches antike Werkstück enthielten, und an die Abräumung des Platzes, bei der bald Marmorbruchteile zum Vorschein kamen Es ergab sich eine den Platz im Norden und Osten einfassende Halle, zweigeschossig, mit Brüstungen im Obergeschosse, die mit Reliefdarstellungen von Waffenstücken geschmückt waren. Und im Februar 1881 konnte Bohn, der um Weihnachten wieder in die Arbeit eingetreten war, bei sorgfältiger Reinigung das Fundament des Athenatempels feststellen. Die Weihinschriften an zwei zugehörigen Säulenschäften ließen keinen Zweifel mehr (Bd. VIII, n. 1. 2). Es war ein großer Fortschritt. Man wäre zumute, schrieb Humann, als wenn man aus dunkeln Kellergängen plötzlich auf die helle Straße träte.

Nebenher wies Bohn auf der Nordspitze des sogenannten Gartens der Königin den Standort des Tempels nach, dessen Werkstücke in die dortige dicke frühbyzantinische Mauer verbaut die Aufmerksamkeit erregten. Wir nannten ihn nach dem im Kalkabdrucke noch vorhandenen Stücke des Epistyls einfach den Juliatempel, dachten dabei an die Tochter des Augustus, bis Fränkel die jüngere Faustina an die Stelle setzte (Bd. VIII, n. 298).

Auf die in Pergamon doch etwas rauhe Winterzeit folgte der Frühling 1881. Die harte Arbeit des Abbruchs der dicken byzantinischen Mauer mit ihrem steinharten Kalkmörtel war andauernd fortgesetzt, daneben andere Absuchung in der Altargegend. Es lohnte mit Funden zahlreicher Fragmente der Gigantomachiereliefs und anderer Teile des Altarbaues. Die Suche wurde an den Westabhang des Altarplatzes hin fortgesetzt, wo zunächst unsere eigenen, in der ersten Arbeitszeit dorthin geworfenen Schüttungen, die keinen Ertrag an neuen Funden geben konnten, beseitigt werden mußten. Keine vergnügliche Arbeit, und dann kam man in gewaltige Massen abgestürzter Steinblöcke, wovon die umstehende Abbildung eine Vorstellung geben mag, bis endlich eine tiefer gelegene Terrasse — auf der Abbildung noch vollständig verschüttet — zum Vorschein kam. Hier wurde ein wichtiges Gigantomachiestück gefunden (Bd. III, 2, S. 83, n. 29, erste Platte), wichtig, weil durch dessen Einfügung in den Zusammenhang die bis dahin unbekannte Breite der Altartreppe bestimmt werden konnte. Vermutungsweise war diese Breite zu gering angenommen worden; jetzt kam man zugleich zu der angenehmen Überzeugung, daß am Bau bei so viel breiterer Treppe so viel weniger Gigantomachierelief vorhanden gewesen war, also weniger, als man gedacht hatte, von diesem kost-

baren Ganzen verloren war. Durch dieses und andere Fundstücke war es auch gerechtfertigt, daß man sich die, wie gesagt, erst wenig vergnügliche Arbeit des Abraums durch unsern eigenen Schutt hindurch zugemutet hatte.

Alles, was soweit gefunden war, durfte im Herbst verschifft werden. S. M. Schiff »Loreley« war dazu wieder am Platze. Im Oktober wurde das erledigt, und im Dezember 1881 war die zweite Ausgrabungs-Kampagne zu Ende.

Es folgte eine dritte, beginnend im April 1883, länger als die ersten beiden, bis zum Dezember 1886 dauernd. Man hatte aber erfahren, wie ungünstig beim Klima von Pergamon die Winterzeit für die Ausgrabungen ist. So wurde jetzt 1883/84 und 1884/85 von Mitte Dezember bis Mitte Februar eine Arbeitspause gemacht. Begonnen wurde zu Anfang Mai 1883. Nachdem Humann die ersten Einrichtungen getroffen hatte, übernahm am 1. Mai Bohn die Leitung am Platze. Humann wurde im Auftrage der Preußischen Akademie der Wissenschaften durch die Expedition nach dem Nimruddag abgerufen (s. Carl Humann und Otto Puchstein, Reisen in Kleinasien und Nordsyrien. Berlin 1890). Bohn zur Seite trat Ernst Fabricius mit der besondern Aufgabe, die Inschriften gründlich genau aufzunehmen, wobei man sich nicht auf die aus den Ausgrabungen stammenden beschränkte, sondern allem in Stadt und Umgegend Verstreuten nachging.

Die Absicht bei der Wiederaufnahme der Ausgrabungen war gewesen, Fundstücken aus dem Athenaheiligtume und vom Altare da, wo sie zunächst zu erwarten waren, nachzugehen und auch die noch unberührten Strecken im Nordosten der Hochburg hinter dem damals noch fogenannten Augufteum und dem Athenaheiligtum aufzuklären. Man dachte auch die, wie bereits gefagt, zu früh begonnene Ausgrabung des Gymnafiums, das Schmerzenskind der Unternehmung, wie man fie wohl nannte, noch möglichft weit zu bringen. Aber es wurde in unerwarteter Weife viel mehr und noch ganz anderes daraus, fowohl auf der Burg, als felbft über die Stadt hinaus. Deshalb mußte man auch viel länger bei der Arbeit bleiben, als man gedacht hatte.

Der Sommer 1883 zeigte kein durchaus freundliches Geficht, große Hitze, Choleragerüchte, verfchiedene Erkrankungen, Räuberei in der Umgegend, Tod eines Arbeiters durch einen rollenden Stein an der Wefthalde. Aber für die Unterfuchung brachte der 29. Mai einen mächtig fördernden Fund.

Unterhalb der Südweftecke des Altarplatzes kam eine kleine vierfeitige Bafis aus blaugrauem Marmor zum Vorfchein, die auf der Vorderfeite in Schriftzügen der Königszeit ein Epigramm trug, das nach Berlin gemeldet, durch Adolf Kirchhoff an einer fchwierig gebliebenen Stelle gelefen, uns plötzlich ein Licht auf die Gefamttopographie der Stadt Pergamon warf. Es ift der beiftehend noch einmal abgebildete Infchriftftein Bd. VIII, n. 183, Überreft der Wafferuhr, welche »den Leuten auf dem Markte« die Zeit zeigen follte. Da der Stein nicht leicht von unten, wo noch von Curtius und Adler der Markt der Königszeit angefetzt war, auf den Berg gebracht fein konnte, fo war der Markt der Königszeit hier oben. Das Zauberwort »Agora« wirkte, wie Bohn fchrieb, elektrifch weiter, der Markt mußte auf der Fläche zwifchen dem Altarplatze und der byzantinifchen Mauer gelegen haben.

Diefer ganze Raum war mit dem Abfuchen nach den Altarfkulpturen fchon umgewühlt worden. Jetzt mußte er wirklich unterfucht, gründlich freigelegt werden, und ergab denn auch den Markt mit feinen Säulenhallen, mit Fundamenten von Altären und mit dem zierlichen Tempel, den man dem Dionyfos zufchrieb, fowie mit infchriftlichen Weihungen der Marktbeamten.

Als Bohn durch Unterfuchung der Mauertechnik an den Ruinen der Unterftadt ferner feftgeftellt hatte, daß dort nur die Zeichen römifcher Zeit vorliegen, fo ftand die grundlegende Aufklärung ganz feft: die Stadt der Könige lag auf dem Berge, das Auswachfen in die Niederung hinein vollendete fich erft in römifcher Zeit.

Eine zweite Überrafchung bei der Ausgrabung des Sommers vervollftändigte diefes Bild der Stadt.

Eine Hauptaufgabe war geftellt, außer den Fundftücken vom großen Altar auch denen aus dem Athenaheiligtum nachzugehen. Das ward dringend, da Bohn bereits die Arbeit zur Herausgabe von Bd. II der »Altertümer von Pergamon« an Ort und Stelle begann. Weftlich ftießen Altarplatz und Heiligtum hart an den Abhang. Dort hinab mußten Trümmer von beiden gefallen fein. Das hatte die Nachfuchung längs des Altarabhangs bereits erfolgreich gezeigt.

Es wurde gefordert, diefe Nachfuchung weiter nach Norden hin durch Abräumen des Abhangs unterhalb des Athenaheiligtums fortzufetzen. Die Forderung erregte, wie Bohn fchrieb, einen gelinden Schrecken. Man ftand allerdings hier vor einer weit mächtigeren, auch durch unfere Schüttungen aus dem Athenaheiligtum (f. Band IV, S. 4f.) vermehrten Maffe, deren volle Befeitigung monatelange Arbeit geben mußte. Um erft einmal zu taften, ob fich nicht etwa Zwifchenterraffen am Abhange ergäben, womit die Schuttmaffe geringer geworden wäre, wurde zunächft am oberen Ende des Abhangs, am Austritt der kleinen, aus dem Athenaheiligtume herabführenden Treppe, eine Abräumung begonnen. Da kamen Stufen, wie Sitzftufen, zum Vorfchein; dann wurde auch von unten her, von der Stützmauer aus, die hier den Abhang entlang lief, hineingegraben; man fand eine Fläche mit quadratischen Löchern, wie um Masten einzusetzen. Oben und unten also Vorkehrungen wie für Schaustellung. Als der Direktor der Skulpturenabteilung im Herbst wieder einmal an den Ausgrabungen sich zu beteiligen kam, war es mit Fortsetzung der Ausgrabung von oben und unten klargestellt, daß ein großes Theater den Abhang unterhalb des Athenaheiligtums bis zu jener großen Stützmauer hinab einnahm. Eine für den Ausgräber erschreckende Masse von Schutterde füllte die gewaltige Cavea des Theaters dergestalt, daß die Oberfläche des Abhangs gar keine Spur mehr, die auf ein Theater dort geführt hätte, gezeigt hatte. Aber es mußte ganze Arbeit gemacht werden. Bald wurde die Hauptkraft an diese Stelle geworfen, und das ganze folgende Jahr dauerte die Abräumung dort. Markt und Theater traten also als etwas ganz Neues vor den anderen Absichten der Ausgrabung des Jahres 1883 in den Vordergrund. Die neu gewonnene Vorstellung von der Königsstadt auf dem Berge wurde durch den Nachweis auch des Theaters aus jener Zeit dort oben weiter gekräftigt. Das Theater der Unterstadt war ja auch seiner Bautechnik und seinen Bildwerken nach als durchaus nur aus römischer Zeit stammend erkannt. Man brauchte nun mit ihm nicht weiter für die Königszeit zu rechnen.

Die gründliche Freilegung der Agora, für die immer weitergearbeitet wurde, lohnte noch durch den Fund einer Gigantomachieplatte (Bd. III, 2, S. 40, siebente Platte), die uns sonst entgangen wäre, da man beim Abbrechen der byzantinischen Mauer im Osten der Agora nicht hinreichend in die Tiefe gegangen war.

Es folgte die Winterpause, während der nur die Aufseher mit wenigen Arbeitern Schutt beseitigten und den Mauerabbruch fortsetzten.

Zu Anfang März 1884 waren Humann und Bohn wieder am Platze. Die Ausgrabungserlaubnis war um ein Jahr verlängert. Man war ja der im vorigen Jahre neu hervorgetretenen Aufgaben an Markt und Theater, anderer dagegen zurückgesetzter Absichten nicht zu gedenken, noch gar zu wenig Herr geworden. An beiden Stellen blieb auch in diesem ganzen neuen Jahre die Kraft vorzugsweise einzusetzen.

Auf dem Markte wurde im Juni der zierliche ionische Tempel in Fundament und verstreuten Werkstücken gefunden und von Bohn rekonstruiert (jetzt in Bd. III, 1, S. 108ff.).

Die gute Sommerzeit konnte zu einem neuen Transporte von Fundstücken benutzt werden, teils nach Konstantinopel, soweit Hamdi Bey sie bei persönlichem Besuche in Pergamon für dort in Anspruch genommen hatte, teils wieder mit Hilfe S. M. Schiffs »Loreley« von Dikeli nach Smyrna und von da teils über Triest, teils über Rotterdam nach Berlin. Die »Loreley« mit ihrem Kommandanten von Wietersheim, in dessen Vertretung einmal Lavaut und zuletzt Rittmeyer, bleibt uns in dankbarem Andenken, wie auch ihr Vorgänger, S. M. Schiff »Comet«, Kommandant von Senden-Bibran.

Humann wurde in diesem Jahre dem Organismus der Kgl. Museen fest eingereiht und so zunächst auch der Arbeit in Pergamon erhalten, indem er mit Dekret vom 23. Mai 1884 zum Direktor an den Kgl. Museen mit dem Wohnsitze in Smyrna ernannt wurde.

Es folgte das Jahr 1885. Das vergangene Jahr war, wie gesagt, in der Hauptsache noch von den beiden so unerwartet hervorgetretenen Aufgaben, Markt und Theater, in Anspruch genommen gewesen. Deren Erledigung reichte auch noch in das neue Jahr hinein. Das Theater brachte die Westterrassen mit sich, der Markt führte uns, da seine Verbindung mit dem oberen Burgtore verfolgt werden sollte, noch auf einen dort an die Straße stoßenden großen Bau. Auf dessen Reste waren wir bereits früher beim Abbruche der byzantinischen Mauer gestoßen; jetzt wurden sie durch eine weitere Ausgrabung so weit verfolgt, daß man sich von der ausgezeichneten Technik, in der das Ganze ausgeführt war, überzeugte. Auch durch Kleinfunde, namentlich von Stukkaturbruchstücken, tat sich kund, daß hier ein Gebäude aus der Königszeit vorliegt, dessen Ausgrabung jedenfalls einmal durchgeführt werden muß. Das bleibt als etwas voraussichtlich Lohnendes auch jetzt noch der Zukunft vorbehalten.

S. M. S. Loreley.

Nun war von der großen Publikation der »Altertümer von Pergamon«, deren Plan seit dem März 1881 feststand, durch Bohns größtenteils an Ort und Stelle ausgeführte Arbeit als ersterscheinend der zweite Band (Athenaheiligtum) fertig. Als Gegenstand eines dem anzuschließenden Bandes war das damals noch sogenannte Augusteum ins Auge gefaßt. Aber man hatte sich nicht verhehlen können, daß dazu die Ausgrabung der Überreste nicht weit genug geführt war. Sie zu vollenden, Hermann Stiller dazu noch einmal nach Pergamon zu berufen, konnte beschlossen werden, als der Herr Minister von Goßler, ein persönlich warmer Freund unserer Bestrebungen, am 22. April 1885 neue Mittel eigens dafür bewilligt hatte.

Alsbald begann man damit. Stiller kam im August, was zum Erscheinen des Bandes indessen erst im Jahre 1895 geführt hat. Im November wurde beim Aufräumen im Südosten des Heiligtums, vor allen Dingen wichtig, erst die Inschrift gefunden, welche die bereits eingetretenen Zweifel an der Richtigkeit der bisherigen Benennung des Baues dahin erledigte, daß der Tempel dem Trajan errichtet worden war (Bd. VIII, n. 269).

Wie von dem Leiter der Ausgrabungen im Anschlusse an die Aufdeckung des großen Altars und an die des Athenaheiligtums der unterhalb gelegene Westabhang als notwendig vorauszusetzender Fundplatz dort hinabgefallener Teilstücke jener beiden Anlagen angesehen und demgemäß behandelt worden war, so war von vornherein auch die Abräumung des Abhangs südwestlich unter dem Trajaneum als zur Erledigung der Untersuchung dieses Heiligtums gehörig angesehen worden. Es war deshalb bereits am 18. Juni und am 12. November des Jahres 1884 angeordnet worden, daß die Westterrasse nördlich vom Theater, da, wo sie sich eben unter jenen Abhang unter dem Trajaneum hineinzog, zunächst nicht weiter zu verfolgen sei; denn es bestand die Absicht, den ganzen Abhang von oben herunter, so wie es unterhalb des Altarplatzes und des Athenaheiligtums geschehen war, schichtenweise bis auf den Grund abzuräumen.

Dieser Absicht des Leiters stand aber, auch im Temperament der Beteiligten begründet, ein anderer Antrieb entgegen. Es war an Ort und Stelle begreiflicherweise verlockend, durch einen nicht schwierigen Vorstoß auf der bis an den Nordschenkel des Theaters freiliegenden Terrasse erst einmal deren Abschluß zu finden. Dieser Wunsch wurde dann auch in der Korrespondenz im März 1885 unbefangen ausgesprochen und dementsprechend war schon mit der Ausführung begonnen, trotz noch zweimal wiederholtem Einspruche des Leiters in Berlin, der leider damals zu lange verhindert gewesen war, nach Pergamon zu kommen. Der Vorstoß hatte bereits einen später als den eines Altars erkannten Unterbau und bald dahinter Marmorstufen — es waren die eines Tempels — an den Tag gebracht. Die »lockten erst recht die Neugier«, wie berichtet wurde.

Als dann am 30. April die Weisungen zur Vornahme der Erledigungsarbeiten am Trajaneum — wie man es damals aber immer noch nicht nannte — ergingen, gehörte dazu auch, wie von Anfang an beabsichtigt, die vollständige Abräumung unterhalb der großen Stützmauer bis auf die Theaterterrasse hinab.

Das reinlich durchzuführen, wurde infolge des Konflikts der Tendenzen in der Leitung und in der Ausführung unmöglich. Während man oben am Abhange die Abräumung begann, ließ man auch von dem Weiterfreilegen des Abschlusses der Theaterterrasse nicht ab. Je weiter man zugleich oben das Abräumen mit Abkarren nach Westen hin fortsetzte, entstanden Hinderungen. Die Arbeit oben gefährdete die Arbeiter unten, Erdrutsche und Abstürze traten ein, die das unten Aufgedeckte zeitweise wieder verschütteten. Obwohl von der Abräumung des Abhangs bis zum Ende der Museumsgrabungen nicht abgelassen wurde, hat sie doch unvollendet bleiben müssen. Soweit sie durchgesetzt werden konnte, hat sie wenigstens zur Aufdeckung eines besonders gut erhaltenen Stückes der alten Burgmauer geführt und ein wesentliches Stück des Akroters vom Trajaneum geliefert. Der Tempel unten wurde vollständig erst im Februar 1886 freigelegt. Durch Bohns eindringende Untersuchung ist er als Umbau eines Baues der Königszeit und in dieser Neugestalt durch Fabricius' Entzifferung der Bauinschrift als Neokoratstempel des Caracalla erkannt.

Während Stillers Nacharbeit am Trajaneum vor sich ging, waren wir im übrigen so ziemlich am Ende, da die Geldmittel erschöpft waren. Die großen unerwarteten Entdeckungen von Markt und Theater, dann die des Tempels auf der Theaterterrasse waren der Vollendung der anderen Aufgaben in den Weg getreten, die wir doch auch der Herausgabe wegen nicht allzu halbfertig liegenlassen durften. So wurden denn noch einmal, für etwa eine Jahresarbeit, die Mittel von Seiner Majestät erbeten, mit der Erklärung, daß damit vorerst ein Abschluß der Ausgrabungen gemacht werden solle. Im September 1885 erfolgte die Bewilligung. Die Erlaubnis zur Fortsetzung der Arbeiten wurde von der türkischen Regierung ebenfalls gegeben, dank auch dem warmen Eintreten für alle unsere Interessen seitens des damaligen Botschafters an der Hohen Pforte, Herrn von Radowitz. Bohns Mitwirkung konnte für das nächste Jahr gesichert werden. Zur archäologisch-epigraphischen Mitarbeit war im vorigen Jahre Friedrich Koepp eingetreten, ihm folgte auf ganz kurze Zeit Alfred von Ochelhäuser, dann Ernst Fabricius. Er hat, nachher auch noch vor den Originalen in Berlin, den Grund für die Bearbeitung der Inschriften gelegt. Ihm schloß sich Johannes Böhlau an, der auch dem keramischen Material seine Aufmerksamkeit zu widmen hatte. Für 1886 aber stellte sich Karl Schuchhardt zur Verfügung, der um Mitte Februar eintraf und bis zum Ende des Jahres nicht nur die von Fabricius begründete Aufnahme der Inschriften weiterführte, sondern auch sonst wirksam war.

Das Arbeitsprogramm für dieses letzte Jahr der Museumsarbeiten bestand in der Vollendung der Aufdeckung der Burgkrone, östlich vom Trajaneum und Athenaheiligtume, dann in dem Abschlusse der Untersuchung des Tempels auf der Theaterterrasse nebst den Bemühungen am Abhange oberhalb desselben. Außerdem sollte, um etwa dorthin geratenen Bruchstücken der Altarskulpturen nachzugehen, das Terrain südlich vom Markte, außerhalb der byzantinischen Mauer, jedoch nur abgesucht, nicht gründlich freigelegt werden, und endlich wollte Bohn seine so vieles aufklärenden Untersuchungen der Stadtmauern weiter verfolgen. Die Ausgrabung des Gymnasions zu vollenden, mußte damals aufgegeben werden.

Im Herbst, als man sich über diese Vorhaben einigte, war gleichzeitig mit dem Leiter der Ausgrabungen auch der Generaldirektor der Museen, Richard Schöne, in Pergamon anwesend und gab die Anregung zu noch einer besonderen, über die Stadt hinausgreifenden

Unterfuchung. Er ftellte die Frage, wie die Verforgung der Königsftadt auf dem Berge mit Waffer bewirkt gewefen fein möchte. Hierfür gelang es Friedrich Gräber zu gewinnen, der bereits in Olympia ähnlichen Studien fich gewidmet hatte. Die Mittel zu diefer über die Mufeumszwecke hinausgreifenden Unternehmung bewilligte die philofophifch-hiftorifche Klaffe der Kgl. Akademie der Wiffenfchaften.

Im ganzen follte die im Jahre 1886 noch einmal von feiten der Berliner Mufeen einfetzende Arbeit einen Abfchluß des zunächft Begonnenen bringen und dann der Verarbeitung Muße gegönnt werden. Zum dritten Male kam Konftantin Athanafiu von Athen, um photographifche Aufnahmen zu machen. Kartographie und Planzeichnen wurden von Humann, Bohn, Senz und von Dieft betrieben und zum vorläufig gewollten Ende gebracht. Humann arbeitete namentlich auch, und zwar mit regelrechter Triangulation, an dem Plane der heutigen Unterftadt Pergamon. »Diese Arbeit ift definitiv und für immer«, fchreibt er am 8. Juni 1886. Schuchhardt legte den Grund zu feiner fpäter vervollftändigten und in diefem Bande verwerteten topographifch-archäologifchen Kenntnis der Landfchaft. Auch einzelne bis dahin wenig bekannte Punkte außerhalb Pergamons wurden bereits genauer unterfucht. Schon Lolling hatte Atarneus auf dem Kale-Agili bei Dikeli befucht und feine Studie in den Athenifchen Mitteilungen des Inftituts 1879, S. 1 ff. veröffentlicht. Bohn und Fabricius zogen eine von letzterem entdeckte Landftadt in Kosak ans Licht (Athen. Mitt. des Inftituts 1886, S. 1 ff. 444 f.). Teuthrania auf dem Eliasberge bei Kalerga wurde von Senz aufgenommen und von ihm und Conze in den Athenifchen Mitteilungen des Inftituts 1887, S. 149 ff. herausgegeben. Wiederholt wurden die heute wieder in Gebrauch gefetzten römifchen Bäder von Pafcha-Ludfcha befucht. Befonders wichtig erfchien aber eine Unterfuchung von Aegae (Nemrud-Kaleffi), weil ihre fehr gut erhaltenen Ruinen Anhaltspunkte für die Rekonftruktion pergamenifcher Bauten darboten. Das Refultat, zu deffen Erreichung neben Bohn in den Jahren 1885 und 1886 Fabricius, Senz und namentlich Schuchhardt mitgewirkt hatten, gab Bohn mit Schuchhardt im 2. Ergänzungsheft des Jahrbuchs des Inftituts 1889 heraus.

Das Hauptergebnis der Ausgrabungen in Pergamon felbft war im Schlußjahre der Mufeumsgrabungen die Freilegung der Oftfeite der Hochburg, eingenommen zum größten Teile von den Paläften, wie wir nun mit einigem Recht fagen können. Freilich, fo wie auf höchfter Höhe wenig deckende Verfchüttung eingetreten fein konnte, find es faft nur Grundriffe, die aus den aufgedeckten Reften abzulefen find.

Aber als etwas ganz befonders Erfolgreiches ift von den Arbeiten im Jahre 1886 noch die Unterfuchung der antiken Wafferleitung Pergamons zu erwähnen. Es ift fchon gefagt, daß Richard Schöne dazu die Anregung gab, der ja von Anfang an allen Schritten unferer Unterfuchung naheftand, und daß Friedrich Gräber dafür gewonnen wurde. Am 4. September traf Gräber in Pergamon ein. Bis zum 20. Oktober hatte er den Beweis gefunden, daß eine unterirdifch geführte Druckwafferleitung die Königsftadt mit Waffer von Norden her verforgte, und hatte zugleich die Grundzüge der fonftigen Wafferverforgung der Stadt in der Römerzeit entworfen. Bis an den Madarasberg, der das Gefichtsfeld von Pergamon nach Norden hin abfchließt, verfolgte Schuchhardt die Herkunft des Waffers. Diefe Unterfuchung wirkte auf die Mitarbeitenden an- und aufregend wie einft der Fund der Gigantomachiereliefs. Wie Humann beim Anblick der Figur des Zeus Tränen vergoß, fo war man bewegt, als beim Nachforfchen von unten herauf das vorher kaum glaubliche Anfteigen der Leitung bis zum Berggipfel zur Gewißheit wurde. Die Ergebniffe find zuerft dargelegt in den Abhandlungen der Berl. Akad. d. Wiff. 1888, dann erfcheinen fie, durch mancherlei fpätere Nacharbeit von Fabricius, Schuchhardt, Giebeler, Bohn und endlich Gräber felbft vervollftändigt, in diefem Bande.

Im Oktober/November wurden noch einmal Fundftücke transportiert, und bis in den Dezember wurde noch an der Sicherung auch der kleineren Fundftücke gearbeitet, wobei Paul Wolters uns tätigft half. Zur Benutzung für Befucher des Platzes wurde ein kurzer »Führer durch die Ruinen von Pergamon« entworfen, der inzwischen deutsch in vierter Auflage erschienen ist, daneben auch griechisch und türkisch. Zwei Wächterhäuschen standen auf der Höhe der Burg fertig für die Bewachung der Ausgrabungen, welche mit Hamdi Beys Genehmigung bestellt wurde. Am 15. Dezember verließ Humann als letzter den Platz, »der uns so glückliche Erfolge beschert hatte«.

Der vorläufige Bericht über die letzte Periode der Museumsarbeiten von 1883 bis 1886 erschien, als der dritte, im Jahrb. d. K. Preuß. Kunstsamml. 1888. Aber schon zeitig während der Ausgrabungstätigkeit war man, wie schon erwähnt, auf eine endgültige Publikation unter dem Titel »Altertümer von Pergamon« bedacht gewesen. Im Jahre 1885 war Bd. II, das Athenaheiligtum, von Bohn, mit Beiträgen von Hans Droysen, erschienen. 1890 und 1895 wurden die beiden Teile des Bandes VIII, die Inschriften, herausgegeben. Max Fränkel hatte sich dazu mit Fabricius und Schuchhardt verbunden, und Richard Koldewey lieh dafür seine kunstgeübte Hand; denn in diesem Falle hielten wir und halte ich es noch für richtig, alle Inschriften in Faksimile und nicht nur die Inschriften, sondern die ganzen Werkstücke in Darstellung zu geben.

Aber die Mitarbeiter der Ausgrabung waren bald durch andere Verpflichtungen gehemmt. Erst 1895 und 1896 folgten zwei weitere Bände des Werkes, Bd. V, 1, das Trajaneum von Hermann Stiller mit Beitrag von Otto Raschdorff, und Bd. IV, die Theaterterrasse von Bohn. Dann griff der Tod ein. Am 12. April 1896 verloren wir Carl Humann, am 19. August 1898 folgte ihm Richard Bohn, auf den besonders für die Herausgabe der Bauwerke gerechnet war. In die eine Hauptaufgabe des großen Altars mußte sich nach Bohns Vorarbeiten Jacob Schrammen erst in Pergamon selbst ganz neu hineinarbeiten; den Bd. III, 1 über Altar und Markt gab er im Jahr 1906 heraus, die zum Altar gehörigen Skulpturen hat Hermann Winnefeld in Bd. III, 2 1909 folgen lassen. Schon vorher hatte Franz Winter die Masse der übrigen Skulpturen bewältigt; seine beiden Teile des Bandes VII sind 1908 erschienen, mit einer Anlage von Schrammen über vereinzelte Architekturstücke. Und jetzt bringen wir im Vereine diesen ersten Band. In Arbeit sind, von Bohn nur begonnen, Bd. V, 1, die Paläste, von Theodor Wiegand und dem nach Vollendung des Manuskripts und der Tafelvorlagen seines Anteils uns auch durch den Tod entrissenen Georg Kawerau, und Bd. VI, das Gymnasium und römische Bauten der Unterstadt, von Paul Schazmann, unserm so willkommen geheißenen Mitarbeiter aus Genf. Damit und mit hoffentlich einem Ergänzungshefte zu Bd. IV von Dörpfeld wird dann die Publikation der Kgl. Museen abgeschlossen sein.

Den seit dem Jahre 1900 erschienenen Bänden der »Altertümer von Pergamon« ist bereits Gewinn zugeflossen aus weiteren Untersuchungen des Platzes, die nicht für immer zur Ruhe gegangen waren. Denn, wer die Hand angelegt hatte an den Ruinenboden der alten Königsstadt, der wußte, daß man hier ein längst nicht erschöpftes Untersuchungsobjekt von ganz besonderer Bedeutung und zugleich von ungewöhnlich günstiger Zugänglichkeit getroffen hatte. Die Museen boten die Hand dazu, daß Pergamon neben den Erfolgen in Magnesia a. M., in Priene, in Milet und Didyma zu seinem Rechte kam. Das vollzog sich im Jahre 1900. Ein Vortrag von Conze hatte dem noch das Wort geredet: »*Pro Pergamo*«, Berlin 1897 und im Jahrbuche des Instituts, Anzeiger 1897, S. 170ff.

Über das, was bis dahin seit dem Schlusse der Museumsausgrabungen von uns aus geschehen war, ist in einem, also dem vierten vorläufigen Bericht über die Arbeiten zu Pergamon in den Jahren 1886 bis 1898 in den Athenischen Mitteilungen des Instituts berichtet worden (1899, S. 97ff.). Es handelte sich dabei um die Förderung der Herausgabe der »Altertümer von Pergamon«.

Das wissenschaftliche Interesse wurde alsbald aber von verschiedenen Seiten ins Auge gefaßt und gefördert. Einzelarbeiten sind in verschiedenen Bänden dieses Werkes angeführt, von denen hier nur herausgehoben werden mögen, Otto Puchſteins grundlegende Anordnung des großen Altarfrieſes, Carl Roberts Behandlung des kleinen Frieſes und zwei auf den Altar bezügliche Abhandlungen von Hans Schrader. Auf das Ganze gerichtet war bereits Fabricius' und Trendelenburgs Artikel »Pergamon« in Baumeiſters Denkmälern II, S. 1206ff. Dann folgten zwei große Arbeiten ausländiſcher Forſcher. 1887 und 1899 erſchien erſt in däniſcher, dann in deutſcher Ausgabe »Pergamos, deſſen Geſchichte und Denkmäler« von J. L. Uſſing, der ſich noch im hohen Lebensalter mit Begeiſterung dem Studium der neuentdeckten Denkmäler hingab. Er hatte davon ſchon Zeugnis gegeben in ſeinem Reiſewerke »*Fra Hellas og Lilleasien*«, Kopenhagen 1883, S. 199ff. Und im Jahre 1900 erſchien das Prachtwerk von Em. Pontremoli und Maxime Collignon »*Pergame. Restauration et description des monuments de l'acropole*«. Paris, Folio, beruhend auf eingehenden Studien in Pergamon ſelbſt und in den Berliner Muſeen. Eine gute Überſicht alles Gewonnenen hat auch Ernſt Schmidt gegeben im Programm des Lübecker Katharineums 1899.

Die Ergänzung unſerer Arbeiten zu fördern war auch die Preußiſche Akademie der Wiſſenſchaften zu wiederholten Malen bereit. So konnte Schuchhardt im Herbſt 1887 ſeine früher gemeinſam mit von Dieſt ausgeführte Bereiſung der Kaïkoslandſchaft und des Nachbargebiets wieder aufnehmen, worüber ein vorläufiger Bericht in den Sitzungsberichten der Akademie 1888, S. 1207ff. erſchien. Seine Geſamtergebniſſe hat Schuchhardt in dieſem Bande zuſammengeſtellt, als Grundlage im einzelnen noch weiter wünſchenswerter Unterſuchungen, zu denen einzelnes bereits von Dörpfeld, Schazmann, Jacobsthal, Hepding und Surſos beigetragen iſt.

Fabricius benutzte im Jahre 1888 eine Reiſe, die ihn in jene Gegenden führte, um die Beobachtungen Gräbers an den Waſſerleitungen fortzuſetzen. Er wies namentlich die Mehrgeſchoſſigkeit des römiſchen Aquädukts im Norden der Stadt nach.

Im Jahre 1896 gingen Bohn und Conze, dem die Sorge für die Herausgabe geblieben war, noch einmal auf mehrere Monate nach Pergamon. Schon war am 12. April des Jahres durch den Tod entſchieden, daß unſer Humann nicht weiter an der Herausgabe teil haben ſollte. Daß auch Bohn, ſo wenig wir darauf gefaßt waren, nur zu bald darauf abgerufen werden ſollte, machte es ungemein wichtig, daß er namentlich noch einmal ſeine Studien über die Stadtmauern im ganzen Umfange nachprüfte. Mit aller ihm eigenen Sorgfalt legte er die Summe ſeiner Beobachtungen an Ort und Stelle in ſechs handſchriftlichen Blättern nieder. Zugleich wurde damals der Gräberſchen Unterſuchung der großen Druckwaſſerleitung ein weſentliches Stück hinzugetan. Mit Hilfe des Waſſertechnikers Carl Giebeler, der ſich uns in Pergamon anſchloß, wurde der Ausgangspunkt der Druckleitung, die Kammer, in der die aus dem Gebirge herabgeleiteten Waſſer ſich ſammelten, da, wo Gräber ſie ſchon vermutet hatte, am Agios-Georgios-Berge, ziemlich wohlerhalten entdeckt (Atheniſche Mitteilungen des Inſtituts 1899, S. 105ff.). Damals beſtärkte auch der zufällige Fund einer ſchönen Reliefplatte (Bd. VII, n. 344A), wie bald darauf, leider als wir nicht anweſend waren, die Entdeckung einer Grabſtätte mit koſtbarem Inhalte im Ketiostale, die Überzeugung, daß die Ernte an Kunſtwerken in der Attalidenſtadt noch längſt nicht beendet ſei.

Die wiederholte Beſchäftigung mit den Waſſerleitungen brachte ſodann das Bedürfnis zur Geltung nach einer in den Höhenverhältniſſen noch genauer als bisher auszuführenden Kartenaufnahme der Stadt und ihrer Umgebung. Hierfür bot die Akademie der Wiſſenſchaften die Mittel, und mit Genehmigung des Herrn Chefs des Großen Generalſtabs wurde Hauptmann, jetzt Major, Otto Berlet dafür gewonnen. Vom 1. Auguſt 1898 an führte er in nahezu fünfmonatiger Arbeit ſein Meßtiſchblatt »Pergamon und Umgebung« aus (Taf. II dieſes Bandes). Zur archäologiſchen Hilfeleiſtung war anfangs Conze dabei anweſend; dann löſte ihn Schuchhardt ab, der ſo abermals ſein Studium der Kaïkoslandſchaft weiterführen konnte und über die Waſſerleitungen und die Brücken über den Selinus neue Aufklärungen gewann (Athen. Mitt. des Inſtituts 1899, S. 122ff.).

Ganz kurz vor dieser Reise, am 19. August 1898, war der schmerzliche Tod Richard Bohns eingetreten und machte es zur Pflicht, dessen vorerwähnte letzte Aufzeichnungen über die Stadtmauern durch Nachprüfung Stein für Stein soweit zu verstehen, um mit der Publikation nun an die Stelle des entschlafenen Freundes treten zu können. Auch das wurde im Jahre 1898 noch vollbracht und führte in Weiterführung der Bohnschen Beobachtungen namentlich zu einer Feststellung, welche für weitere Ausgrabungen einen neuen Ausgangspunkt lieferte. Es wurde das große Südtor der Eumenischen Stadtmauer da, wo es schon vermutet worden war, entdeckt. Zu einer wirklich genügenden Aufdeckung fehlten Schuchhardt und mir damals die Geldmittel. Das geschah erst durch Wilhelm Dörpfeld im Jahre 1900 (Abhandl. d. Berl. Akad. d. Wiss., Anhang 1901) und daranschließend im Jahre 1901, als freundliche Geber den Ankauf und die Beseitigung einiger Häuser, die noch teilweise den merkwürdigen Torbau verdeckten, ermöglichten.

Mit dem Jahre 1900 also setzte die Untersuchung von Pergamon wieder voll ein, indem die Königlichen Museen die Fortsetzung dem Kaiserlichen Archäologischen Institute, zunächst auf eine Reihe von Jahren, überließen und die kaiserlich Ottomanische Regierung von Jahr zu Jahr die Genehmigung zu den Ausgrabungen erteilte. Wir sind hierbei der Vermittlung Hamdi Beys und seines Bruders Halil Edhem Bey ganz besonders zu neuem Dank verbunden worden.

Das Vorgehen bei der Neuaufnahme der Untersuchungen durch das Archäologische Institut fand unter wesentlich anderen Umständen statt, als sie früher für die im Auftrage der Museen maßgebend gewesen waren. Damals stand für die Museen Entdeckung von Kunstwerken im Vordergrunde der Interessen, wobei man allerdings bestrebt war, den wissenschaftlichen Forderungen an eine Ausgrabung zugleich gerecht zu werden. Jetzt hatte das Institut, auch da, wo Einzelfunde kaum zu erwarten waren, die weitgehende Klarlegung des großen Ganzen zunächst der Königsstadt Pergamon sich zum Ziele zu setzen. Fundstücke waren vor Zerstörung zu sichern und der Benutzung zugänglich zu machen. Bedeutenderes wurde in das Ottomanische Museum in Konstantinopel versetzt, das, an der großen Weltstraße gelegen, als Hamdi Beys Schöpfung in die erste Reihe der öffentlichen Kunstsammlungen getreten war. In einzelnen Fällen durften auch den Berliner Museen Ergänzungen dortigen Besitzes zugewiesen werden. Das Meiste aber ist in einem Ottomanischen Museum in Pergamon selbst geblieben, welches wir, wenn auch in provisorischer Form, ins Leben riefen. Es fand zunächst seinen Platz vor dem Konak, und wir haben damals im Archäol. Anzeiger des Jahrbuchs 1898, S. 221ff. die Aufgabe einer solchen Lokalsammlung dargelegt und in einem Schreiben Hamdi Beys dessen maßgebende Zustimmung erhalten. Als die Sammlungsstücke sich mehrten, auch bei eintretendem Neubau des Konaks der Platz dort nicht haltbar war, sind mehrere, bis jetzt vier von den antiken Gemächern hinter der Westhalle des unteren Marktes für die Aufstellung der Sammlung ausgebaut worden. Beistehende Ansicht ist noch vor Erbauung des vierten Gemaches aufgenommen. Über den damals erst drei Museumsräumen ist das Dach des Wächterhauses, weiter nach rechts hinauf das Wohnhaus für die Leiter der Ausgrabungen sichtbar. Inzwischen sind, zunächst um die Mosaiken dort zu schützen, auch noch die hinreichend erhaltenen Räume hinter der Nordhalle des sogenannten Hauses des Konsuls Attalos eingedeckt und zur Aufstellung von Fundstücken aus demselben Hause verwendet worden.

Die Ausgrabungen der Berliner Museen konnten nur, sozusagen stoßweise, mit wiederholt neu beschafften Mitteln, die laufend nicht genügend zur Verfügung standen, ausgeführt werden. Sie setzten so zu drei Malen mit jedesmal verschieden bemessener, aber längerer Zeit ein. Das Institut erhielt dagegen, als für eine Arbeit von langer Dauer, einen in seinem Etat festgelegten, mäßig bemessenen Jahresbetrag. Mit diesem konnte, was auch mit Rücksicht auf die verfügbaren persönlichen Kräfte nicht anders sein konnte, regelmäßig jedes Jahr für etwa drei Herbstmonate eine Ausgrabung stattfinden. Die Arbeitspausen dazwischen ermöglichten es, daß die Publikation mit den Entdeckungen Schritt hielt. Es wurde so gehalten, daß jedesmal die

Ergebniſſe zweier Kampagnen zu einem Berichte zuſammengefaßt wurden. Ein ſolcher iſt bis jetzt viermal in den Athen. Mitt. des Inſtituts erſchienen: 1902, S. 1 ff., 1904, S. 113 ff., 1907, S. 161 ff., 1908, S. 327 ff.; der fünfte erſcheint im Jahrgang 1910.

Die Leitung der Inſtitutsgrabungen wurde in die bewährten Hände des erſten Sekretars in Athen, Wilhelm Dörpfeld, gelegt. Ihm ſtanden jedesmal ergänzende Hilfskräfte zur Seite, mehrere Male war der frühere Leiter der Muſeumsausgrabungen zur Stelle, und ſonſt folgten aufeinander W. Kolbe, H. Thierſch, W. Altmann, Br. Schröder, H. Hepding, der viermal teilnahm, dann wiederum W. Kolbe, ferner P. Jacobsthal und wiederholt P. Schazmann. An der Herausgabe der Berichte beteiligten ſich außerdem H. von Prott, H. Schrader und Fr. Winter. Nach Dörpfelds Weiſungen arbeiteten als Architekten zuerſt Seitz und am längſten Panagiotis Surſos und als Arbeitsaufſeher die bei den Ausgrabungen in Griechenland geſchulten Giorgios Paraskewopulos und Angelis Kosmopulos, bald auch deſſen Sohn Giorgios. Nicht jeder Hilfe kann hier Erwähnung geſchehen, doch wollen wir nicht vergeſſen, wie uns der Pergamener Dimitrios K. Tſcholakidis jahrelang willig zur Seite ſtand, zuletzt von der türkiſchen Regierung zum erſten Aufſeher der Altertümer am Platze ernannt. Nach ſeinem uns tiefſchmerzlichen Tode im Jahre 1908 iſt jetzt ſein Landsmann A. G. Sophianos in dieſem Amte, das für den Schutz der Altertümer am Orte einzuſtehen hat, gefolgt. Die Photographien, deren Anzahl bereits das zweite Tauſend überſchritten hat, führte Jahr für Jahr der Photograph unſeres atheniſchen Inſtituts R. Rohrer aus.

Durch die Entdeckung des großen Südtores der Eumeniſchen Stadtmauer war, wie geſagt, ein neuer Ausgangspunkt für die Unterſuchung geſchaffen worden, und es empfahl ſich, nunmehr von der Peripherie aus in den Stadtkörper einzudringen, von da aus entgegenzuarbeiten dem Mittelpunkte, wie er ſich einſt in der Entwicklung der Stadt vom urſprünglichen Kerne der Burg auf der höchsten Höhe des Stadtberges aus gebildet hatte, und wie er durch die Museumsgrabungen in der Hauptsache freigelegt worden war. Man hatte zu dem Ende zunächst nur der vom Hauptstadttor einwärts führenden Hauptstraße nachzugehen. Es galt den Anschluß zu finden an deren vom obersten Burgtore bereits immer schon weit hinab bis an die Südostecke des Gymnasions zutage liegenden Verlauf. Am südlichen Bergabhange, der unterhalb des Gymnasions als eine völlige Terra incognita vor uns lag, trat sie dann beim Vordringen der Ausgrabung in unerwartet guter Erhaltung in Serpentine aufsteigend zutage, bis unter die Südostecke des Gymnasions, da einmündend in den wenigstens im groben bereits bekannten oberen Verlauf. So hatte man einen durchlaufenden Faden für die weitere Aufwicklung des Stadtbildes in der Hand. Indem man ihm vom großen Tore aus folgte, enthüllte sich linker Hand liegend ein zweiter, der letzten Stadterweiterung unter den Königen angehöriger Marktbau; man fand weiter aufwärts die längs der Straße gelegenen Geschäftsräume, hinter ihnen zwei stattliche Wohnhäuser, und drang bis zu dem Gymnasion hinauf, das sich als eine dreiteilige Anlage erwies, und entdeckte an dessen unterem Südeingange einen öffentlichen Brunnenbau. Die volle Freilegung der Gymnasionsterrassen nahm lange Arbeit in Anspruch, aber schon steigt die Grabung von Westen her oberhalb des Gymnasions, entgegen einem der späteren Königszeit angehörigen Heratempel, hinauf und ist im Jahre 1909 zur Demeterterrasse mit ihren überraschenden Entdeckungen vorgedrungen. Darüber bringen die Athen. Mitt. des Instituts im Jahrgang 1910 die näheren Nachrichten.

All diese Institutsarbeiten hier mit zu erwähnen haben wir um so mehr Anlaß, als sie dieser Publikation noch sehr erheblich zugute kommen, nicht nur für die Stadtgeschichte überhaupt, sondern namentlich auch, weil sie durch Vollendung der von den Museen nur begonnenen Aufdeckung es erst ermöglicht haben den sechsten Band, der das Gymnasion enthalten soll, herauszugeben. Paul Schazmann übernimmt auf Grund der Dörpfeldschen Untersuchung diesen Band zu bearbeiten, und zwar in vollem Umfange des ursprünglichen Programms, das außer dem Gymnasion auch die römischen Bauten der Unterstadt umfaßte. So hatte es Richard Bohn gewollt, aber nicht weit mehr fördern können.

Dankbar haben wir aber auch noch der weiteren Bewilligungen der Akademie der Wissenschaften zu gedenken, deren Ergebnisse in dieser Publikation zur Verwertung kommen. Sie galten der Kartographie der Landschaft und der Weiteruntersuchung der Wasserleitung.

Zu letzterem Zwecke ging Friedrich Gräber im Jahre 1906 noch einmal nach Pergamon. Über seine Revisionen und Ergänzungen der früheren Arbeiten hat er einen kurzen Bericht in den Sitzungsber. d. Berl. Akad. d. Wiss. 1906, S. 838ff. gegeben. Er verfolgte jetzt auch die Wasserversorgung des Gymnasions und der Unterstadt durch Aufdeckung der Leitungen am Ostabhange des Stadtbergs, wozu der volle Nachweis der dazu dienenden Leitung von den Kaïkosquellen her durch wiederholte Besichtigung und Aufnahme durch Paul Schazmann und Paul Jacobsthal später hinzutrat. Auf dem Grund alles Gewonnenen beruht Gräbers Abschnitt über die Wasserleitungen in diesem Bande.

Für die Kartographie trat noch einmal Otto Berlet ein. Er übernahm die Neubearbeitung der Karte der Kaïkoslandschaft auf Grund des von Herrn von Diest den Kgl. Museen überlieferten, inzwischen von ihm in Petermanns Mitteilungen (Ergänzungsband XX, 1889, n. 94) und in seiner Karte des nordwestlichen Kleinasiens, Blatt C publizierten Materials. Berlet bereiste die Landschaft zu diesem Zwecke im Jahre 1903 vom September bis Dezember. Siehe Taf. I dieses Bandes.

Dem Landschaftsbilde auch naturwissenschaftlich die Grundlage zu geben hat uns Alfred Philippson seine Unterstützung gewährt. In etwa zweimonatlicher Bereisung hat er das Stromgebiet des Kaïkos, des Ajasmatflusses und südwärts das Gelände bis an den Kodschafluß (Titnaios-Pythikos) aufgenommen. Dem vorläufigen Bericht in den Athen. Mitt. des Instituts (1902, S. 7ff.) folgte die Herausgabe in Petermanns Mitteilungen 1910, Ergänzungsheft Nr. 167, und der im Anschluß daran ausgeführte Abschnitt in diesem Bande.

Angeregt durch unsere Arbeiten ist auch die Herausgabe der gesamten Münzen von Pergamon von Hans von Fritze, die mit Benutzung des Apparats des Münzwerkes der Akademie in den Abh. d. Berl. Akad. d. Wiss. Anhang 1910 erschienen ist. Was unsere Ausgrabungen an Münzen geliefert haben, wird in diesem Bande in Übersicht geboten.

Ausgangspunkt und bleibende Hauptabsicht unserer Arbeiten war, das Bild der Glanzzeit von Pergamon unter den Attaliden aus den Überresten wieder heller hervortreten zu lassen. Aber, wie wir den Blick auch auf die Spuren der Zustände einer bescheideneren Vorzeit gerichtet haben, so wollten wir die Geschichte der in allen Schicksalen unverwüstlichen Stadt, wie in die römische, so auch in die byzantinische und osmanische Periode, soweit uns möglich, verfolgen. Heinrich Gelzer, der schon Ernst Curtius als Reisegefährte und Mitarbeiter nach Pergamon begleitete, hat uns auf unsere Bitte die Wege gewiesen in seiner Abhandlung »Pergamon unter Byzantinern und Osmanen« (Abh. d. Berl. Akad. d. Wiss. Anhang 1903). Johannes Mordtmann hat sich ihm angeschlossen, wie mit seinem Aufsatze über das Fürstengeschlecht der Karasi in den Sitzungsber. d. Berl. Akad. d. Wiss. 1911, S. 2 ff., so mit seinem Beitrage zu diesem Bande.

Die Grundrisse der christlichen Kirchen der Hochstadt hatte bereits Bohn in Bd. II und IV herausgegeben. Die Ornamentreste dieser Bauten hat August Senz auf Grund seiner Aufnahmen vom Jahre 1886 für diesen Band dargeboten. Teile der Wandmalereien konnten wir hinzufügen. Den Grundriß der Kirche auf dem unteren Markt hat Dörpfeld aufgedeckt und in den Athen. Mitt. des Instituts (1902, S. 31 ff.) publiziert. Der Umbau der Kisil-Awli in eine stattliche Kirche bildet einen Teil der Untersuchung dieses Baues von Paul Schazmann in Bd. VI.

Die Bauwerke der osmanischen Periode hat während eines Sommeraufenthalts im Jahre 1907 Adam Zippelius aufgenommen, wozu Paul Schazmann Nachträge geliefert und in die Revision an Ort und Stelle eingegriffen hat. Den Inschriften dieser Periode ist Johannes Mordtmann bei seinem Besuche in Pergamon wegweisend mit uns nachgegangen, und Max von Berchem hat die Herausgabe in diesem Bande in dankenswerter Weise übernommen.

So haben wir mit vereinten Kräften gearbeitet.

Als vor einiger Zeit ein Fachgenosse in einem Prachtwerk die Ergebnisse jahrelanger Arbeiten vorlegte, mit denen er eine griechische Insel auch nach allen Seiten und daher auch in Mitarbeiterschaft zu erforschen bemüht gewesen war, da betonte er, daß er mit seinem Werke die Forschung über den Gegenstand nicht abschließen könne, daß er nur auf eine Stufe zu weiterer Kenntnis geführt haben wolle. Eine solche Erklärung ist in weit höherem Maße in unserm Falle geboten.

Die Herausgabe erfolgt hier, während die Untersuchung noch im Fortgange ist und in jedem Jahre bisher und sicher noch auf Jahre hinaus ergänzend und berichtigend Neues bringt. Noch länger, als geschehen, mit der von den Kgl. Museen versprochenen Herausgabe zu warten, erschien aber nicht ratsam. Es schien auch nicht nötig, da gewisse Grundlinien unserer Kenntnis der Stadt bereits hinreichend klar gezogen zu sein scheinen, um nur im einzelnen berichtigt, im ganzen vervollständigt werden zu müssen. Das soll durch diese Publikation ein für allemal erleichtert sein.

Daß auch jetzt schon die Durcharbeitung des Gewonnenen eine weitergehende hätte sein können, ist gewiß. Ein Gewässer, das sich so verbreitet, wie die hier versuchte Stadtgeschichte von Pergamon durch alle Zeiten hindurch, wird nicht überall tief sein. So hätten, auch abgesehen von den dem Herausgeber besonders fernliegenden Studiengebieten, vor allem die in diesem ersten Bande summarisch zusammengefaßten Einzelfunde von Antikaglien nach den Anforderungen, welche die heutige Spezialisierung der Studien mit sich bringt, über Pergamon hinausgreifend bearbeitet werden können, in der Art, wie es in dem andern Museumswerke über Priene geschehen ist. Aber wir wollten endlich einmal ein Ende machen. An der Fortführung, für die wir zunächst auf dieselben Kräfte rechnen dürfen, welche für das Werk über Priene gewirkt haben, wird es mit der Zeit nicht fehlen.

Je größer aber die Aufgabe noch vor uns liegt, deſto eindringlicher iſt die Forderung zu ſtellen, daß man nicht ablaſſen ſoll, die Aufdeckung des noch Verborgenen und die Verarbeitung des Ganzen zu vervollſtändigen, und daß man den Platz, der in abſehbarer Zeit nicht zu erſchöpfen iſt, auf die Dauer nicht aus den Augen läßt, damit ſchließlich einmal die große Aufgabe auch ihre wirklich große Löſung findet.

Dann iſt es, anders als an hundert anderen Plätzen antiken Lebens, in Pergamon möglich, dieſes große einheitliche Kunſtwerk der Königsſtadt auf dem Berge in ſeinen aufgedeckten Reſten auch zu erhalten. Hier drängt ſich kein modernes Leben überwuchernd vor; hier zerſtört auch die Natur nicht ſo unaufhaltſam wie in Magneſia am Mäander, in Epheſos und an andern tiefgelegenen Plätzen. Und man darf auch ſagen, daß es hier gilt, einen wenige Vergleiche duldenden Eindruck antiker Größe der Nachwelt zu erhalten. Davon legt jeder Beſucher Zeugnis ab.

Sind wir, die wir die Ruinen durch ihre Freilegung der Zerſtörung neu ausgeſetzt haben, neben der einheimiſchen Regierung beſonders verpflichtet, für den Schutz und die Erhaltung einzutreten, ſo iſt auch die Ausſicht nahe, daß die Bewohner der Stadt an ſolcher Sorgfalt teilnehmen. Dann mag mit der Zeit auch das taktvoll ausgeführt werden, was Salinas für eine ſiziliſche Ruinenſtelle forderte, *la decorosa conservazione delle antichità, piantazione di alberi nei posti sgombri di rovine* und dergleichen — nur nie zuviel.

Einer, der ſeit Jahrzehnten unter ermutigender Zuſtimmung für die Sache eingetreten iſt, möchte auch das den Nachkommenden ans Herz legen. Wenn ſich ein Platz dazu eignet, ſo iſt es der Stadtberg von Pergamon.

KARTEN UND PLÄNE

VON

OTTO BERLET

Als im Frühjahr des Jahres 1898 der Ruf an mich erging, in Pergamon topographische Aufnahmen auszuführen, lag bereits eine Fülle wertvollen kartographischen Materials vor, was in der Hauptsache dem verständnisvollen Betreiben und der eigenen Arbeit des zwei Jahre vorher verstorbenen Leiters der großen Ausgrabungen, Karl Humanns, zu verdanken ist. So hat er auf der von ihm erbauten Straße Dikeli–Pergamon, deren Bau den Ausgrabungen vorausging, ein genaues Nivellement vom Meere nach Pergamon heraufgeführt. Es lag nahe, dieses bis auf die Hochburg selbst fortzusetzen und die dort von August Senz in großem Maßstabe ausgeführten Vermessungen anzuschließen. Auch Humann selbst erweiterte es durch seine Höhenmessungen bei der Anfertigung seines Planes der heutigen Stadt. Ferner haben wir aus dieser Zeit ebenfalls von Humanns Hand den ersten Versuch einer wirklichen Karte der unmittelbaren Umgebung der Stadt, umfassend Ketios- und Selinustal vom kleinen Aquädukt nördlich der Burg ab und nach Süden bis zu dem größesten Grabhügel in der Kaïkosebene reichend, unter Eintragung alles dessen, was als archäologisch wichtig zutage trat. Und endlich hatte Richard Bohn vom eigentlichen Stadtberg, dessen archäologischen wie topographischen Geheimnissen er mit unvergleichlichem Eifer jahrelang nachgegangen, ein Bild von hervorragender Plastik geschaffen. Auf der andern Seite war neben diesen Einzelaufnahmen auch die Erschließung der weiteren Landschaft im Auge behalten worden. Hierzu schuf der damalige Premierleutnant von Diest die Grundlagen in mühevoller Jahresarbeit, indem er das von ihm hauptsächlich bearbeitete Gebiet des Kaïkos durch eine von Pergamon über Kirkagatsch bis Magnesia durchgeführte Routenaufnahme mit dem Gebiet des unteren Hermos verband.

Pergamon und Umgebung. 1 : 25 000 (Taf. II).

Der erste durch die Akademie der Wissenschaften mir gewordene Auftrag lautete auf Herstellung einer genauen topographischen Aufnahme der Umgebung von Pergamon. Die zur Verfügung stehende Zeit zwang allerdings zu einer gewissen Beschränkung. Wenn man in dieser ein genügend großes Gebiet, das im Norden noch über den Agios Georgios hinaus und im Süden bis jenseits der weiten Ebene zu dem Talrand des Jünd-Dag[1] reichen sollte, fertigstellen wollte, so konnte als Maßstab kein größerer als 1 : 25 000 in Frage kommen. Dieser erschien eben noch ausreichend, um aus dem reichen Stoff das Wichtige mit genügender Genauigkeit zu bringen.

Zunächst mußte als Grundlage für die weitere Arbeit eine lange Standlinie festgelegt werden. Sie liegt in der Kaïkosebene dicht an der großen Karawanenstraße, die Pergamon im Süden umgeht, und hat eine Länge von mehr als 5 km. Mit ihrer Hilfe wurden dann auf graphischem Wege etwa 20, über das ganze Aufnahmegebiet verteilte Festpunkte gewonnen, deren Höhen von dem auf der Humannschen Straße liegenden Nivellement abgeleitet wurden. Für die Ori-

---

[1] Auf der bereits 1902 abgeschlossenen Karte steht noch Jürt-Dag. Nach neueren Feststellungen erscheint Jünd-Dag richtiger.

entierung des Blattes wurde nach einer Angabe der nautischen Abteilung des Reichsmarineamtes eine Abweichung der Nordnadel von $4^{\circ} 25'$ nach Westen zugrunde gelegt.

Nach Erledigung dieser Vorarbeiten begann die eigentliche Meßtischarbeit. Ein dichtes Netz von Punkten, mehr als 100 auf den Quadratkilometer, wurde mit der Kippregel nach Lage und Höhe bestimmt und in die so gewonnene Unterlage das vollständige Kartenbild unmittelbar nach der Natur im Felde eingezeichnet. So gelang es, die $^5/_4$ Quadratmeilen des Blattes in $4^1/_2$ Monaten — von Anfang August bis Mitte Dezember 1898 — zu bewältigen, wobei zur Festlegung des Grundrisses der modernen Stadt und des Burgberges die früheren Aufnahmen willkommene Verwertung fanden. Für die übrigen Teile des Blattes mußte auf solche Beihilfe leider verzichtet werden, da die Diestsche Karte ihrer Natur nach nur zur allgemeinen Orientierung zu benutzen war.

Die Reinzeichnung der Originalplatte ist nach den Vorschriften der Kgl. Preußischen Landesaufnahme erfolgt, soweit nicht örtliche Eigentümlichkeiten besondere Darstellungsweisen erheischten, die unter dem Blatt besonders aufgeführt sind. Die Art der Schichtlinienzeichnung bringt je nach Bedarf Schichthöhen von 20, 10, 5 bis zu 2,5 und 1,25 m zum Ausdruck. Die Veröffentlichung erfolgt in dreifarbigem Kupferdruck in Schwarz für Grundriß und Schichtlinien, Graugrün als Geländetönung und Rot für die antiken Namen und Gegenstände.

Das Blatt zeigt zum ersten Male im Zusammenhang die alte Griechenstadt auf dem Burgberge, zusammengeballt im Ring der Eumenischen Mauer; ferner die im Süden aus der Ebene sich erhebenden großen Tumuli des Jigma-Tepe[1] und des Mal-Tepe sowie die von der Burg nach Westen sich ziehenden zahlreichen Überbleibsel aus der Römerzeit, weit ausgebreitet und über die ganze heutige Stadt verstreut bis hinaus zum Asklepieion; und endlich im Norden der Akropolis bis zum Agios Georgios hinauf die gesamten Überreste der verschiedenen antiken Wasserleitungen. Auch sonst sind allenthalben Spuren früherer Besiedelung erkannt und aufgenommen worden. Hierbei zeigte es sich, daß jedem der heutigen Dörfer Amdschali, Dschaberler, Efine, Teïlte[2], Sendel antike Ortschaften entsprechen, daß also die für die Ortswahl maßgebenden Verhältnisse ungeändert geblieben sind, wenn auch auffällig ist, daß die alten Siedelungen sämtlich wesentlich tiefer liegen als die entsprechenden modernen.

Als vielleicht willkommene Ergänzung des eigentlichen Kartenblattes sei hier nebenstehend noch eine nach ihm hergestellte Profilzeichnung eingefügt, zu der der Schnitt nicht in einer Geraden durchgelegt ist, sondern der Rückenlinie des Höhenrandes folgt. Sie veranschaulicht im Aufriß den Aufbau des Burgberges vom Tal des Selinus über die freigelegten Terrassen der antiken Stadt bis zum Gipfel und weiterhin seinen topographischen Zusammenhang mit dem Agios Georgios.

Stadtberg und Unterstadt. 1 : 2 500 und 1 : 5 000 (Taf. III und IV).

Ein glücklicher Zufall hat es gefügt, daß ich angewiesen war, bei der topographischen Aufnahme darauf zu rücksichtigen, daß der Bohnsche Plan des Stadtberges, der das Gelände in Schraffen brachte, durch eine vollwertige Schichtlinienzeichnung vervollständigt werden könne, da ich hierdurch gezwungen war, mich schon damals an Ort und Stelle auch mit diesem Material zu beschäftigen. Nur dadurch war es mir möglich, nach Bohns unerwartetem Tode in die Lücke zu treten und die Weiterbearbeitung der Einzelpläne zu übernehmen.

Es erschien zweckmäßig, die Bohnsche Arbeit über den Stadtberg, in die schon aufgenommen war, was von den früheren Vermessungen der antiken Architektur und den Humannschen Aufnahmen in Betracht kam, in der von diesem gewählten Ausdehnung, die allerorts noch über die Eumenische Mauer als weiteste Ausdehnung der alten Griechenstadt hinausgeht,

---

[1] Dieser ist erst nach Fertigstellung der Karte geöffnet worden.
[2] Teïlte liegt unmittelbar jenseits der Mitte des Westrandes der Karte.

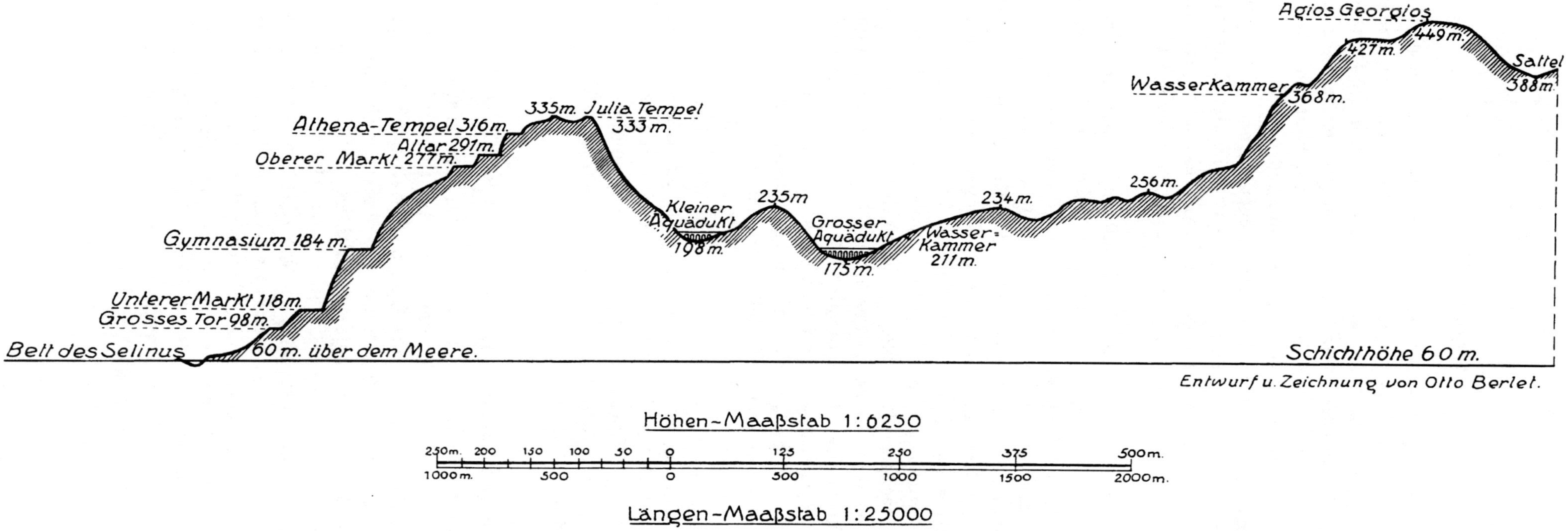

Vom Selinus über den Stadtberg bis zum Agios Georgios.

zu belaſſen. Das Beſtreben, ein geſchloſſenes, überſichtliches Blatt zu ſchaffen, ſowie die Rückſicht auf das zur Verfügung ſtehende Format drängten allerdings auf eine erhebliche Verkleinerung. Anderſeits verbot es ſich aber, damit zu weit zu gehen, wenn die Darſtellung der antiken Gegenſtände, insbeſondere der zahlreichen Mauerzüge, von genügender Klarheit bleiben ſollte. So kam ich zur Wahl des Maßſtabes 1 : 2 500, der das Bohnſche Blatt auf etwa ein Drittel ſeiner Fläche verkleinerte. In dieſes habe ich dann das von mir auf Grund der vielen bereits vorhandenen Höhenbeſtimmungen und zahlreicher, neu eingemeſſener Höhenpunkte entworfene Bild des Burgberges in fünfmetrigen Schichtlinien eingefügt. Auch der Grundriß iſt vielfach ergänzt und die Zeichnung der antiken Mauerreſte und Waſſerleitungen nach dem Ergebnis der ſpäteren Forſchungen und Grabungen, die ſeit 1900 wieder regelmäßig aufgenommen wurden, vervollſtändigt worden.

Es lag nahe, neben dieſem Bilde der alten Hochſtadt noch einen genaueren Plan der heutigen Stadt mit ihrer modernen Nomenklatur und ihren zahlreichen Überreſten aus römiſcher Zeit zu geben. Um auch hier den Charakter des Planes zu wahren, war es geboten, den Rahmen nicht weſentlich über den alten Humannſchen Stadtplan hinaus zu erweitern und nach Weſten gerade noch das Asklepieion und nach Oſten den Ketios aufzunehmen. Bei den teilweiſe beträchtlichen leeren Flächen des Humannſchen Planes und der mehr topographiſchen Natur meines eigenen Materials konnte aber der Maßſtab von 1 : 2 500, wie für den Stadtberg, nicht in Frage kommen; es wurde alſo der Maßſtab 1 : 5 000 gewählt. Auch der Stadtplan war von mir an Ort und Stelle nachgeprüft worden in der Abſicht, für mein »Pergamon und Umgebung« möglichſt zuverläſſige Grundlagen zu gewinnen. Ich habe alſo nunmehr das Ergebnis meiner Aufnahmen und Erkundungen mit Humanns Werk zu einem einheitlichen Ganzen verſchmolzen, wobei auch die Notwendigkeit, mit dem Stadtbergplan und der Umgebungskarte in Übereinſtimmung zu kommen, zu umfangreichen Neuzeichnungen geführt hat. Die Darſtellung des Geländes iſt gleichfalls in fünfmetrigen Schichtlinien erfolgt.

Da bei den gewählten Maßſtäben die Überſichtlichkeit und Lesbarkeit der beiden Pläne geſichert erſchien, konnte von der Verwendung des Kupferſtichs für die Vervielfältigung abgeſehen werden. Die Veröffentlichung erfolgt auf lithographiſchem Wege in mehrfarbigem Druck, und zwar nach Humanns und Bohns Vorgang die Antiken in Schwarz. Für das Gelände des Stadtbergplanes iſt, um kräftigere Wirkung zu erzielen, die Abtönung von zwei Steinplatten gedruckt, während für die Umgebung der Unterſtadt verſucht worden iſt, mit einer Platte für die Geländetönung auszukommen.

Die pergameniſche Landſchaft. 1 : 250 000 (Taf. I).

Im Spätherbſt 1903 weilte ich nochmals im Auftrage der Akademie der Wiſſenſchaften einige Monate in Pergamon, um mir an Ort und Stelle ein Urteil zu bilden, wie das von archäologiſcher Seite begehrte, möglichſt genaue Bild der Kaïkoslandſchaft am zweckmäßigſten herzuſtellen ſei. Als Grenzen für meine Tätigkeit waren vereinbart im Norden das Madarasgebirge, im Oſten die Quellen des Kaïkos und im Süden das Tal des Kodſcha-Tſchaï, des Titnaios oder Pythikos der Alten. An Material befanden ſich in meinen Händen die große Dieſtſche Karte in 1 : 150 000 mit vielen Ergänzungen, hauptſächlich von Karl Schuchhardt, und die Skizzen der von Herrn Philippſon im Jahre 1900 zu geologiſchen Zwecken ausgeführten Bereiſung der Kaïkoslandſchaft mit ſeinen zahlreichen barometriſchen Höhenmeſſungen. Den Verſuch, in 1 : 100 000 eine wirkliche, zuſammenhängende Aufnahme des mehr als 100 Quadratmeilen umfaſſenden Gebietes auszuführen, mußte ich als zu zeitraubend ſehr bald wieder aufgeben. Meine Arbeit beſchränkte ſich alſo notgedrungen auf die Schaffung eines von den früheren Karten möglichſt unabhängigen Rahmens und auf die möglichſte Ergänzung des Materials zu ſeiner ſpäteren Füllung.

Für die erſtere Aufgabe griff ich auf die Ergebniſſe meiner genauen Aufnahme von 1898 zurück, die in ihrer Längsausdehnung von der Ismirköprü in der Südweſtecke bis zum Agios Georgios am Nordrande als zwei ſicheren Feſtpunkten für die Beſtimmung einer Standlinie von etwa 10 km Länge hinreichte. Mit ihrer Hilfe habe ich zunächſt nach Weſten den Geïkli-Dag und nach Oſten den Trachala-Dag feſtgelegt, wobei ich nicht unerwähnt laſſen möchte, daß die von mir ſo gefundene Entfernung von Pergamon Burg bis zum Trachala mit 33,25 km ſich faſt genau mit den Angaben der Dieſtſchen Karte deckt.

Sobald ſo erſt eine breite Grundlage geſchaffen war, erleichterte die dortige klare Luft und der Reichtum an hervorſtechenden Bergesgipfeln die Erweiterung der graphiſchen Triangulation erheblich. Ein weiteres, ſehr wertvolles Hilfsmittel für den Rahmen wurde ferner dadurch gewonnen, daß ich am Tage, ehe ich Pergamon ſelbſt verließ, mit der durch die vielen vorangegangenen Streifen durch die Landſchaft erworbenen genaueren Kenntnis der weiteren Umgebung alles mir topographiſch wichtig erſcheinende von der Burg aus durch Anſchnitt feſtlegte. Auch hier war die Gunſt der Umſtände eine beſondere, da der Rundblick nur nach Nordweſten durch den Geïkli-Dag und das Gebirge nördlich davon beſchränkt iſt. Im übrigen reichen die Schnitte im Norden bis zum Madaras-Dag und Akmas-Dag, nach Oſten weit in das Land hinein bis zu den faſt 50 km entfernten Rundkegeln nordöſtlich Soma und den Kalkbergen über Kirkagatſch, im Süden bis Mamurt-Kale und über die Höhen des Jünd-Dag hinweg bis zu den fernen Randgebirgen des Hermos. In ſüdweſtlicher Richtung endlich weitet ſich der offene Golf von Tſchandarli mit ſeinen Landſpitzen und Küſtenlinien, beherrſcht durch den ihm im Norden vorgelagerten Gebirgsklotz des Kara-Dag. In dieſes ſo gewonnene umfaſſende Richtlinienbild ließen ſich die durch zahlreiche Meſſungen mit der Fernrohrbuſſole ergänzten Ergebniſſe der graphiſchen Triangulation nicht allzu ſchwer einpaſſen. Nunmehr ergaben ſich auch genügend Aufpaßpunkte, um den Anſchluß an die engliſche Seekarte herzuſtellen und ſo die geographiſche Länge und Breite zu finden. Wenn ſich hierbei eine magnetiſche Deklination von reichlich 4° nach Weſt ergab, ſo konnte man ſich damit ſehr wohl zufrieden geben. Sollte doch nach den Angaben des Reichsmarineamts die für 1898 mit 4° 25′ angeſetzte Deklination ſich jährlich um 5 Minuten verringern. Auch das eingezeichnete Gradnetz iſt von einem Herrn der trigonometriſchen Abteilung der Landesaufnahme neu berechnet. So iſt das Gerippe des Landſchaftsblattes mit Ausnahme des äußerſten Nordweſtwinkels unmittelbar von den Angaben der Seekarte und den Ergebniſſen aus meiner früheren Baſismeſſung abgeleitet.

Als Grundlage für das eigentliche Kartenbild habe ich mich zunächſt an die Dieſtſche Karte gehalten und, ſoweit ſie genügend Anhaltspunkte bot, unmittelbar auf dieſe gearbeitet. Die ſo gewonnenen Bruchſtücke wurden dann in mein Punktnetz eingefügt. Daneben iſt noch von meiner Hand eine Unzahl von Skizzen aller Art entſtanden, deren richtige Übernahme durch möglichſt zahlreiche Buſſolenmeſſungen geſichert wurde. Hierbei habe ich meine Wege ſo gewählt, daß die Philippſonſchen und meine Aufnahmen ſich nach Möglichkeit ergänzten. So blieben nur verhältnismäßig unbedeutende Teile an den Rändern übrig, wo ich mich an die Kiepertſchen Karten habe anlehnen müſſen. Nicht überall gelang ein zweifelsfreier Anſchluß. So iſt beiſpielsweiſe in der Mitte des Südrandes der Karte die Lage des großen Dorfes Belit Alan zum Felsblock der Ürpekkaja von mir als von den Angaben auch des neueſten Kiepert gänzlich abweichend ermittelt worden. Auch Schuchhardts Nachträge an der Hand ſeiner Erkundung der großen antiken Waſſerzuführung vom Madaras nach der Hochburg erfahren inſofern eine Abänderung, als der höchſte Gipfel des Madaras, die Maja, mindeſtens 2 km näher an Pergamon zu liegen kommt und deswegen alle Abmeſſungen entſprechend zu verkleinern ſind. Ferner habe ich einwandfrei feſtgeſtellt, daß die aus dem Dari-Dere kommenden Waſſer, die ſich zwiſchen Sakarkaja und Ovadſchick-Dag durchzwängen, nicht nach dem Ketios abfließen, wie Schuchhardt abändern möchte, ſondern ſüdlich an Tſchurukbag vorbei nach Eski

Bergama, wie schon von Diest angibt, nur daß Tschurukbag etwa 4 km weiter westlich zu liegen kommt, als bisher mit Diest allgemein angenommen wurde.

Besondere Wichtigkeit wurde naturgemäß auch einer möglichst genauen und zahlreichen Feststellung von Höhenpunkten beigelegt. Hierzu arbeitete ich einerseits mit zwei Naudetschen Aneroidbarometern, von denen das eine als Standbarometer in Pergamon von Herrn Dörpfeld nachgesehen wurde. Durch zahlreiche Messungen, namentlich nach den Festpunkten meiner früheren Aufnahme, ermittelte ich die Höhe des neuen deutschen Hauses mit 129 m über dem Meere. Eine besonders wirksame Nachprüfung dieser Messungen ergab sich aus dem mehrfachen Erreichen der Küste sowie aus dem Anschluß an das auf der Bahn nach Soma liegende Nivellement, der recht gut glückte. Weniger zuverlässig erschienen die Ergebnisse für die größten errechneten Höhen, sobald man in verhältnismäßig kurzer Zeit einen erheblichen Auf- und Abstieg hatte machen müssen. Hierbei erwies es sich als großer Vorteil, daß ich gleichzeitig noch über ein Lehmannsches Diopterlineal verfügte, das mit weitem Schenkelabstand bei genauer Horizontalstellung des Tisches eine schnelle Winkelablesung bis fast auf eine Minute gestattete. So bekam ich die Möglichkeit, einmal wichtigere Stationen der eigenen Marschstraße durch Nachprüfen mit dem Winkelmesser in der Höhe mit erheblich größerer Sicherheit zu bestimmen, als dies mit dem Barometer allein möglich gewesen wäre. Denn bei den teilweise sehr großen Entfernungen waren auch die Angaben des Standbarometers an manchen Tagen nur bedingt zu verwerten. So stand z. B. am 19. Oktober das Barometer in Aliaga am Meeresstrande um 22,3 mm höher als in Pergamon, was einem Höhenunterschied von 250 m entsprechen würde, während er in Wirklichkeit nur 130 m beträgt. Fast noch wertvoller aber war, daß der Gebrauch des Diopterlineals mich befähigte, nach Belieben auch weitab vom eigenen Standort die Höhen örtlich festgelegter Geländepunkte zu ermitteln, wobei man allerdings bei den wichtigeren sich durch mehrfache Berechnung zu sichern hatte.

Außerdem standen mir noch die zahlreichen, nach Philippsons Messungen errechneten und veröffentlichten Höhenzahlen zur Verfügung und endlich, wenn auch nicht ohne Einschränkung verwendbar, die Höhenangaben bei Diest und auf den Kiepertschen Karten. Alles in allem wurde das Netz hierdurch so dicht, daß ich daran denken konnte, unter Zugrundelegung meiner Krokis sowie der Philippsonschen Skizzen die Formen des Geländes in wirklichen Schichtlinien auszudrücken.

Natürlich entspricht auch diese neue Karte immer noch nicht den Anforderungen, die gestellt werden müssen, sobald genaue Aufnahmen im großen Maßstabe auf Grund trigonometrischer Triangulation vorausgegangen sind. Grundriß und Schichtlinien geben vorläufig nur an, daß man an der bezeichneten Stelle den betreffenden Wohnort oder den betreffenden Wasserlauf oder die betreffende Wegeverbindung zu suchen hat und daß nach den Geländeskizzen und Höhenmessungen der Lauf der Schichtlinien so, wie er eingetragen ist, vermutet werden muß, ohne daß man für alle Einzelheiten eine Gewähr übernehmen kann. Aus diesem Grunde habe ich geglaubt, den Maßstab von 1:250000 nicht überschreiten zu dürfen und mich mit der Wiedergabe des Geländes in 50metrigen Schichtlinien begnügt, auch Abgrenzungen zwischen Wald, Hutung und Feld, als zur Zeit noch ganz unsicher, gänzlich vermieden. Ich befinde mich hier in Übereinstimmung mit den Anschauungen Philippsons, dessen soeben erschienene Karte des westlichen Kleinasiens Blatt 1 und 2 die pergamenische Landschaft mit enthält und der, wohl von ähnlichen Erwägungen ausgehend, für den weiteren Rahmen, den er sich gesteckt, den Maßstab 1:300000 gewählt hat und das Gelände in 100metrigen Schichtlinien darstellt.

Auch in der Beschriftung wurde nach Möglichkeit an der Schreibweise von Diests, die von Herrn Conze an Ort und Stelle einer Nachprüfung unterzogen ist, festgehalten, während die archäologischen Eintragungen noch durch die Herren Conze und Schuchhardt begutachtet werden sollen.

Die weitere Bearbeitung des Blattes für die Veröffentlichung erfolgt in der Kartographischen Abteilung der Kgl. Preußischen Landesaufnahme.

GEOGRAPHISCH-GEOLOGISCHE ÜBERSICHT DER LANDSCHAFT

VON

ALFRED PHILIPPSON

Das hier in Überficht Zufammengefaßte ift ausführlicher behandelt in: Philippfon, Reifen und Forfchungen im weftlichen Kleinafien, I. (Ergänzungsheft Nr. 167 zu Petermanns Mitteilungen.) Gotha 1910. Mit geologifcher Karte. — Vgl. ferner: Philippfon, Topographifche Karte des weftlichen Kleinafien. 1 : 300000, Blatt 1 und 3. Gotha 1910.

1. Das weftliche Kleinafien.

Von dem gefchloffenen, inneren Hochland Kleinafiens zieht fich gen Weften ein ganz anders gebauter Teil der großen Halbinfel. Höhenzüge verfchiedenfter Art und Richtung wechfeln mit größeren und kleineren, graben- und beckenförmigen Einfenkungen, deren größte fich vom Rande des inneren Hochlandes bis zur reichgegliederten Küfte erftrecken und von bedeutenden Flüffen in oftweftlicher Richtung durchftrömt werden. So fchließt fich die mannigfaltige Geftaltung des Reliefs wie der Umriffe diefes weftlichen Kleinafien der gleichartigen Natur Griechenlands an; beide können als Teile eines großen Naturgebietes, der Ägäis, betrachtet werden.

Dasfelbe gilt von dem Klima. Der dürren Steppennatur des inneren Hochlandes fteht gegenüber der mediterran-griechifche Charakter des weftlichen Küftenlandes in Klima, Vegetation und Kultur. So wird Kleinafien von einer großen Naturgrenze durchfchnitten: im Often, im Innern, faft zentralafiatifches, im Weften mittelmeerifches, griechifches Gebiet; beide Teile aber in enger Berührung miteinander. Das ift die Grundlage für die wichtige Rolle, die Kleinafien als Bindeglied afiatifcher und hellenifch-europäifcher Kultur und Gefchichte gefpielt hat.

Nur mit dem weftlichen, ägäifchen Kleinafien haben wir es hier zu tun. Es fetzt fich aus mehreren geologifch verfchiedenen Gebieten zufammen. Eine ausgedehnte Maffe alter kriftalliner Gefteine (Gneife, Granite, Glimmerfchiefer, Marmore) verbreitet fich durch Karien und Lydien, vom Keramifchen Golf im Süden bis zum Temnosgebirge im Norden; im Weften die Küfte berührend zwifchen Halikarnaß und Ephefos, dann aber landeinwärts hinter den Sipylos zurückweichend. Das ift die lydifch-karifche Maffe. Im Süden fchließt fich daran ein rauhes, gefaltetes Sedimentgebirge im füdlichen Karien und Lykien mit weftöftlicher Streichrichtung; im Norden aber ein ähnliches aus paläozoifchen, mefozoifchen und alttertiären Sedimenten, auch mit Maffiven kriftalliner Schiefer und alter Eruptivgefteine, das ich das oftägäifche Faltengebirge genannt habe. Es zieht mit im allgemeinen nordnordöftlicher Streichrichtung von der Halbinfel von Erythrai und der Infel Chios her durch das weftliche Myfien bis zur Propontis. Innerhalb diefes Gebirgsfyftems liegt die Landfchaft, die wir fpezieller zu betrachten haben.

Doch diefes Grundgebirge, deffen Faltung in der mittleren Tertiärzeit beendet war, kommt in der Oberflächengeftalt nur wenig zum Ausdruck. Es ift zum großen Teil durch die mächtigen jungtertiären Ablagerungen verhüllt, die darüber ausgebreitet find. Das find Sedimente ausgedehnter Süßwafferfeen, in fehr verfchiedener Gefteinsausbildung, daher auch fehr verfchieden an Fruchtbarkeit und Kultureinfluß: Kalke, Konglomerate, Sande, Tone und Mergel;

auch Braunkohlen darin. Im ganzen bilden dieſe jungtertiären Ablagerungen Hügellandſchaften, welche in ihrem Kulturwert zwiſchen dem Faltengebirge und den Fruchtebenen des Schwemmlandes in der Mitte ſtehen. Sehr weſentlich für unſer Gebiet iſt es aber, daß mit dieſen jungtertiären Sedimenten maſſenhafte gleichaltrige vulkaniſche Geſteine verbunden ſind, ſowohl lockere Tuffe (Aſchen), die in manchen Gegenden das ganze jungtertiäre Syſtem zuſammenſetzen, teils feſte Laven. Letztere gehören zumeiſt dem Geſteinstypus der Andeſite an; nur ſpärlich treten Baſalte auf, die jünger ſind als jene. Dieſe vulkaniſchen Lavageſteine durchſetzen das Jungtertiär in Stöcken und Schloten, oder es ſind erodierte Vulkanruinen, die, ihres Aſchenmantels und ihrer Krater beraubt, als Kuppen und Maſſengebirge über ihre Umgebung aufragen, oder es ſind gewaltig ausgedehnte Lavadecken, die in dem Jungtertiär einlagern oder es tafelförmig bedecken. Die Farbe der Andeſite iſt ſehr mannigfaltig und durch die verſchiedenen Grade der Verwitterung noch bunter geworden, vom tiefſten Schwarz durch Grau zu Rot, Braun oder Violett. Die Andeſite in unſerem Gebiete zeigen oft eine tiefgreifende Verwitterung in rundliche, meiſt etwa kopfgroße Blöcke, die in zerſetztem Geſteinsgrus eingebettet liegen. Wird letzterer fortgewaſchen, ſo bilden die Blöcke ausgedehnte Blockmeere, die für die Kultur und den Verkehr die größten Hinderniſſe darbieten. Beſonders ſind die Andeſitdecken vielfach abſchreckende Steinwüſten. — Auch die Tuffe ſind bunt gefärbt, meiſt aber weiß, gelblich oder grünlich, und enthalten oft Lavabrocken und -blöcke (Auswürflinge). Zuweilen ſind die an ſich lockeren Tuffe mäßig verfeſtigt, ſo daß ſie ein gutes, leicht bearbeitbares Baumaterial abgeben. Infolge chemiſcher Zerſetzung der Andeſite und Tuffe finden ſich oft maſſenhafte Ausſcheidungen von Kieſelſäure, meiſt in Form von unfruchtbarem roten Hornſtein, zuweilen auf weite Strecken den Boden zuſammenſetzend. Alle dieſe vulkaniſchen Produkte gehören der jüngeren Tertiärzeit an. Von jüngerem, oder gar rezentem Vulkanismus iſt im ganzen weſtlichen Kleinaſien, außer der Katakekaumene in Lydien, nichts vorhanden.

Die Decke des Jungtertiärs und der damit verbundenen vulkaniſchen Geſteine verhüllt im nordweſtlichen Kleinaſien und ſo auch im Gebiet von Pergamon das gefaltete Grundgebirge derartig, daß es nur in vereinzelten, größeren und kleineren Partien darunter zum Vorſchein kommt; zum Teil erheben ſich dieſe nicht oder kaum über die Umgebung, zum Teil aber bilden ſie höher aufragende Gebirge, nackt und kahl, wo ſie aus Kalk, ſanft und bewachſen, wo ſie aus Schiefern, alten Eruptivgeſteinen u. dgl. beſtehen. Die jungtertiäre Decke ſelbſt iſt nicht ungeſtört, ſondern mannigfach verworfen, ja ſogar ſtellenweiſe gefaltet. Bald bildet ſie in geringer Meereshöhe ſanfte Hügelländer, bald nimmt ſie, zu bedeutenden Höhen erhoben und von Tälern zerfurcht, gebirgsartiges Relief an. Dazu kommen dann, als dritter Landſchaftstypus, die oft anſehnlichen Gebirge der Andeſite.

Damit iſt aber die Mannigfaltigkeit des ägäiſchen Baues nicht erſchöpft. Als weſentliches Element treten dazu die großen und kleinen Einbrüche, die ſich erſt nach der Ablagerung der jungtertiären Schichten gebildet haben. Sie durchſetzen das Grundgebirge, wie das Tertiär und die Andeſite und bilden die tiefen Verſenkungen, deren Boden, ſoweit er nicht vom Meere in Golfen bedeckt, von fruchtbarem Schwemmland der Flüſſe eingenommen wird. Dieſe Senken unterbrechen den Zuſammenhang der Gebirge und Hügelländer und geben ſo dem Ganzen eine Struktur, die von dem Bau beider unabhängig iſt; da ſie meiſt von Oſt nach Weſt verlaufen, zerlegen ſie das Land in Höhenzüge derſelben Richtung, obwohl der Gebirgsbau ganz anders ſtreicht — eine Unabhängigkeit des Reliefs vom Faltenbau der Gebirge, der ebenſo im Oſten wie auch im Weſten der Ägäis, in Griechenland charakteriſtiſch iſt. Von dieſen Brüchen, deren Bewegungen noch heute nicht erloſchen ſind, gehen die häufigen und oft verheerenden Erdbeben aus, und an denſelben Brüchen ſteigen die zahlreichen heißen Quellen empor, zwei Phänomene, die ebenfalls Griechenland und Weſtkleinaſien gemeinſam ſind und mit Vulkanismus nichts zu tun haben. Dieſe großen Bruchſenken ziehen die Abflüſſe der benachbarten Gebirge und Hügelländer an ſich und entwickeln ſo in ſich größere, zum

Ägäischen Meer gerichtete Ströme; ihre Ebenen bilden die großen Kulturzentren und die Hauptverkehrsadern des Landes.

Die Anordnung des Grundgebirges, des Jungtertiärs und der Einbrüche, zusammen mit der Natur der Küste, bedingen im westlichen Kleinasien die Unterscheidung mehrerer Teilgebiete. 1. Im Süden, in Karien südlich des Mäander, reicht das Grundgebirge bis dicht an die überreich gegliederte Küste; diese entbehrt daher des fruchtbaren Hinterlandes und der bequemen Landverbindungen. 2. Im mittleren Teil, von Milet bis Phokäa, münden dagegen die großen Grabenbrüche des Mäander, Kayster und Hermos mit ihren reichen Ebenen und mit den Verkehrsstraßen, die weit aus dem Innern, diesen Ebenen folgend, zu der von großen Golfen aufgeschlossenen Küste ziehen. Daher hier, in Ionien, die großen Handelsemporien des Altertums und heute das große Zentrum Smyrna emporblühten. 3. In der Region von Phokäa bis zum Idagebirge wird die ebenfalls hinreichend mit Häfen versehene Küste von einem fruchtbaren Hügelsaum und kleineren Ebenen begleitet; aber dieses Küstengebiet äolischer Kolonisation ist durch das zwar nicht hohe, aber fast ununterbrochene Gebirgs- und Hügelland Mysien von dem inneren Hochlande getrennt, also von dem Verkehr mit dem Innern abgesperrt. Die einzige größere Grabenebene dieses Gebietes ist die des Flusses Kaïkos; die beherrschende Siedelung dieser Ebene, Pergamon, ist daher der natürliche Mittelpunkt des Teilgebietes. Aber die Kaïkosebene reicht nicht bis zu dem zentralen Tafellande, wie die Hermos- und Mäanderebene. Zwar steht sie nach Südosten in fast offener Verbindung mit der Hermosebene, aber der dieser letzteren folgende Verkehr zwischen dem Innern und der Küste hat keine Veranlassung, den Umweg nach Norden durch die Kaïkosebene einzuschlagen. So ist diese ganze Region aus dem großen Verkehr ausgeschaltet und hat weder im Altertum noch in der Neuzeit wirklich bedeutende Verkehrszentren hervorgebracht. Nur der Landverkehr vom Hellespont an der Westküste entlang und nach dem oberen Hermos sowie der von der Propontis nach Ionien hin hat dieses Gebiet zu kreuzen, Richtungen, die mehr von politischer und militärischer als von friedlicher Verkehrsbedeutung waren und sind. 4. In dem vierten Teilgebiet, der Nordwestecke Kleinasiens, macht sich der städtenährende Verkehr durch Hellespont und Propontis an der Küste geltend; für das Innere gilt dasselbe wie im vorigen Abschnitt.

Das Kaïkosgebiet und Pergamon liegen daher verkehrsgeographisch in einem verhältnismäßig toten Winkel des westlichen Kleinasien.

2. Die Landschaft von Pergamon.

Die Landschaft, deren kultureller Mittelpunkt Pergamon war und ist, entspricht im allgemeinen dem Stromgebiet des Kaïkos (jetzt Bakyr-Tschaï). Jedoch muß gegen die Mündung des Flusses hin etwas über die Wasserscheide hinausgegangen werden. Hier können als Grenzen unserer Betrachtung der Ajasmat-Tschaï im Norden, der Kodja-Tschaï (Titnaios und Pythikos der Alten) im Süden gewählt werden. In dieser Umgrenzung beträgt der Flächeninhalt nach roher Schätzung etwa 4500 qkm (= drei Viertel der Rheinpfalz) bei einer ostwestlichen Erstreckung von 80 bis 100, einer nordsüdlichen von 50 km.

Das Gebiet gehört dem oben beschriebenen ostägäischen Faltengebirge an. Dieses ragt in zwei größeren zusammenhängenden Gebirgsregionen innerhalb unseres Gebiets auf.

Im Nordwesten der Landschaft breitet sich, von Südwesten nach Nordosten streichend, das Gebirge des Kosak und der Madaras-Dag aus, bestehend aus einem großen Granitstock, dem eigentlichen Kosak (Jailandjyk 1219 m), woran sich im Nordosten das Glimmerschiefergebirge des Madaras-Dag anschließt, mit der breit gewölbten Kuppe Maja 1341 m erreichend; südöstlich vor beiden entlang zieht ein Streifen paläozoischer Grauwacken und Tonschiefer mit eingelagerten Kalken. Letztere führen bei dem Dorfe Chaidar Fossilien (Fusulinen), die ein karbonisches oder permokarbonisches Alter dieser Kalke und wahrscheinlich auch der ganzen

Geſteinszone bezeugen. Dieſes Grauwackenſchiefergebirge erreicht mehrfach über 900 m. — Die ganze Gebirgsregion bildet mit ihren breiten, ſanft gewölbten, bewaldeten Rücken und engen tiefen Tälern ein Gebiet geringerer Beſiedelung, eine wirkungsvolle Schranke zwiſchen den Landſchaften von Pergamon und von Adramyttion. Von der Küſte hält ſich das Grundgebirge mindeſtens 10 km entfernt; nach dieſer Richtung entſtrömt ihm der Ajasmand-Tſchaï; im Nordoſten endet es mit dem Akmasgebirge an den Quellen des nordwärts gerichteten Kenik-Tſchaï. Dort führt, oberhalb des Dorfes Örkütler, ein Paß von 573 m Höhe hinüber, der die Verbindung Pergamons mit dem nördlichen Myſien und der Propontis herſtellt, während über das Koſakgebirge der 901 m hohe Paß Tſchapardjyk von Pergamon nach Adramyttion führt.

Die zweite Region des Faltengebirges durchzieht den Oſten unſeres Gebietes von Südſüdweſten nach Nordnordoſten. Es beſteht aus nicht näher beſtimmbaren, wahrſcheinlich paläozoiſchen Tonſchiefern und Kalken, dazu weiter öſtlich meſozoiſchen (?) und alttertiären Kalken (Nummulitenkalk bei Geibeler). Es wird bei Soma vom Kaïkos durchquert; im Süden des Fluſſes erheben ſich hier die wilden jähen Kalktürme des Trachalagebirges (Karakaſch 1650 m) und dahinter die breiteren Kalkmaſſen des Enas-Dag und Tſchamlidja-Dag (beide etwa 1000 m); im Norden des Fluſſes die ziemlich komplizierte, bis 900 m hohe Gebirgswelt des Kapulu-, Denis- und Giran-Dag, in der die breite Plateauform, mit einzelnen rundlichen Gipfeln, vorherrſcht.

Zwiſchen dieſen beiden Regionen des Faltengebirges, welche die größten Erhebungen unſeres Gebietes enthalten, treten die alten Schiefer, Grauwacken und Kalke noch häufiger als Grundlage der jüngeren Schichten zutage, ohne orographiſch beſonders hervorzuragen; ſo vor allem im Süden der unteren Kaïkosebene (bei Kinik bis 700 m hoch); bei Kiliſſeköi enthält ein breiter Kalkzug wieder Fuſulinen, iſt alſo karboniſch oder permokarboniſch. — Die karboniſchen Kalke des Kaïkosgebietes laſſen ſich nach Südweſten bis Chios, nach Nordoſten bis zum Manjaſee verfolgen.

Alle dieſe Geſteine ſind ſtark gefaltet; wenn auch die Geſteinszonen ein nordnordöſtliches Streichen erkennen laſſen, ſo wechſelt doch das Streichen der Schichten ſehr unregelmäßig, was auf eine Zerknitterung des Gebirges durch verſchiedene Druckrichtungen ſchließen läßt.

Zwiſchen dieſen Gebirgen aus gefalteten Geſteinen breiten ſich nun die jungtertiären Sedimente, Tuffe und andeſitiſchen Laven aus. Dieſe letzteren bilden tief zertalte Gebirge mit teils kuppigen, teils plateauförmigen Höhen und meiſt ziemlich ſteilen Flanken. So füllt Andeſitgebirge im Oſten der oberen Kaïkosebene (bis 1000 m), im Oſten des Akmas-Dag (bis 800 m) und im Süden und Weſten des Koſakgebirges von Pergamon über den Ajasmat-Tſchaï hinaus (Geïkli-Dag 1150 m) die Lücken der öſtlichen und nördlichen Umrahmung unſerer Landſchaft zwiſchen den Faltengebirgen faſt ganz aus. Im Süden bildet ein Syſtem von übereinandergelagerten Andeſitdecken das breite, unwegſame Plateaugebirge des Jünd-Dag (Mamurtkale 1079 m), über das heute nur elende Pfade auf Päſſen von 500 bis 700 m Höhe hinüberführen. Im Weſten erhebt ſich inſelartig an der Küſte vor der Ebene des Kaïkos das rundliche Andeſitmaſſiv Kara-Dag (780 m). Zwiſchen dieſen Andeſiten erſcheinen hier und da Tuffe und jungtertiäre Mergel und Sande. In enger Wechſellagerung ſetzen alle dieſe Geſteine das Gebirge von Menteschler zuſammen (bis 700 m), das ſich von der Waſſerſcheide im Norden beim Paß von Örkütler (ſ. oben) ſüdwärts gegen den mittleren Kaïkos zieht. Es trennt zwei niedrigere, ſanfter geformte und ſtärker beſiedelte Hügelländer voneinander: im Weſten Nevahi-Bergama, vorwiegend aus Tuffen, mit einzelnen Andeſitbergen darin, beſtehend, im Oſten die Talmuſchel von Keraſin, die im weſentlichen aus jungtertiären Sedimenten gebildet iſt. Aus dieſen iſt hier auch die Waſſerſcheide auf eine kurze Strecke zuſammengeſetzt: in der breiten Schwelle Uſundja–Jaila (432 m). Dort führt wieder ein wichtiger Übergang vom Kaïkos nach Norden, von der Gegend von Apollonia und Soma über Keraſin und über die Uſundja-Jaila oder etwas öſtlicher über Schiefergebirge (600 m) nach Balikeſer. Auch im Süden des Kaïkos finden ſich jungtertiäre Hügelländer kleineren Umfanges am Fuße und an den Abhängen des Jünd-Dag, wo das Jungtertiär unter den Andeſitdecken und zwiſchen den einzelnen Aufragungen des Faltengebirges liegt, ſtellenweiſe bis 600 m über dem Meeresſpiegel hinauf. Das Jungtertiär iſt vielfach geſtört, in Schollen verworfen und ſchräg aufgerichtet. In der öſtlichen Faltengebirgsregion finden wir ſogar die jungtertiären Sedimente und Tuffe in erheblichen Partien zwiſchen den älteren Schichten gefaltet, ſo daß hier noch eine Nachfaltung am Ende des Tertiärs ſtattgefunden haben muß. Daher iſt es kein Wunder, daß hier dieſe jungen Ablagerungen bis zu hohen Gipfeln (900 m) hinaufgetragen ſind. Ein Rahmen ruhiger lagernden Jungtertiärs, zum Teil mit Tuffen, umgibt auch die obere Kaïkosebene im Norden, Oſten und Süden und trennt ſie nur mit niedriger Hügelſchwelle (246 m) von der benachbarten Ebene von Thyateira (Akhiſſar), die mit der Hermosebene im Zuſammenhang ſteht. Hier liegt daher eine Haupteingangspforte des Verkehrs in das Kaïkosgebiet, während von der oberen Ebene aus ein Übergang von 482 m, auf breiter Tuffſchwelle, die Karawanenſtraße von Gelembe nach Norden hinausführt gegen Balikeſer und den Makeſtos hin. Niedrige Hügel von Jungtertiär treten auch an der Küſte des Kara-Dag und ſüdlich davon auf, während nördlich von demſelben nur eine junge Küſtenebene den Fuß des andeſitiſchen Gebirgsrandes des Koſak begleitet.

In dieſe Gebirge und Hügelländer iſt die Ebene des Kaïkos eingebrochen. Sie wird durch eine Verengung bei Soma in einen rundlichen oberen und einen langgeſtreckten unteren Teil zerlegt; letzterer iſt erſt oſtweſtlich gerichtet, wendet ſich dann aber im Bogen nach Südweſt; auf der Außenſeite dieſes Bogens, am Fuße des nördlichen Gebirgsrandes, liegt die Stadt Pergamon, 26 km von dem nächſten Küſtenpunkt bei Dikeli, 28 km von der Mündung des Kaïkos. Die Ebene öffnet ſich nicht frei zum Meere, ſondern vor ihrem Ausgang erhebt ſich das ſchon genannte andeſitiſche Maſſengebirge Kara-Dag (der ſchwarze Berg), Kane der Alten, der, in einer rundlichen Halbinſel vorſpringend, mit ſeiner dunklen Kuppel weithin den niedrigen Küſtenſaum beherrſcht. Er verbirgt dem Bewohner der unteren Kaïkosebene den Anblick des Meeres und gibt daher der Landſchaft ein gewiſſes abgeſchloſſenes, binnenländiſches Ausſehen.

Im Südoſten des Kara-Dag ſchließt eine niedrige Schwelle aus Jungtertiär die Ebene ab, durch welche Schwelle der Kaïkos ein Tal durchgeſägt hat; erſt dann gelangt er ans Meer, in den Golf von Elaia, in den er ſein Delta mächtig vorſchiebt. Im Norden des Kara-Dag führt dagegen ein niedriger, aber ſchmaler Durchgang, den kein Gewäſſer benutzt, faſt im Niveau der Ebene zur Küſte des breit geſchwungenen Golfes von Dikeli hinaus. Der Abſchluß der Ebene gegen das Meer beweiſt, daß die untere Kaïkosebene kein Eroſionstal, ſondern ein Einbruch iſt; die obere ſtellt außerdem noch einen beſonderen Einbruch für ſich dar. Sehr zahlreich ſind die heißen Quellen, die am Rande oder in der weiteren Umrahmung der unteren Ebene auftreten und zumeiſt mit mohammedaniſchen Badehäuſern überwölbt ſind. Mitten aus dem unteren Teil der Ebene aber erheben ſich eine große Zahl von zum Teil ſchroffen Hügeln, die Gipfel eines unter dem Schwemmland verborgenen, verſunkenen Gebirges vulkaniſchen Geſteins.

Die Gebirge im Norden und Süden der Kaïkosebene werden von zahlreichen Bächen in gewundenen Eroſionstälern tief zerſchnitten, die teils dem Kaïkos ſelbſt, teils ſeinen Nachbarflüſſen zuſtrömen und von denen die größeren niemals verſiegen. Auch der Kaïkos ſelbſt bleibt in der Trockenzeit immer ein anſehnliches Gewäſſer, da er in der oberen Ebene aus großen Quellen geſpeiſt wird. Im übrigen fehlt es im Lande, mit Ausnahme des Jünd-Dag, nicht an Quellen; dieſes Lavatafelgebirge allein leidet an Waſſerarmut, beſonders in ſeinem weſtlichen Teil.

Das Klima unſeres Gebietes hat, wie die ganze Weſtfront Kleinaſiens, mittelmeeriſchen Charakter und unterſcheidet ſich augenſcheinlich wenig von dem Smyrnas. Temperaturbeobachtungen liegen aus dem Kaïkosgebiet gar nicht, Niederſchlagsmeſſungen nur ſehr unvollkommen vor[1]. Doch ſcheint aus letzteren hervorzugehen, daß die Regenmenge in Pergamon etwas größer iſt als die in Smyrna, dagegen nach Oſten, in der oberen Kaïkosebene, erheblich geringer. Während in Pergamon die für das Mittelmeergebiet typiſche ſommerliche Trockenzeit ſcharf ausgeprägt iſt — von Mai bis Auguſt, alſo vier Monate dauernd — iſt ſie in der oberen Ebene auf die zwei Monate Juli und Auguſt beſchränkt; hier iſt die geringere Jahresmenge der Regen gleichmäßiger über das Jahr verteilt, d. h. es zeigt ſich bereits eine Annäherung an das Steppenklima des zentralen Kleinaſien.

Die volle Entwicklung der mittelmeeriſchen Vegetation iſt im Kaïkoslande auf die Nähe des Meeres beſchränkt, und darin kommt ſchon der Übergang zu dem mehr mitteleuropäiſchen Pflanzenwuchs des nördlichen Kleinaſien zum Ausdruck. Der Grund dieſer Beſchränkung iſt wohl in niedrigerer Wintertemperatur zu ſuchen. So gehen kräftige Macchien (immergrüne Buſchwälder) im Kaïkostal oſtwärts etwa bis Pergamon, und nur die zähe ſtrauchförmige Kermeseiche bildet auch weiterhin immergrüne Gebüſchformationen. Dagegen dringen die Macchien auf der Südſeite des Jünd-Dag weit landeinwärts und bis 600 m Meereshöhe vor; dieſes Gebirge ſcheint alſo eine erhebliche Klimagrenze zu bilden. Eine ähnliche Verbreitung, wie die Macchien, haben die Phrygana, das ſind Steppen niedriger, dorniger Halbſträucher. Sonſt ſind im Innern des Landes hauptſächlich ſommergrüne Gebüſche, namentlich von Eichen und allerhand Dornſträuchern, häufig auch Wacholdergebüſch, verbreitet, wie überhaupt im nordweſtlichen Kleinaſien und Thrakien. Die Wälder ſind auf die entlegeneren Gebirge zurückgedrängt. Der herrſchende Waldbaum iſt dort die Kiefer, welche die Gebirge nördlich von Pergamon, Teile des Enas-Dag, Denis-Dag und des Gebirges von Menteſchler mit anſehnlichen Beſtänden ſchmückt; auf dem Granit des Koſak tritt an ihre Stelle die edlere Pinie in prächtigen, dunklen Waldungen. Hochſtämmige ſommergrüne Eichenwälder finden ſich im öſtlichen Jünd-Dag, am Akmas-, Madaras- und Jailandjyk-Dag. Vielfach ſtehen zerſtreut auf den Feldern und Weiden Walloneichen, die in ihren Fruchtbechern einen wertvollen, mühelos zu gewinnenden Ausfuhrartikel darbieten; denn dieſe »Knoppern« werden wegen ihres Tanningehaltes in der Gerberei verwendet. Die Edelkaſtanie tritt in kleineren Waldungen hier und da, von etwa 500 m über Meer aufwärts, auf.

In der im übrigen an hochſtämmigen Bäumen armen Landſchaft zeichnen ſich die mohammedaniſchen Friedhöfe weithin durch ihren dichten Wuchs mächtiger Bäume, beſonders Terebinthen und Zypreſſen, aus, da ſie vor dem Eindringen des Viehs geſchützt werden. Daran erkennt man, eine wie große Schuld an der Baumarmut des Landes der Weidebetrieb trägt.

Von den Kulturbäumen gedeiht der echt mittelmeeriſche Ölbaum im ganzen Gebiet, allerdings nur bis 400 m Meereshöhe. Von wirtſchaftlicher Bedeutung iſt er jedoch heute nur von Pergamon gegen den ſüdlichen Teil der Küſte hin. Die übrigen Kulturpflanzen bieten nichts Beſonderes gegenüber den anderen Teilen Weſtkleinaſiens dar; bei den einzelnen Landſchaften wird ihrer noch gedacht werden.

Die Kaïkosebene ist, mit Ausnahme der verſumpften Teile nahe der Mündung, außerordentlich fruchtbar und auch heute zum größten Teil gut angebaut. Doch gibt es auch in ihr, beſonders im mittleren Teil öſtlich von Pergamon, größere Weideflächen, namentlich wo der Großgrundbeſitz (Tſchiflik) herrſcht. Dort wird die Zucht nicht bloß des Kleinviehs, ſondern auch von Rindern, Büffeln und Pferden betrieben. Auch Kamelzucht findet ſich hier und da auf den dürren Vorhügeln. Ähnliches gilt von der Küſtenebene zwiſchen Dikeli und Ajasmand. Fruchtbar und ziemlich dicht beſiedelt ſind auch die Hügelländer von Tuffen und Jungtertiär im Norden des Kaïkos. Aber auch in den Gebirgen findet man faſt überall, wo nur etwas Erde vorhanden iſt, Ackerbau und Siedelungen, und dies iſt namentlich in den nördlichen Gebirgen der Fall, während der Jünd-Dag und die Kalkgebirge um Soma ſehr

[1] Siehe meine »Reiſen und Forſchungen« I, S. 100f.

wenig Gelegenheit dazu bieten. Auf den übrigen Gebirgsflächen, soweit sie nicht bewaldet sind, herrscht, wie überall im Orient, die extensive Viehzucht, besonders von Schafen und Ziegen, die den Sommer zum großen Teil in die höheren Gebirge, in die sogenannten Jailas (Sommerweiden), hinaufziehen, wo die Hirten in primitiven Reisighütten oder in Zelten hausen. Der größte Teil der Gebirgsbewohner besteht aus Nomaden türkischer Sprache und mohammedanischen Glaubens, sogenannten Jürüken, die aber jetzt zumeist, auf behördlichen Zwang hin, seßhaft geworden sind und zahlreiche Gebirgsdörfer gegründet haben, wo sie nun neben der Viehzucht Ackerbau treiben. Doch sind immer noch viele Zeltnomaden vorhanden. Außer den Jürüken gibt es im Pergamenischen Lande noch den besonderen, eine eigene Sekte bildenden nomadischen Stamm der Kisilbasch oder Tachtadji (»Brettschneider«), die, wie der letzte Name sagt, sich hauptsächlich in den Wäldern mit Verarbeitung der Bäume zu Brettern vermittels eigentümlicher, riesiger, von 3 bis 4 Leuten gehandhabter Handsägen beschäftigen; auch diese Leute leben in Zelten oder Reisighütten. Ein anderer, jetzt meist seßhafter Stamm sind die Tschetmi oder Tschepni, die sich von Kamelzucht, Karawanenbetrieb und allerhand zigeunerhaften Gewerben ernähren. Unter der seßhaften Bauernbevölkerung spielen eine bedeutende Rolle fremde mohammedanische Einwanderer der jüngsten Vergangenheit, sogenannte Mohadjirs: Tscherkessen, Turkmenen, Bulgaren u. a. Griechische Dörfer gibt es in größerer Zahl in der Nähe der Küste, während fast in allen Dörfern wenigstens einzelne griechische (mytilenäische) Krämer, Schankwirte und Handwerker sich niedergelassen und den lokalen Handel in die Hand genommen haben. Auch manche große Güter sind in griechischem Besitz. In allen Städten aber bilden die Griechen neben den Mohammedanern ein zahlreiches, an Bildung und Wohlstand sogar das herrschende Element, wogegen Armenier und Spaniolen (spanische Juden) wenig hervortreten.

So ist heute das ganze Gebiet, selbst das Gebirge, verhältnismäßig dicht bevölkert und gehört entschieden zu den Teilen Kleinasiens, welche die gedrängteste Bevölkerung aufweisen. Entsprechend groß ist auch die Zahl der Städte und Marktflecken, unter denen Pergamon im Westen, trotz ungünstiger Verkehrsverhältnisse, durch seine zentrale Lage noch immer den ersten Rang behauptet. In den besseren Teilen der Landschaft ist ein gewisser Wohlstand nicht zu verkennen, wogegen in den Gebirgen oft äußerst ärmliche und primitive Verhältnisse obwalten. Aber die Dichte der Bevölkerung bei mangelhafter Erschließung durch Straßen ist wohl die Hauptursache, weshalb hier im Kaïkosgebiet heute weit weniger für die Ausfuhr geliefert wird, als in den anderen Ebenen des westlichen Kleinasien. Die großen Stapelprodukte dieser letzteren: Rosinen, Feigen, Baumwolle, Tabak, Opium werden zwar angebaut und ausgeführt, aber nicht in großer Menge. Die wichtigsten Früchte, Getreide, Saubohnen, Trauben u. a. dienen hauptsächlich dem eigenen Verbrauch. Nur die großen Güter, besonders an der Küste, führen viel aus, namentlich Gerste, Sesam, Vieh. Ferner sind die Knoppern (s. oben) wichtig.

Die Industrie beschränkt sich auf kleine Fabriken mit Dampfbetrieb für die Müllerei, Ölpresserei und Baumwollreinigung; daneben auf Teppichknüpferei in Hausindustrie, die recht geschmackvoll, aber wenig für den Großhandel arbeitet, Gerberei und Lederindustrie (in Trachala), und dann die überall im Orient verbreiteten Handwerke.

Die Verkehrsverhältnisse unseres Gebietes sind heute recht ungünstige. Nur Dikeli steht durch winzige Küstendampfer in regelmäßiger Schiffsverbindung mit Smyrna; von Dikeli durchzieht eine Fahrstraße, die sich im Zustand grenzenloser Vernachlässigung befindet, die Kaïkosebene der Länge nach über Pergamon, Kinik, Soma, Kyrkagatsch nach Akhissar und Magnesia hin, entsprechend der natürlichen Hauptverkehrsrichtung des Landes. Bei Soma knüpft sie an die Bahnlinie an, die von hier aus durch die obere Kaïkosebene nach Akhissar und Magnesia führt, dort Anschluß an die Bahn nach Smyrna gewinnend; jedoch verkehrt auf dieser Linie nur ein gemischter Zug täglich in jeder Richtung, und zwar zu solchen Stunden, daß man die Reiſe zwiſchen Pergamon und Smyrna nicht in einem Tag zurücklegen kann. Die Bahn ſoll jetzt von Soma nach Panderma am Marmarameer weitergebaut werden. Ein elender Fahrweg führt ferner von Pergamon an der Küſte vorbei über Menemen nach Smyrna; ein leidlicher Saumpfad von Dikeli an der Küſte nach Norden. Alle anderen Wege ſind mehr oder weniger ſchlechte Saum- und Fußpfade, auch die im Altertum ſicher bedeutenderen Gebirgswege, die vom Kaïkosgebiet nach Norden und Süden hinausführen. Von dieſen kommt für den weiteren Verkehr nur derjenige in Betracht, der von Gelembe nach Norden nach Balikeſer, dem Marmarameer und dem Makeſtos führt, ferner der Poſtweg von Soma über Keraſin nach Balikeſer; endlich der Weg von Pergamon durch Nevahi-Bergama über den Paß von Örkütler nach Ivrindi, Baliamaden und dem Marmarameer. Alle übrigen haben nur ganz örtliche Bedeutung.

3. Die einzelnen Teillandſchaften.

Die obere Kaïkosebene wird mit rundlichem Umriß (12 zu 18 km Durchmeſſer) auf drei Seiten von höheren Gebirgen umrahmt, denen zum Teil ein Hügelſaum vorgelagert iſt, nach Süden jedoch, gegen die Ebene von Thyateira (Akhiſſar), alſo auch gegen den Hermos hin, nur durch eine niedrige Hügelſchwelle abgeſchloſſen, die dem Verkehr keine Schwierigkeiten bietet. Mit der unteren Kaïkosebene ſteht ſie durch das ſchmale Talſtück bei Soma in Verbindung. So ſammelt die obere Ebene die Verkehrswege, die von Südoſten und Nordoſten Pergamon zuſtreben. Eine andere Hügelſchwelle teilt die Ebene in einen öſtlichen Teil mit dem Städtchen Gelembe und einen weſtlichen mit der anſehnlichen Stadt Kyrkagatſch. Der Gelembe-Tſchaï kann als oberſter Lauf des Kaïkos angeſehen werden; jedoch wird er zu einem größeren, beſtändigen Fluß erſt durch zwei bedeutende Quellen, die in der Ebene ſelbſt entſpringen (135 u. 141 m ü. M.), etwa 1—2 km ſüdlich vom Rande der nördlichen Gebirge, von denen ſie jedenfalls ihr Waſſer beziehen. Der Boden der Ebene iſt außerordentlich fruchtbar; namentlich werden auch Baumwolle und Roſinen dort angebaut; ein Kranz von anſehnlichen Ortſchaften umzieht vor allem den weſtlichen Teil der Ebene. Die beherrſchende Siedelung der Jetztzeit iſt Kyrkagatſch (11000, nach anderen über 20000 Einwohner) am Fuße des weſtlichen Kalkgebirges. Früher ſcheint das etwas ſüdlicher gelegene Bakyr wichtiger geweſen zu ſein, da von ihm der türkiſche Name des Kaïkos, Bakyr-Tſchaï, abgeleitet iſt. Auch aus dem Altertum ſind ja eine ganze Reihe von Ortsnamen: Akraſos, Nakraſa (?), Stratonike, Sandaina, Gergitha, Germe (?) überliefert. Stratonike auf ſteilem Felskegel beherrſcht den Übergang von Gelembe und ſeiner Nordſtraße nach dem unteren Kaïkostal; Akraſos, ebenfalls auf einem Bergkegel, die Zugänge von Süden. Ein kleiner Hügel inmitten der Ebene, Maltepe, trägt auch eine nicht ſicher zu benennende antike Siedelung. Das Städtchen Gelembe iſt auch alt, da es ein großes römiſches Gebäude (Vakuſhan) enthält; beherrſcht es doch auch die oben (S. 49) erwähnte wichtige Straße von der Propontis und dem Makeſtos nicht nur zum Kaïkos, ſondern weiterhin zur Hermosebene. Dem Namen nach könnte hier vielleicht das antike Germe angeſetzt werden.

Im Oſten von Gelembe bildet eine Gebirgskette von Andeſit den Abſchluß nach Oſten gegen den oberen Makeſtos; davor dachen ſich Vorhügel von Jungtertiär und Tuff zur Ebene ab, überragt von dem ausſichtsreichen Andeſitkegel Bosbola (792 m). Am Rande der Hügel ſüdlich von Gelembe ſind in rhyolithiſchen Tuffen Felsgräber eingearbeitet, und noch weiter ſüdlich folgt die bekannte Nekropole von Jortan.

Der weſtliche Ausgang der oberen Kaïkosebene, die Talenge von Soma, beſteht eigentlich aus zwei parallelen Talböden, welche die Eroſion des Kaïkos auf dem Boden eines Grabenbruches zwiſchen den beiden Gebirgen eingeſchnitten hat. In dem ſüdlichen Talboden ſtrömt der Fluß und ſchlägt auf kurze Strecke unmittelbar an die linke Bergwand, ſo daß die Fahrſtraße hier in den Fels eingeſprengt werden mußte, die Eiſenbahn aber vorher den Fluß überſchreitet, um auf dem rechten Ufer den Bahnhof Soma zu erreichen. Auf dieſem rechten Ufer dagegen bleibt ein Talboden von etwa 300 m Breite bis zu einem iſolierten Kalkhügel hin, jenſeits (nördlich) deſſen der zweite Talboden liegt, der von keinem Gewäſſer benutzt wird; dieſer wird von dem Dörfchen Gertze beherrſcht, und hier lag jedenfalls auch eine antike Siedelung (Gergitha?)[1]; denn nicht nur der Weg von Gelembe und ſeinen Straßen, ſondern wohl auch der alte Weg vom Hermos nach Pergamon führt hier vorbei, da die Enge des linken Flußufers erſt durch den modernen Straßenbau geöffnet worden iſt. Das lebhafte Städtchen Soma, das nunmehr den Schlüſſel zwiſchen den beiden Kaïkosebenen beſitzt, liegt dort, wo ſich das Tal zur unteren Kaïkosebene erweitert, am linken Gebirgsabhang hinaufſteigend; eine Brücke (116 m ü. M.) führt zu dem auf dem anderen Ufer gelegenen Bahnhof und zur eben beſchriebenen Straße nach Gelembe hinüber.

Im Rücken von Soma erheben ſich die zackigen Kalkgipfel des Trachalagebirges, die augenfälligſten Berggeſtalten des Kaïkosgebietes, die einzigen, die einen alpinen Zug in dasſelbe hineinbringen. Ein von prächtigen Nuß- und Ölbäumen geſchmücktes Tal führt von Soma durch die Vorhügel nach Süden hinauf zu dem großen Bergdorf Trachala, einer der maleriſchſten Siedelungen Kleinaſiens; am Fuße des Kalkgebirges auf einem Bergvorſprung zwiſchen zwei engen Tälern drängen ſich die hochgebauten Häuſer dicht neben- und übereinander, ſcheinbar eine feſte Maſſe bildend, in der die ſchmalen Gaſſen ganz verſchwinden. Wo eine Schlucht am Rande des Dorfes den Kalk verläßt, ſprudelt eine mächtige Quelle aus zahlreichen Röhren hervor, die »Vierzig Quellen« genannt (324 m ü. M.). Der charakteriſtiſche Geruch rings um den Ort verrät, daß die mehrere Tauſend zählende Einwohnerſchaft ſich mit Gerberei und Lederbearbeitung beſchäftigt. Trachala iſt eine der in Kleinaſien häufigen mittelalterlichen Rückzugsſiedelungen, die an abgelegenen, leicht zu verteidigenden Stellen, zugleich neben einer Quelle, entſtanden, und deren Bewohner ſich notgedrungen induſtrieller Tätigkeit widmen mußten. Obwohl kaum 3 km von Soma entfernt, bleibt Trachala den Blicken von dort und der Kaïkosebene völlig verborgen durch vorgeſchobene Bergkuliſſen und wird auch ſehr ſelten von Europäern beſucht.

Im übrigen kann hier eine nähere Schilderung der Gebirge im Norden und Süden von Soma mit einem Hinweis auf das oben S. 48 Geſagte erſpart werden, da ſie für die Kultur des Landes nur als ſchwierige Schranke in Betracht kommen.

Wichtiger iſt dagegen die im Nordweſten von Soma ſich zum Kaïkos öffnende Talmuſchel von Keraſin (auch Kireſün). Der Ausdruck »Talmuſchel« paßt auf dieſe Landſchaft, da ſie im großen eine muſchelförmige, nach Süden geöffnete Einſenkung zwiſchen dem Faltengebirge des Kapulu-Dag im Oſten und dem Andeſit-, Tuff- und Jungtertiärgebirge von Menteſchler im Weſten bildet. Die jungtertiären Ablagerungen, in wechſelnder Richtung aufgerichtet, bilden hier eine Fläche von 200 bis 250 m Meereshöhe; zahlreiche, im Gergeren-Tſchaï oder Aktſchavlar-Tſchaï (Myſios?) ſich ſammelnde, und durch dieſen dem Kaïkos zugeführte Bäche zerſchneiden die Fläche und verwandeln ſie durch ihre Täler in ein welliges Hügelland. Die Landſchaft iſt zum großen Teil angebaut, und ihr Rand von vielen Dörfern beſetzt. Im Norden wird ſie durch die breite Schwelle Uſundja-Jaila (432 m), eine höhere, flach lagernde Tafel von Jungtertiär, abgeſchloſſen. Der Marktflecken Keraſin (273 m) liegt im nördlichen Teil der Landſchaft, und zwar an der Linie, wo das Gelände allmählich gegen den öſtlichen Gebirgsrand anſteigt; unweit öſtlich entſpringt die große Quelle Chalkabunar; nördlich des Ortes liegen Reſte einer alten Siedelung mit byzantiniſcher Kirchenruine. In Keraſin ſelbſt weiſt eine große mittelalterliche Karawanſerei auf die Verkehrsbedeutung des Ortes hin, die auch jetzt nicht gering iſt, denn hier führt der Poſtweg (Saumpfad) hindurch von Soma (Smyrna) nach Balikeſer. — An der Südweſtecke der Landſchaft, wo der Gergeren-Tſchaï in die Kaïkosebene eintritt, erhebt ſich der

---

[1] Siehe meine »Reiſen und Forſchungen« I, S. 68.

Dolerit- (Bafalt-) Kegel Affar, der die Refte des alten Apollonia trägt. Hier treten die Ausläufer des Gebirges von Mentefchler an die Kaïkosebene heran, und der anfehnliche Mentefchler-Tfchaï verläßt das Gebirge beim Dorf Saridjalar, gekreuzt von den Ruinen eines mächtigen römifchen Aquäduktes, der wahrfcheinlich das Waffer des Jagdfchili-Tfchaï, eines Nebenfluffes des Gergeren, nach Pergamon führte.

Die untere Kaïkosebene felbft ift unterhalb Soma zunächft noch fchmal, die eigentliche Flußaue bis in die Gegend von Apollonia nur wenige hundert Meter breit, eingefaßt von breiteren Terraffenflächen (etwa 25 und 125 m über dem Fluß), die alte, höhere Talböden des Kaïkos darftellen. Bei der Mündung des Gergeren verbreitert fich plötzlich die Schwemmlandsebene bis auf 12 km; die niederen Terraffen verfchwinden, wogegen an den Rändern eine breite Erofionsterraffe von 200 bis 250 m ü. M. deutlich hervortritt. Eine erneute Verfchmälerung, 5 km oberhalb Pergamon, gebildet durch Vorfprünge von beiden Seiten, beendet diefen breiteften Teil der Kaïkosebene, den wir als das Becken von Kinik bezeichnen können. Der Kaïkos nimmt hier feine bedeutendften Zuflüffe auf, von Norden den Fluß von Eski-Bergama, von Süden Djumaly-Dere, Karadere, den Bach von Jajaköi u. a. Er felbft teilt fich im unteren Teil diefer Ebene in mehrere Arme, die fich dann wieder vereinigen, und wird hier von der Fahrftraße gekreuzt. Die Flüffe find begleitet von Baum- und Gebüfchftreifen; im oberen Teil der Ebene ftehen auch viele Walloneichen, fonft breiten fich Weideflächen und noch mehr Ackerfelder aus, auf denen Weizen, Gerfte, Mais, Hülfenfrüchte, Mohn, Sefam gebaut werden; an den Rändern der Ebene ziehen fich Weinpflanzungen hin. An den Rändern liegen auch faft alle größeren Siedelungen, umgeben von Feigen-, Nuß- und andern Obftbäumen; am Südrande find die Marktflecken Kinik, Poiradjyk und Jajaköi, am Nordrande Zagnos zu nennen.

Während am Südrand der Jünd-Dag, hier am Rande aus alten Schiefern und Kalken beftehend, ziemlich gefchloffen auffteigt, und zwar gleich zu Höhen bis 650 m, ift der Nordrand unregelmäßiger geftaltet. Hier lagert vor dem dunklen, bewaldeten Wall des alten Schiefergebirges (f. oben S. 48) das Hügelland Nevahi-Bergama, aus vulkanifchen Tuffen beftehend, durchfchnitten von zahlreichen Bächen und befetzt mit einer ganzen Anzahl kleinerer Ortfchaften; gegen die Ebene hin zerfafert es fich in Vorfprünge und kleine ifolierte Hügel. Daraus erhebt fich an der Stelle, wo faft alle Bäche fich nahe der Ebene zu einem Fluß vereinigen, ein fteiler Andefitkegel, Eski-Bergama (Alt-Pergamon) genannt, eine antike Siedelung tragend; unweit weftlich entfpringen die heißen Quellen Pafcha-Ludfcha mit großen antiken Badeanlagen und einer prächtig erhaltenen antiken Brücke über einem Bergbach. Durch diefe Gegend führt der wichtige Weg von Pergamon nach dem Paß von Örkütler (dem Übergang zum nördlichen Myfien, f. oben S. 48), während der alte Karawanenweg von Pergamon nach dem Often (Apollonia, Gelembe) am Rand des Hügellandes entlang zieht. Kinik und Jajaköi am Südrande des Beckens von Kinik find Ausgangspunkte von Jünd-Dag-Päffen, und unweit Kinik, bei Poiradjyk, lag die anfehnliche antike Siedelung Gambrion.

Der öftlichfte diefer Jünd-Dag-Übergänge führt von Kinik aus in dem Tal des Karadere aufwärts, das einige Kilometer von der Ebene durch einen Bafaltkegel, Kifilaffar, mit einer Befeftigung überragt wird; dann geht es nach Often aus dem Tal fteil hinauf, immer über jungtertiäre Ablagerungen und Tuffe, über Kalemköi und dann um den Urfprung des Tales von Enas in 679 m hinüber nach Palamut (Apollonis); in der Fortfetzung führt diefe Linie gegen Sardes hin. Diefer Paß bildet die Weftgrenze des gefalteten Kalkgebirges (f. oben S. 48) gegen den eigentlichen Jünd-Dag, der, wie wir fahen, aus Andefitdecken über Jungtertiär und alten Gefteinen befteht und eine ausgedehnte Hochfläche bildet, die in der Mitte zu einer fanften, wafferfcheidenden Wölbung auffteigt. Die Päffe find nur wenig in diefe eingekerbt, dagegen nach den Rändern hin die Bäche in tiefen, gewundenen Tälern eingefchnitten. Unwegfamkeit der fteinigen Hochfläche und engen Täler, Unfruchtbarkeit und geringe Bevölkerung machen, wie wir schon ausgeführt haben, den Jünd-Dag zu einem sehr beträchtlichen Hindernis des Verkehrs und der Kultur.

Ein von mir nicht besuchter, wie es scheint, nur 400 m hoher Übergang, führt aus dem schon genannten Kara-Dere-Tal nach Südosten hinüber; er hat aber auf der anderen Seite keinen besonderen Zielpunkt. Westlich davon steigt der Rücken des Jünd-Dag zu seiner höchsten Stelle, dem breiten, von Eichen bewaldeten Bergklotz des Mamurt-Kale an, welcher die Reste eines antiken Tempels trägt. Der Berg ist nur ein durch Erosionstäler begrenztes Stück der Andesithochfläche. Man erreicht ihn ebenfalls vom Karadere aus; aber es führt heute kein gebräuchlicher Verkehrsweg dorthin. Jedoch bezeugen zahlreiche verfallene Zisternen am nördlichen Zugangswege, daß früher hier ein regerer Verkehr herrschte, der aber vielleicht nur das Heiligtum selbst zum Ziele hatte. Von dem Gipfel genießt man eine herrliche Rundsicht auf die Ebene von Akhissar, das wilde Trachalagebirge, die Kaïkosebene mit ihrer Gebirgsumrandung; deutlich erkennt man auch die Burg von Pergamon; im Südwesten sieht man bis zum Dumanli-Dag und zu den Hügeln von Phokaia. Östlich vom Mamurt-Kale soll eine mittelalterliche Burg Iszikalessi liegen. Im Südwesten finden sich bei der Jaila von Sakally antike Gräber.

Weiter nach Westen folgt ein Übergang, der von Jajaköi einem engen Tal aufwärts durch Schiefergebirge folgt, dann über das hochgelegene Örtülü die Wasserscheide in 651 m erreicht. Von dort geht es hinab, quer über mehrere Quellflüsse des Kodja-Tschaï, über Sakally und dann wieder über ein breites Andesitgebirge nach Magnesia. Dieser Weg bildet die kürzeste Linie zwischen dieser Stadt und Pergamon, wird aber und wurde wohl auch niemals besonders benutzt, da er sehr beschwerlich ist durch die Breite des Gebirges und die Einsenkung des Kodjasystems in der Mitte. Das Kodjatal und der südlich davon sich erhebende Dumanli-Dag sind hinderlich auch für die Verkehrsbedeutung des westlicheren Jünd-Dag-Passes, der von Pergamon südlich über außerordentlich steinige Hochflächen und eine Wasserscheide von 503 m über Ismailer nach Kösseler und dem alten Aigai führt. Die Ruinen dieser antiken Stadt, Nemrudkalessi der Türken, liegen auf einem Andesitkegel (384 m ü. M.) unmittelbar über den tiefen Schluchten des Kodja und des von Norden in denselben mündenden Baches von Kösseler. Immerhin muß im Altertum von Pergamon nach dieser Stadt ein gewisser Verkehr bestanden haben, der sich von hier über die alte Siedelung von Usunhassanly und den Dumanli-Dag gegen Smyrna sowie nach Südosten über das flachere Gebirgsland gegen Magnesia hingezogen haben wird; in letzterer Richtung findet man noch oberhalb Sarma eine alte gepflasterte Straße. —

Oberhalb Pergamon verschmälert sich, wie wir gesehen haben, die Kaïkosebene plötzlich, und zwar indem sich im Süden dem Jünd-Dag ein niedriger Rücken von Andesit vorlegt, von Norden aber, vor dem alten Gebirge des Kosak, nun ein aus wechselnden Tuffen und Andesitmassen zusammengesetztes, kuppiges Gebirge gegen den Kaïkos vorspringt. Dazwischen zieht die Ebene mit einer Breite von nur 3 bis 5 km etwa 12 km weit nach Westsüdwest. Am Nordrand dieser verengten Strecke erhebt sich der Burgberg von Pergamon (333 m ü. M., 270 m über dem Südfuß), mit seiner charakteristischen Form: den steilen Abhängen und dem nach Süden geneigten Gipfelplateau, weithin im Kaïkostal und seinen Gebirgen sichtbar. Er ist aus jenem wechselvoll unübersichtlichen Andesit- und Tuffgebirge herausgeschnitten durch die beiden nur etwa 1200 m voneinander abstehenden, schluchtartigen Täler des Selinus (Bergama-Tschaï) im Westen und Ketios (Kastel-Tschaï) im Osten, die aus dem Kosakgebirge herauskommen und sich am Südfuß der Akropolis, also beim Austritt in die Ebene, bis auf 500 m nähern. Durch letzteren Umstand ist es wohl veranlaßt, daß dieser Südfuß des Burgberges nicht bis zur Linie des Gebirgsrandes vortritt, sondern etwa $1^{1}/_{2}$ km dahinter zurückbleibt, also eine nischenartige Erweiterung der Ebene hier entsteht, die zum großen Teil durch die jetzige Stadt, entsprechend der antiken Unterstadt, ausgefüllt wird. Das Gassengewirr des Basars und des Türkenviertels liegt am rechten Ufer des Selinus, während das Griechenviertel am linken Ufer am Fuß des Burgberges hinaufklimmt, dem Ketios aber fernbleibt. Auch im Norden der Burg nähern ſich die Flüſſe auf 1 km und bewirken damit hier, in weicheren Tuffen, eine Einſattelung von 175 m ü. M., ſo daß ſich auch hier der Burgberg kräftig gegen die Umgebung abſetzt; daher die außerordentlich feſte Lage der Burg, die zur hiſtoriſchen Bedeutung des antiken Pergamon die erſte Veranlaſſung gegeben hat. Die ſchluchtartige Verengung der beiden Täler zur Seite des Burgberges erlaubt zugleich eine leichte Abſperrung der Wege aus dem nördlichen Gebirge und von Nevahi-Bergama her, die dieſen Tälern zur Ebene folgen.

Dieſe wichtige Verengung der beiden Täler und die Steilheit des Burgberges wird dadurch veranlaßt, daß letzterer einem Zug harten Andeſits angehört, der quer über beide Täler von Weſten nach Oſten hindurchſtreicht, rings von weichen Tuffen umgeben, die er gangartig durchſetzt[1]. An der Nordſeite der Burg zieht die Grenze des Andeſits gegen den Tuff dicht unter dem höchſten Gipfel vorbei, deſſen ſteile Nordwand bedingend: von hier nordwärts ſanfte Tuffgehänge in der Einſattelung und dann anſteigend gegen den Berg H. Georgios hin. Im Nordoſten der Burg zieht ſich das Blockmeer eines alten Bergſturzes vom Andeſit über die Tuffgehänge hinab zum Ketiostal; in letzterem bezeichnet die Quelle H. Stratigos die Grenze zwiſchen dem Andeſitzug und dieſer Blockanhäufung. Etwas nördlich davon iſt am Ketiostal, bei dem Kirchlein H. Kaſtelliani, wo das Tal ſich nach aufwärts verbreitert, Jungtertiär mit Süßwaſſerfoſſilien aufgeſchloſſen. Anderſeits liegen dem Andeſit gegen die Ebene hin, öſtlich und weſtlich der Stadt, Tuffhügel vor. Im Weſten der Stadt entſpringt aus einem Vorſprung des Andeſits gegen die Ebene die heiße Quelle Tabak-Ludſcha.

Die Ebene ſelbſt wird bei Pergamon in ihrer ganzen Breite von dem großen Schuttkegel des Selinus eingenommen; dieſer Kegel ſenkt ſich vom Austritt des Fluſſes, alſo von der Unterſtadt aus, die eine Höhe von 50 bis 70 m hat, nach Oſten, Süden und Südweſten bis auf 30 bis 25 m ü. M. hinab. Dadurch wird der Kaïkos hart an den Südrand der Ebene gedrängt und ſeine Talaue auf etwa 200 m Breite verſchmälert. Aber auch der Ketios wird durch den Schuttkegel des mächtigeren Nachbarfluſſes weit nach Oſten abgelenkt. Der Selinus ſelbſt hat ſich in ſeinem Schuttkegel wieder ein breites Geröllbett eingeſchnitten, in dem er ſich in mehrere Arme teilt, die ſich unterhalb wieder vereinigen. Der Schuttkegel, auf dem ſich einige große Grabhügel erheben, iſt mit fruchtbarer Erde bedeckt und mit Weinreben, Öl- und Maulbeerbäumen bepflanzt. Seidenkultur wird getrieben, und einige Spinnereien verarbeiten in Pergamon die Baumwolle der weiteren Umgebung.

Die Unterſtadt liegt alſo etwa 30 m über dem Kaïkos, und man überblickt von ihr aus einen großen Teil der Ebene. Weit umfaſſender iſt natürlich der beſonders in den Abendſtunden unvergeßliche Überblick, den man von der Höhe der Burg über das Pergameniſche Land genießt: im Norden die bewaldeten Gebirge des Koſak, überragt von der grauen Kuppe des Madaras; im Nordweſten der Kamm des Geïkli-Dag; im Süden die lachende Ebene, gegen das Meer durch die dunkle Maſſe des Kara-Dag abgeſchloſſen; jenſeits der Ebene aber der gleichförmige breitgewölbte Wall des Jünd-Dag, von deſſen langweiligen Formen das Auge gern abſchweift zu den kühnen Gipfelpyramiden des Trachalagebirges, das im Oſten gegen den Kaïkos vorſpringt.

Die Stadt Pergamon, türkiſch Bergama, mit etwa 20000 Einwohnern, überwiegend Türken, aber auch zahlreiche Griechen, weniger Armenier und Spaniolen, iſt der lebhafteſte Marktplatz der ganzen Kaïkoslandſchaft, trotz ihrer ſchlechten Verbindungen mit der Außenwelt (S. oben S. 51). Ihre Bedeutung iſt in ihrer zentralen Lage zur Landſchaft und zu ihren Verkehrswegen begründet. Sie liegt ungefähr in der Mitte zwiſchen der Küſte und dem Kaïkosdurchbruch bei Soma, an einer Verengung der Ebene; die große Längsſtraße der Ebene muß alſo hier vorbei; die Küſtenwege ſowie die Übergänge über den Jünd-Dag laufen ohne

[1] Näheres über die Geologie der Umgebung Pergamons s. meine »Reiſen und Forſchungen« I, S. 87ff.

erhebliche Umwege hier zuſammen; ebenſo der Weg über den Paß von Örkütler nach dem Marmarameer, der von Pergamon zunächſt in öſtlicher Richtung am Rande der Ebene hinzieht. Dazu folgen den beiden Tälern des Ketios und Selinus Wege nach Norden. Aber zu allgemeiner Bedeutung über die Grenzen ihrer vom großen Verkehr abſeits gelegenen Landſchaft hinaus iſt Pergamon im Altertum nicht als Verkehrszentrum, ſondern nur durch die feſte Lage ſeiner Burg als Hauptſtadt eines kraftvollen Herrſchergeſchlechts gelangt. Dieſe politiſche Bedeutung erbte ſich fort in der römiſchen Zeit, wo Pergamon Provinzhauptſtadt war. Nachdem dieſe politiſche Rolle zu Ende war, iſt Pergamon wieder zu einer allerdings anſehnlichen Landſtadt geworden.

Die von Pergamon nördlich ausſtrahlenden Wege ſind noch kurz zu beſprechen. Das Ketiostal aufwärts gelangt man in den weſtlichen Teil von Nevahi-Bergama, wo ſich bei Jenigüde der nach dieſem Dorf benannte abenteuerlich ſteile Andeſitfelſen aus den Tuffen erhebt. Wichtiger iſt der Weg, der ſich oberhalb des Burgberges vom Ketiostal nach Nordoſten abzweigt und einer Talſenke folgt, die einem Zug von Jungtertiär entſpricht, dann zwiſchen zwei Kegeln von Baſalt und Andeſit hindurch an den Nordrand der Ebene (bei Kyrklar) gelangt. — Das Selinustal aufwärts dagegen zieht der Weg durchs Koſak nach Adramyttion. Etwa 5 km oberhalb der Stadt paſſiert er den Durchbruch des Fluſſes durch ein zackiges, aus dem Tuff aufragendes Andeſitriff, Kapukaja (»Torfels«); dann geht es ins bewaldete Gebirge hinauf über alte Schiefer und Eruptivgeſteine, an dem hellen Marmorfelſen Eski-Maden vorbei, wo kleine Gänge von Bleiglanz und Schwefelkies auftreten, oder tiefer am Abhang des Fundukly-Dere (des oberen Selinustales) entlang, über eine Paßhöhe von 808 m in die Hochebene des Koſak bei Jokara-Beyköi (479 m). Durch dieſe Hochebene geht der Weg weiter nach Norden über den Tſchapardjyk-Paß (901 m) zwiſchen Jailandjyk- und Madaras-Dag. Auch durch das Fundukly-Dere (dem Tal des oberen Selinus) oberhalb Kapukaja geht ein Weg über die Saratſch-Jaila (783 m) und am Oſtrand der Hochebene entlang zu demſelben Paß hin. Von Jokara-Beyköi führt ein Weg nach Weſten nach dem alten Perperene und an die Küſte bei Ajasmand.

Die Hochebene des Koſak iſt mitten in den großen Granitſtock dieſer Berglandſchaft eingeſenkt. Es iſt eine etwa viereckig umgrenzte, rings von Granithöhen umwallte Fläche von 400 bis 500 m Meereshöhe; im Norden vom Jailandjyk (1219 m), im Nordoſten vom Madaras (1341 m) überragt. In ihr ſammelt der Ajasmand-Tſchaï ſeine Gewäſſer, um dann an der Südweſtecke die Umrandung zu durchbrechen. Die Bäche, von Granitſand beladen, ſtrömen in breiten Sandbetten durch die Ebene, die zum Teil bewaldet, zum Teil von Äckern bedeckt iſt, zwiſchen denen ſich Hecken hinziehen und Walloneichen und Weidenbäume zerſtreut ſtehen. Beſonders häufig iſt hier auch der Brombeerſtrauch. Merkwürdigerweiſe wird hier hauptſächlich der am Mittelmeer ſonſt ſehr ſeltene Roggen gebaut. Außerdem ernähren ſich die Bewohner, in Dörfern am Rande der Ebene ſiedelnd, durch das Einſammeln der Knoppern und der Piniennüſſe. Ausgedehnte Wälder aus Pinien, Kiefern und Eichen überziehen den größten Teil des Koſakgebirges.

Der Ajasmat-Tſchaï gräbt ſich von der Koſakebene aus in tiefer, zum Teil unzugänglicher Talſchlucht ein, erſt in ſüdlicher, dann weſtlicher Richtung. Vom Granit kommt er dabei in die alten Schiefer und Marmore, dann folgt er ungefähr der Grenze zwiſchen dem Granit und dem Andeſit, um ſchließlich ganz in den Andeſitgürtel einzutreten, der das Koſakgebirge im Südweſten umrandet. Hier wird ſein Tal etwas ſanfter, aber kahl und dürr; endlich tritt der Fluß in die Küſtenebene von Ajasmat hinaus. Dem Verkehr kann das Tal dieſes Fluſſes nicht dienen.

Das erwähnte Andeſitgebirge beginnt im Weſten von Pergamon mit dem 1150 m hohen, von Oſten nach Weſten geſtreckten Kamm des Geïkli-Dag, der beherrſchenden Bergg eſtalt in der näheren Umgebung der Stadt. Weſtlich folgt eine etwa 700 m erreichende Hochfläche, die von einzelnen Kuppen (bis 900 m) überragt wird. Tiefe gewundene Täler ſchneiden ſich in diefe breite Maffe ein und münden in die Küften- oder Kaïkosebene (hier der bedeutendfte Bach Affarbogas). Eine Anzahl kleiner Dörfer liegt in dem meift bewaldeten Gebirge.

Unterhalb des Schuttkegels von Pergamon ftrömt der Kaïkos, mehrere Meter tief in das Schwemmland eingefchnitten, fchnell dahin. Von dem Bafaltkegel Erigöl-Tepe an verbreitert fich die Kaïkosebene zu einer dreieckigen Fläche von etwa 12—15 km Seitenlänge, zwifchen dem eben befchriebenen Andefitgebirge im Norden, dem Kara-Dag im Weften, den Vorhöhen des Jünd-Dag (aus karbonifchem Kalkftein und Jungtertiär) im Often. Zahlreiche größere und kleinere Hügel von verfchiedenartigen vulkanifchen Gefteinen (Suldenit, Dacit, Andefit, Bafalt) ragen infelartig aus dem Schwemmland hervor, die Spitzen eines verfunkenen Gebirges. Der bedeutendfte derfelben (über 100 m) ift der Prophit Ilias mit den Reften des alten Teuthrania und dem modernen Dörfchen Kalerga (an feinem Weftende). Sonft liegen auch hier die meiften Siedelungen am Rande der Ebene. Der Kaïkos ftrömt immer in der Nähe des Oftrandes, in zwei Arme geteilt; als langfam fchleichende Gewäffer gehen ihm die nördlichen Zuflüffe zu. Im Nordweftwinkel der Ebene, zwifchen den Anfchwemmungen des Kaïkos und Affarbogas und dem Fuß des Kara-Dag ift ein Sumpfgebiet in niedriger Lage zurückgeblieben. Hier gibt es auch heiße Quellen. Sonft ift die Ebene meift gut angebaut, hauptfächlich mit Getreide, Saubohnen, Sefam. Während zwifchen Kara-Dag und dem nördlichen Andefitgebirge ein fchmaler und niedriger Durchgang hindurchführt, durchbricht im Süden der Kaïkos in einem Erofionstal eine Hügelfchwelle aus Andefit, Tuff und Jungtertiär, um dann mit rafch vorfchreitendem Delta fich in den Golf von Elaia zu ergießen. Der Kaïkos hat das Tal in geologifcher Vorzeit langfam eingefägt, als die Schwelle zwifchen den beiden fich bildenden Einbrüchen des Golfes von Elaia und der inneren Ebene ftehenblieb oder auffteig. Die Ruine einer römifchen Brücke im Durchbruchstal beweift, daß in römifcher Zeit der Kaïkos dort fchon genau an derfelben Stelle floß wie heute.

Durch das fortfchreitende Delta des Kaïkos ift der Hafen des alten Elaia, im innerften Winkel des Golfes, in einen Sumpf verwandelt und daher diefe alte Hafenftadt Pergamons vollkommen eingegangen. Die Küftenftraße führt über die Hügel an Elaia vorbei und dann durch drei kleine Küftenebenen, die durch Hügelvorfprünge voneinander getrennt werden. Auch hier Jungtertiär, Tuff, Andefit. In einem Tälchen füdöftlich von Elaia findet fich eine Giaurewler genannte Felseinarbeitung im Tuff. Der ftarke Olivenbau der Gegend ftimmt mit dem alten Namen Elaia, Elaitis. Auf einem der Vorfprünge liegen, an einer kleinen Bucht, die Refte des antiken Grynion. Mit der Mündung des Kodja-Tfchaï haben wir die Südgrenze unferer Betrachtung hier erreicht. Das untere Tal diefes Fluffes ift fehr breit und flach; von Nordoften kommt der Kondus-Tfchaï in einem ebenfolchen Tale heran und bildet einen großen Sumpf. Auf den flachen Hügeln neben der Kodjamündung lag Myrina.

Das Andefitgebirge Kara-Dag hier näher zu befchreiben liegt keine Veranlaffung vor. Nur fei der Küftenorte Erwähnung getan. Weftlich des Kaïkosdeltas fpringt eine niedrige, aber felfige Halbinfel, die durch eine Sandzunge mit dem Feftlande zufammenhängt, in den Elaitifchen Golf vor. Auf der Felshalbinfel lag eine antike Stadt, die wohl mit Recht für Pitane gehalten wird; daß diefes zwei Häfen gehabt hat, ftimmt vorzüglich mit diefer Lage überein. Auf derfelben Halbinfel, etwas näher zum Feftlande, liegt das heutige Städtchen Tfchandarly, deffen mächtige, fpätmittelalterliche Burg die Bedeutung diefes Hafenortes in damaliger Zeit bezeugt. Jetzt ift es an Verkehrsbedeutung von Dikeli, trotz deffen fchlechteren Hafens, überflügelt, da diefes beffere Landverbindung hat. Die teils aus Türken, teils aus Griechen beftehende Bevölkerung lebt von der Verfchiffung von Knoppern und einigen anderen Landesprodukten, von Fifcherei und von Salzgewinnung in den Salzgärten öftlich der Stadt.

Die Küfte des Kara-Dag ift fteil und gebuchtet, mit einzelnen kleinen Küftenebenen. Im Nordweften liegt dem Andefitgebirge eine kleine Scholle von Jungtertiär vor. Diefe bildet das Doppeleiland, das man für die Arginufen der Alten hält, ferner einen Hügelrücken, an deffen

Nordende die Refte von Kanai (Kane) liegen, dahinter die tief eingreifende Bucht und die kleine Ebene des Griechendorfes Adjanos. Eine Strecke Steilküfte folgt dann wieder bis Dikeli, dem heutigen Hauptlandeplatz des Kaïkosgebiets, trotz fchlechter Hafenverhältniffe; denn Pergamon ift von hier auf dem kürzeften und ebenften Wege zu erreichen. Der Ort felbft zieht fich den Abhang eines Ausläufers des Kara-Dag hinauf. Der fchon erwähnte Durchgang nördlich des Kara-Dag wird von einem ifolierten Felfen beherrfcht, der eine antike Siedelung trägt; fie wird für Atarneus gehalten.

Von hier nach Norden gegen Ajasmat zieht fich vor dem Andefitgebirge eine Küftenebene von 2½ bis 5 km Breite hin, die zum Teil angebaut, zum Teil Weidefläche ift, auf der namentlich auch Pferdezucht getrieben wird. Bei dem Gutshaufe Makaronia erheben fich einige kleine Hügel aus der Ebene, und an diefer Stelle liegt am Rande des Gebirges eine antike Stadt. Eine andere wird weiter nördlich in der Nähe des Ajasmand-Tfchaï angegeben.

Gegenüber diefer Küfte, vom Kara-Dag nordwärts, erheben fich die Berge der großen Infel Lesbos, die mit ihrer Hauptftadt Mytilene in alter und neuer Zeit für die Beziehungen diefer Küfte von der größten Bedeutung ift. So bildet der Kara-Dag eine wichtige Grenze zwifchen der zum offenen Ägäifchen Meere gewandten Küfte im Süden und der durch Lesbos vom offenen Meere abgetrennten Küfte im Norden, die fich zum Idagebirge hinzieht.

HISTORISCHE TOPOGRAPHIE DER LANDSCHAFT

VON

CARL SCHUCHHARDT

(MIT ÜBERSICHTS-KARTE)

I.

Natur des Landes.

(Seite 66.)

II.

Sage und Geſchichte.

III.

Die Ruinenſtätten.

ÜBERSICHTSKARTE.

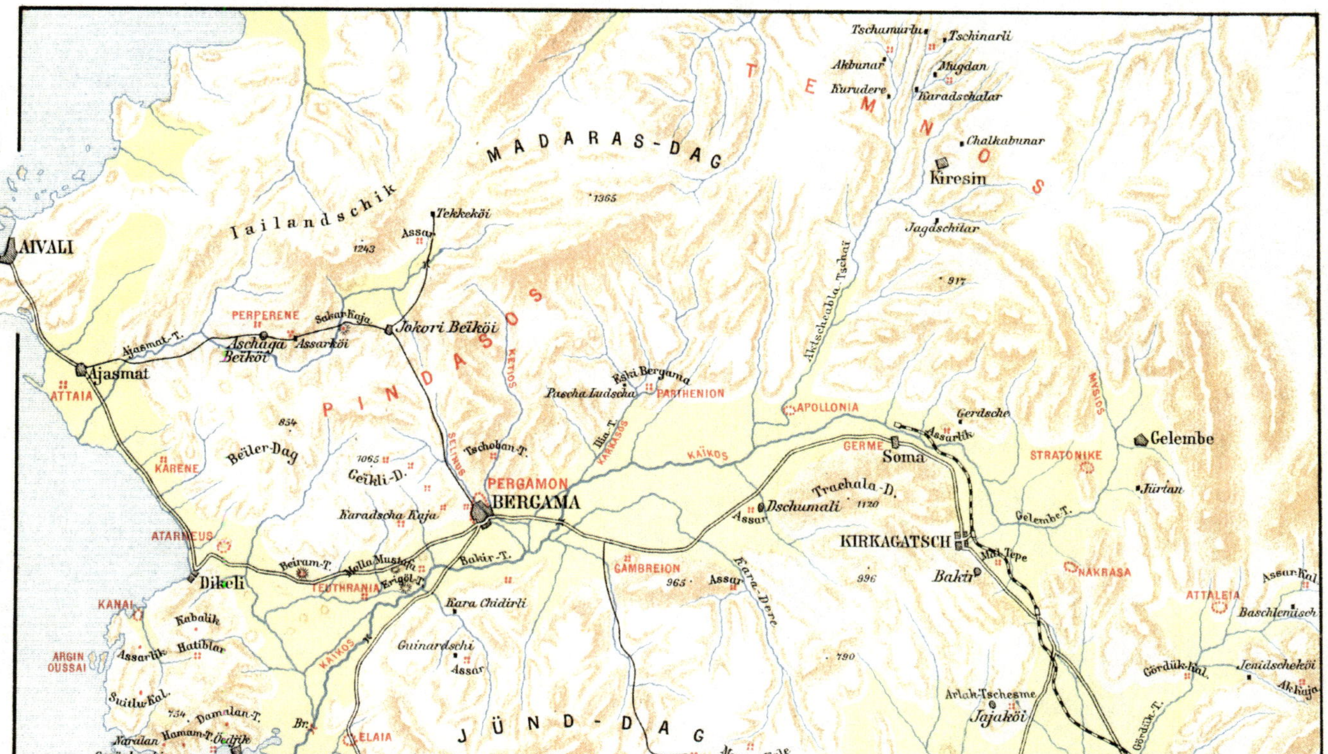

Gez. v. W. Weber, Kgl. Kartograph.

Lith. u. Druck durch das Kartogr. Institut v. R. Reiss.

Maßstab 1:600 000.

0 5 10 20 30 40 Kilometer

0 1/2 1 2 3 4 5 geogr. Meilen.

Wie auf der Burg zu Pergamon das einzelne Denkmal, dem die urſprüngliche Grabung gegolten hatte, dann auch in bezug auf ſeine Rolle innerhalb des Ganzen angeſehen ſein wollte und damit eine immer weitere Aufdeckung der alten Burg und Stadt veranlaßte, ſo führte nachher der reich entfaltete Königsſitz wieder vor die Frage, wie innerhalb der anfänglich kleinen Landſchaft gerade er auserwählt und ſchließlich zu einer ſo glänzenden Entwicklung gekommen ſei.

Manches hatte ſchon Humann bei ſeiner Bewegung im Lande im Hinblick auf dieſe Frage erkundet. Er kannte den äoliſchen Küſtenſtrich mit der für Pergamon wichtigen Hafenſtadt Elaea, er bezeichnete den mächtigen Burgfelſen bei Dikeli richtig als die Stätte von Atarneus und den merkwürdigen Zweiſpitz mitten im Kaikosſchwemmland als die Burg Teuthrania; er hatte auch im Oſten ſchon die große Stadtmauer bei Palamut gefunden und ſie auf Apollonis gedeutet.

Atarneus behandelte ſchon 1879 eingehend Lolling. Ein paar weitere Vorſtöße machten 1885 Bohn und Fabricius nach Aegae und zu der »pergameniſchen Landſtadt« im Koſak, die wir jetzt Perperene nennen. Zu Anfang der achtziger Jahre waren auch W. M. Ramſays *Contributions to the history of southern Aeolis* erſchienen (*IHSt.* II, S. 44ff., 271ff.), und gelegentlich der franzöſiſchen Ausgrabungen in Myrina einige Plätze der dortigen Gegend unterſucht worden.

An eine kartographiſche Aufnahme des ganzen Kaikosgebietes ging 1886 der damalige Oberleutnant Walter von Dieſt, dem Otfried Prinz von Schönaich-Carolath zur Seite ſtand und ich als archäologiſcher Begleiter zugeteilt wurde. Von Dieſts Reiſebericht erſchien in Petermanns Mitteilungen, Ergänzungsband XX, 1888—1889, Nr. 94, 1, die Karte ſpäter (Berlin, Alfr. Schall), neu bearbeitet auf Grundlage von Heinrich Kieperts Karte von Kleinaſien. Wir haben damals, im April, Mai und Juni, ſo ziemlich das ganze Gebiet zuſammen bereiſt. Den Juli über war ich mit Bohn und Senz in Aegae. Im Herbſt nahm Senz mit Conze Teuthrania auf, und Senz und ich ſtellten die vom Madaras nach Pergamon geführte Waſſerleitung feſt (Abh. der Berl. Akad. d. Wiſſ. 1888, S. 19ff.). Im Dezember konnte ich mit Wolters in der ſüdlichen Äolis noch einiges erkunden.

Im folgenden Jahre, 1887, ſandte mich die Kgl. Preußiſche Akademie der Wiſſenſchaften zu Berlin noch für drei Monate in die pergameniſche Landſchaft zurück, um ein paar faſt weiß gebliebene Flächen der von Dieſtſchen Karte möglichſt zu füllen und daneben die archäologiſchen Beobachtungen im ganzen zu revidieren. Ich habe damals beſonders das Kane-(Aiga-) Gebirge zwiſchen Pitane und Atarneus ſowie das breite unwirtliche Gebirge zwiſchen dem oberen Kaïkos und der hyrkaniſchen Ebene bereiſt (Sitzungsber. der Berl. Akad. d. Wiſſ. 1887, S. 1207ff.).

Schließlich habe ich bei meinem letzten Aufenthalte in Pergamon 1898 die Pläne von Elaea, Pitane, Atarneus und dem Erigöl aufnehmen und manche alte Beobachtungen erweitern und neue machen können.

Seitdem haben Major Berlet für ſeine Neubearbeitung der Karte der Kaïkoslandſchaft (Taf. I dieſes Bandes) und Profeſſor Philippſon für ſeine geographiſchen Studien (Petermanns Mitt. Ergänzungsheft 167 und oben S. 45ff.) die Gegend noch einmal bereiſt. Auch haben

Conze, Dörpfeld, Schazmann und andere bis zum Jahre 1910 eine Reihe von grundlegenden neuen Anſchauungen gewonnen, ſo beſonders für Atarneus, die Kaïkosmündung, Paſcha Ludſcha, die Tſchanitas bei Güſel-Hiſſar und Mamurt-Kaleh. Endlich folgte noch die gründliche Bereiſung einiger Plätze auch unſeres Gebietes von Keil und von Premerſtein (Denkſchriften der Kaiſ. Akad. d. Wiſſ. zu Wien 1907, 3. Juli).

I.

Natur des Landes.

Der Kaïkos iſt der nördlichſte der fünf großen Flüſſe, die an der Weſtküſte von Kleinaſien den Weg in weite und fruchtbare Ebenen erſchließen.

In der Mitte befinden ſich die größeren, Hermos und Mäander, mit dem Kayſtros zwiſchen ſich; der ſüdlichſte iſt der Kalbis, Rhodos gegenüber.

Der Kaïkos fließt im weſentlichen von Oſten nach Weſten. Sein Lauf, wie wir ihn nach heutigen geographiſchen Begriffen von den weiteſt herkommenden Zuflüſſen bei Gelembeh bis zum Meere einheitlich auffaſſen würden, teilt ſich naturgemäß in drei Teile. Der erſte, von Gelembeh an Bakir und Kirkagatſch vorbei bis unterhalb Gerdſche, bildet eine weite und fruchtbare Ebene. Dann zwängt ſich der Fluß über Soma hinaus zwiſchen den von Norden und Süden eng zuſammentretenden Gebirgen durch — hier der Name Bogas (»Schlucht, Engpaß«) und Bogas-Kaiweh — und gewinnt erſt beim Einfluß des Aktſchavla-Tſchai, an dem Apollonia liegt, wieder freies Feld. Es öffnet ſich dann ein noch weiteres Becken als das erſte war, hervorgerufen durch mehrere ſtarke Nebenflüſſe, den ſchon genannten Aktſchavla- und gleich darauf den Elia-Tſchai von Norden und das Dſchumaly- und Kara-Dere von Süden. Bei Pergamon verengt ſich wiederum das Tal, wenn auch nicht ſo ſtark wie vorher bei Soma, und weitet ſich dann zum dritten Male aus zu der eigentlichen Teuthraniſchen Ebene, die als ein großes Dreieck mit zweien ihrer Spitzen, der weſtlichen bei Atarneus und der ſüdlichen bei Elaea, Ausgänge zum Meere bietet. Quer vorgelagert nämlich der Richtung, die der Kaïkos bis dahin innehatte, iſt der Kara Dag, eine runde klumpige Bergmaſſe, deren vulkaniſche Natur auch auf der Karte deutlich hervortritt durch den großen Kraterring nordweſtlich Pitane, in deſſen Mitte der Kara-Göl (»Schwarzſee«) ſteht. Nach Strabo (XIII, 1. 68) hieß dies Gebirge urſprünglich Aigan (Αἰγᾶν), ſpäter aber Kane oder Kanai; der Name Aiga war dann nur dem Vorgebirge geblieben, neben dem die Arginuſen liegen.

Die Frage liegt nahe, ob der Kaïkos nicht urſprünglich bei Atarneus gemündet und erſt ſpäter ſeinen jetzigen ſüdlichen Lauf eingeſchlagen habe. Die Nivellierung Humanns für ſeine Chauſſee Dikeli–Pergamon hatte gezeigt, daß von Atarneus zum Kara-Dag hinüber eine ſtärkere Bank ſtreicht, als es für das Auge ſcheint und auf unſeren Karten dargeſtellt war.

Dieſe Frage der urſprünglichen Kaïkosmündung iſt durch eine Beobachtung Dörpfelds im Jahre 1908 glücklich gelöſt worden[1]. Dörpfeld ſah, daß die Bank oberhalb der Ebene von Atarneus, die Humann verzeichnet hatte, nicht Felsbildung iſt, ſondern nur die Ausſchwemmung des nördlich aus dem Gebirge in die Atarneusebene kommenden Aſſar-Bogas. Bevor dieſe Ausſchwemmung ſich gebildet hatte, mündete der Kaïkos unterhalb Atarneus. Erſt durch die Barre, welche die Waſſer des Aſſar-Bogas ihm in den Weg ſchoben, iſt er nach Süden abgelenkt worden, wo ihm dann der Durchbruch bei Grant-Oglu den Weg zum Meere öffnete. Aus dieſem Verhältnis erklärt ſich die größere Bedeutung von Atarneus in der älteren Geſchichte der Landſchaft, deren Zugang es an der damaligen Mündung des Kaïkos beherrſchte, ſein Zurücktreten aber zugunſten des neu aufkommenden Elaea in der ſpäteren. Elaia gehört bezeich-

[1] Athen. Mitt. des archäol. Inſtituts 1910, S. 393 ff.

nenderweiſe nicht zu den altäoliſchen Gründungen, ſondern ſcheint als Hafen erſt von den Attaliden angelegt zu ſein. Man wird daraus aber kaum ſchließen dürfen, daß die Kaïkosmündung ſich erſt im 5. oder 4. Jahrhundert v. Chr. verlegt habe.

Es wird nun weder heute von den Türken, noch wurde im Altertum von den Griechen der ganze Flußlauf, wie wir ihn beſchrieben, mit einheitlichem Namen benannt. Die Türken nennen den Kaïkos heute Bakir-Tſchai, nach der Stadt, an der er oberhalb Kirkagatſch vorbeifließt; was von weiter oben herkommt, heißt Gelembeh-Tſchai. Für das Altertum aber berichtet Strabo, daß »die Quellen des Kaïkos in der Ebene gezeigt« wurden[1]. Es ſind dafür alſo nicht die bei Gelembeh aus dem Gebirge herkommenden Bäche angeſehen worden, ſondern, wie längſt erkannt iſt, ohne Frage die merkwürdigen Quellen, deren eine, beſonders ſtarke, Ak-Su (»Weißes Waſſer«) genannt wird, und die wenig ſüdlich von Gerdſche auf freiem Felde plötzlich und in großer Zahl dem kalkigen Boden entſprudeln, ſich dann vereinigen und als fertiger ſtarker Bach ihres Weges ziehen.

Solch eigenartige Naturerſcheinung ehrt das Volk öfter dadurch, daß es ihr die Mutterſchaft für den ganzen Fluß überträgt. Wir ſehen dasſelbe z. B. bei der Lippe, für die auch der ſtarke, aus dem Quellteich von Lippſpringe kommende Arm, raſch verſtärkt durch den ähnlichen der Pader, als Urſprung angeſehen wird, ohne Rückſicht auf die bald darauf einfallende Alme, die ſehr viel weiter herkommt.

Wie aber der Gelembeh-Tſchai von Natur zum Kaïkosgebiete gehört, ſo iſt ſeine Ebene auch politiſch, ſoweit wir zurückverfolgen können, immer ein Teil der pergameniſchen Herrſchaft geweſen; ſchon Eumenes I. hat Attaleia, ſüdlich Gelembeh, offenbar als Grenzfeſte gegen Lydien, alſo damals gegen das ſyriſche Reich, beſeſſen. Nur war dieſes oberſte Becken des Kaïkosgebietes wegen ſeiner ſanften Übergänge gegen Süden, in die hyrkaniſche Ebene nach Magneſia und Sardes hin, ſchlecht zu verteidigen, und Attalos I. hat daher die Galater bei den »Quellen des Kaïkos«, an der wirklichen militäriſchen Pforte ſeines Reiches, oberhalb der Flußenge Gerdſche-Soma, erwartet und geſchlagen.

Für Nebenflüſſe des Kaïkos werden uns vier alte Namen überliefert. Davon flankieren zwei, S e l i n u s und K e t i o s[2], die Burg Pergamon, und es wird geſagt, daß der eine durch die römiſche Stadt fließt, der andere an ihr vorbei, ſo daß die Beſtimmung des weſtlichen als des Selinus, des öſtlichen als des Ketios vollkommen ſicher iſt[3]. Von dem dritten Nebenfluß heißt es: »Vom Temnos kommt der Fluß M y ſ i o s und fließt in den Kaïkos unterhalb von deſſen Quellen[4]«. Man könnte zweifeln, ob damit der Gelembeh-Tſchai oder der Aktſchavla-Tſchai bei Apollonia, die beide ziemlich gleich bedeutend ſind, gemeint ſei. Der Aktſchavla-Tſchai mündet aber erſt auf halbem Wege zwiſchen den Quellen und Pergamon, nachdem inzwiſchen ſchon die auch nicht unbeträchtlichen Redſcheblü-Dere, Ajykly-Dere und der vom Trachala-Dag durch Soma kommende Bach eingefloſſen ſind. Das dürfte dem Ausdruck ὑπὸ ταῖς πηγαῖς kaum ſo entſprechen wie die Einmündung des Gelembeh-Tſchai, die nur etwa 2 km unterhalb der Quellen erfolgt.

Den Ausſchlag gibt aber die Bemerkung Strabos an einer anderen Stelle, daß die Myſer ſich oberhalb der Kaikosquellen in der Nähe von Lydien, d. h. nahe beim Übergang zu den Nebenflüſſen des Hermos niedergelaſſen hätten, eine Auffaſſung zu der offenbar der dortige Myſios-Fluß ihn veranlaßt[5].

---

[1] XIII, 1. 70: αἱ τοῦ Καΐκου πηγαὶ δείκνυνται . . ἐν πεδίῳ.

[2] Ein kleinerer K e t i o s wird von Strabo (XIII, 1, 70) in der Elaitis erwähnt: »er ergießt ſich in einen anderen Bach, dieſer wieder in einen anderen und der in den Kaïkos«. Es kann ſich nur um einen oberen Quellbach des Aſſar-Bogas (ſ. vorige Seite) handeln.

[3] Plin. n. h. V 31 (33): *Pergamum quod intermeat S e l i n u s, praefluit C e t i u s profusus P i n d a ſ o monte.*

[4] Strabo XIII, 1. 70: ῥεῖ δ᾽ἐκ τοῦ Τήμνου ποταμὸς Μύσιος ἐμβάλλων εἰς τὸν Καΐκον ὑπὸ ταῖς πηγαῖς αὐτοῦ.

[5] Strabo XII, 8. 3 τοὺς δὲ Μυσοὺς ὑπὲρ τὰς τοῦ Καΐκου πηγάς πλησίον Λυδῶν.

Als Xenophon von Pergamon aus ſeinen Streifzug gegen den Perſer Aſidates macht, überſchreitet er den Karkaſos. Die Herausgeber der Anabaſis haben ſtatt deſſen vielfach Kaïkos eingeſetzt. Daß aber nicht dieſer Hauptfluß ſelbſt in Betracht kommt, ſondern ein vom Norden kommender Nebenfluß, und zwar dann wohl der Eski-Bergama beſpülende Iliạ-Tſchaï, iſt weiter unten (S. 110) eingehend dargelegt.

Zwei Flüſſe werden uns noch im Mündungsgebiet des Kaïkos genannt, oder richtiger im Gebiet des vorgelagerten Kanegebirges, nämlich der Canaitis amnis (Plin. V, 30 [32] *oppidum Pitane, Canaitis amnis*), der wohl der von der Feſtung Hatiplar kommende und nach ſtarker Umbiegung bei der Stadt Kane mündende kleine Gebirgsfluß iſt und ferner der Euenos, mit dem es eine merkwürdige Bewandtnis hat. Strabo ſagt nämlich: An Pitane fließt der Euenos vorbei, von dem eine Waſſerleitung nach Adramyttion geführt iſt. (XIII, 1. 67 καὶ ὁ παραρρέων αὐτὴν ποταμὸς Εὔηνος, ἐξ οὗ τὸ ὑδραγωγεῖον πεποίηται τοῖς Ἀδραμυττηνοῖς.)

Früher iſt daraufhin allgemein angenommen (Strabo, Ausg. v. C. Müller, Atlas Spruner-Menke usw.), daß ein bei Pitane mündender Fluß ganz aus dem Adramyttiſchen herkomme. Die von Dieſtſche Aufnahme mit ihrer Klarſtellung des Koſaklandes hat das als unmöglich erwieſen. Von Dieſt nahm aber an, daß der Aſſar-Bogas, der hoch vom Kesmely-Dag kommt und an Atarneus vorbei (daher ſein Name »Burg-Schlucht«) ſich jetzt großenteils verſumpfend in die teuthraniſche Ebene verliert oder vermittels des Sari Asmak (»trockener Arm«) den Kaïkos erreicht, jener Euenos ſei, indem Strabo ſeine Quelle bis ins adramyttiſche Gebiet hinaufgeſetzt habe. Auch dies kann kaum richtig ſein. Ptolemäos (V, 2. 6) ſagt ähnlich wie Strabo Πιτάνη· περιρρεῖ αὐτὴν ποταμὸς Εὔηνος. Es hat alſo jedenfalls bei Pitane einen Euenosfluß gegeben. Es hat aber auch bei Adramyttion einen gegeben, denn Plinius ſagt: (V, 30 [32]) *regio Scepsis, flumen Evenum, cuius in ripis intercidere Lyrnesos et Miletos.*

Gar manche Namen von der äoliſchen und teuthraniſchen Küſte kehren im Adramyttiſchen, dem altkilikiſch ſtammverwandten Lande wieder. So gibt es neben dem äoliſchen Killa, einer der alten zwölf Städte (Herodot I, 149), auch ein ſehr bekanntes Killa am Ida und neben dem kleinen Andeira im Atarniſchen, das nur bei Pauſ. IV, 35. 10 und Perg. Inſchr. Nr. 245 vorkommt, das viel bekanntere Andeira am Ida (Strabo XIII, 1. 65 und Plin. V, 30. 33 *Andere*). So muß es auch ſowohl bei Pitane wie bei Adramyttion einen Fluß Euenos gegeben haben, und von dem ihrigen haben natürlich die Adramyttier ſich ihr Waſſer hergeleitet. Da der andere Euenos aber bei Pitane vorbeifließen ſoll, kann er nicht wohl noch in den Kaïkos einmünden, denn dieſer muß angeſichts der ſchon erwähnten, nur bei Grantoglu flacheren und vom Kaïkos durchbrochenen Hügelbarre immer weit von Pitane abgeblieben ſein. Es muß alſo mit dem Pitaniſchen Euenos das kleine aus dem Kanegebirge herabkommende und weſtlich dicht neben der Stadt ins Meer fallende Flüßchen gemeint ſein. Daß ein ſolches mit ſeinem Namen auf die Nachwelt gekommen iſt, mag ſich daraus erklären, daß manche literariſchen Männer von Pitane ausgegangen ſind. Heimatliebe ſetzt leicht auch der beſcheidenen Erſcheinung ein Denkmal.

Die Kaïkosebene wird nördlich wie ſüdlich von breitem und zum Teil ſehr rauhem Gebirgslande begrenzt. Das nördliche beſteht in ſeinem öſtlichen Teile aus Kalkſtein; es zeigt hier ruhigere, rundliche Formen und iſt auch mehr bewohnt und angebaut; im weſtlichen Teile dagegen iſt es ſtark vulkaniſch und beſteht meiſt aus Trachyt, zwiſchendurch aber auch aus Marmor. Das Bergland, deſſen Kamm oberhalb Pergamon ziemlich gerade von Oſten nach Weſten zog, weitet ſich nun ſtark nach Süden aus; es drängt damit den Kaïkos von der weſtlichen in eine ſüdweſtliche Richtung und gewährt anderſeits zwiſchen dem Hauptgebirgsſtock: Madaras–Jailandſchik und der neuen Ausbuchtung Ovadjik–Kesmely–Geikli den Gewäſſern Raum, ſich in einem beſonderen Hochkeſſel, dem Koſak, zu ſammeln und von da ſich gegen Weſten den ſelbſtändigen Abfluß nach dem Meere — heute Ajasmat-Tſchai — zu ſchaffen.

Für diese Bergzüge stehen zwei antike Namen zur Verfügung, die wir wohl unbedenklich für den Hauptstock und seine südwestliche Abzweigung verwenden dürfen. »Das Temnosgebirge«, sagt Strabo (XIII, 1. 70), »scheidet die Kaïkosebene von der Apischen Ebene, die im Binnenlande über der Thebischen Ebene liegt.« In die Thebische Ebene kommt nach Herodot (VII, 42) Xerxes, als er Atarneus und Karene hinter sich hat und nun auf Adramyttion und Antandros weitergeht. Vom nördlichen Rande des Kosak sieht man über sie hinweg bis zum Ida. Wir dürfen also sagen: das Temnosgebirge ist die Wasserscheide nördlich des mittleren und östlichen Kaïkosgebietes und trennt dieses von der Apischen Ebene. Der Bergzug gleich über Pergamon aber, der die Kaïkoswässer von denen des Kosaklandes scheidet, erhält seinen Namen durch die Worte des Plinius (V, 31 [33]): *Cetius profusus Pindaso monte.* Es ist kein abgesonderter Gebirgsteil da wo der Ketios entspringt, deshalb wird man den ganzen Zug, der vom Madaras-Temnos sich ablöst, um oberhalb Pergamon entlang zu ziehen, für den Pindasos halten dürfen.

Das breite südliche Bergland, das das Kaïkos- vom Hermosgebiete scheidet, ist einheitlicher als das nördliche. Es endigt nordöstlich mit dem scharfen Vorsprung des zackigen Trachala-Dag, des Wahrzeichens für die ganze östliche Kaïkoslandschaft, und ist östlich nur brückenartig durch den schmalen und wenig hohen Kadi-Dag mit dem Temnosgebirge verbunden, so daß hier ein recht bequemer Übergang aus der obersten Kaïkosebene in die des Hermos entsteht; sobald man das geringe Hindernis überschritten hat, wird man von den weiten Ebenen der Hermos-Zuflüsse aufgenommen, in denen der Weg nach Magnesia wie nach Sardes gegeben ist.

Die Hauptmasse des zwischen Kaïkos und Hermos liegenden Berglandes heißt heute Jünd-Dag. Den alten Namen gibt uns die Strabostelle XIII, 2. 6: τὸ δ' Ἀσπόρδηνον ὄρος τὸ περὶ Πέργαμον, τραχὺ καὶ λυπρὸν ὄν, Ἀσπόρηνον [δεῖν λέγειν φασί], καὶ τὸ ἱερὸν τὸ ἐνταῦθα τῆς Μητρὸς τῶν θεῶν Ἀσπορηνῆς. Denn meine 1887 ausgesprochene Vermutung, daß wir dieses Heiligtum der Göttermutter in der merkwürdigen Ruinenstätte Mamurt-Kalessi, auf höchster Bergeshalde zwischen Kinik und Sari-Tscham, wiedererkennen dürften, ist durch die erfolgreichen Untersuchungen Conzes und Schazmanns von 1910, die uns die Tempelinschrift Φιλέταιρος Ἀττάλου μητρὶ θεῶν gebracht haben, bestätigt worden. Das von diesem Heiligtum beherrschte weite und unwirtliche Gebirge ist also der Aspordenos. In seinem südlichen Teile bildet der Urpek Kaya, den wir, ehe wir seinen wirklichen Namen wußten, seiner kleingezackten Krone wegen, den »Lausekamm« nannten, ein ähnliches, von überall her sichtbares Wahrzeichen wie im nördlichen der Trachala-Dag.

Der Gebirgsstock, auf dem Mamurt-Kalessi liegt, bietet einen kolossalen Rundblick, westlich nach dem Meere und auch nach Pergamon hin. Von ihm fließen die Gewässer nördlich zum Kaïkos, südlich zum Hermos; die westlichen aber schlagen einen krausen Weg im Gebirge entlang ein und gelangen an Aegae und seinem Apollotempel vorbei schließlich bei Myrina selbständig ins Meer. Dieser Fluß, der einzige, der neben geringen Wasseradern zwischen Hermos und Kaïkos vorhanden ist, heißt heute Kodscha-Tschai, »der dicke Fluß«. Plinius (V, 30 [32]) sagt: *Sunt Cyme, Myrina quae Sebastopolim se vocat, et intus Aegaeae, Itale, Posidea, Neontichos, Temnos . in ora autem Titanus amnis et civitas ab eo cognominata . fuit et Grynia . . .* Er nennt also von Myrina bis Grynion, außer mehreren Städten im Innern, an der Küste den Fluß Titanus, und der kann somit nur unser Kodscha-Tschai sein, und die *Civitas, ab eo cognominata*, wäre, wie schon Bohn-Schuchhardt Aegae S. 61 angenommen, die Stadt bei Usun-Assanly (s. unten S. 104, 11). Münzen von Aegae zeigen aber, daß der Fluß jedenfalls bei Aegae Τιτναῖος hieß (Imhoof in Z. f. N. XX, S. 276, n. 6), daraus wäre Titanus bei Plinius entstanden. Wenn derselbe Fluß (nach Agath. hist. S. 9. 5) zugleich den Namen Pythikos geführt hat, so wird er diesen erhalten haben nach dem Apollotempel oberhalb Aegae, oder überhaupt nach dem starken Apollokultus, den Strabo (XIII, 2. 5) für die ganze Äolis bezeugt.

Da der Pythikos fast den ganzen Jünd-Dag (Aspordenos) ostwestlich durchteilt, kann das Gebirge nach Norden zum Kaïkos und nach Süden zum Hermos keine bedeutenden Wasseradern mehr entfenden. Im Often dagegen haben zwifchen ihm und dem hier gegen Sardes auslaufenden Temnos beträchtliche Flüffe weite und fruchtbare Ebenen ausgewafchen. Vom Temnos, nur 15 Kilometer öftlich Gelembeh, kommt der Gördük-Tfchai und fließt in füdweftlicher Richtung an Attaleia und Thyateira vorbei, nach einem Laufe von rund 40 Kilometern in den Kum-Tfchai. Von der anderen Seite, zwifchen Trachala- und Jünd-Dag weg, kommt ein faft ebenfo langer Lauf in füdöftlicher Richtung bei Palamut (Apollonis) vorbei — wonach er Palamut-Tfchai genannt wird — und fließt wenig unterhalb des Gördük- ebenfalls in den Kum-Tfchai. Der Kum-Tfchai felbft macht da, wo er diefe beiden Flüffe aufnimmt, einen nahezu rechten Winkel. Er entfpringt nach von Dieft zwifchen Selendi und Mermere, das fchon in das Flußgebiet von Sardes gehört, nach Kiepert aber weit öftlich bei Gordion, läuft zunächft gegen NW am Belen-Dag, dem letzten fchmalen Ausläufer des Jünd-Dag, entlang und durchbricht, nachdem er Gördük- und Palamut-Tfchai aufgenommen hat, die Verbindung zwifchen Belen- und Jünd-Dag, um fich nun gegen SW, in gerader Richtung auf Magnefia, zum Hermos zu wenden.

Von diefen drei Flüffen können wir dem Palamut-Tfchai feinen alten Namen nicht wiedergeben, wohl aber den beiden anderen. *Thyatira adluiter Lyco*, fagt Plinius (V, 29 [31]) und auch eine Infchrift von der Arman Kuja Tfchesme bei Meder, wenig nördlich Thyateira, nennt den Λύκος ποταμός, von dem eine Wafferleitung — die heute zum Teil noch aufrecht fteht — nach der Stadt geführt fei. Der Gördük-Tfchai ift alfo der Lykos. Auch bei Polyb. V, 77 ift wohl diefer Thyatirenifche Lykos gemeint, denn von der Äolis her foll das Heer mit diefem Fluß erft Myfien betreten: mit dem Rhyndakos-Lykos (Plin. V, 32 [40]: *Rhyndacus ante Lycus vocatus*) hätte er das Land fchon hinter fich gehabt.

Der Kum-Tfchai aber ift der Phrygios. Vor der Schlacht bei Magnefia gehen beide Heere von Thyateira her über den Phrygios auf Magnefia zu und liefern dann die Schlacht (Liv. XXXVII, 37 ff.) παρὰ τὸν Φρύγιον ποταμόν (Infchrift Bd. VIII, n. 64). Plinius nennt den Fluß Phryges und fagt, daß er »dem Volke den Namen gegeben habe«. Da er dann aber hinzufügt, daß der Fluß das Volk von Karien fcheide[1], hat man gezweifelt, ob er mit dem Phryges überhaupt den Kum-Tfchai meine und nicht vielmehr einen weiter oberhalb von Süden in den Hermos fließenden. Kiepert hat fo vorgezogen, den Kum-Tfchai Hyllos zu nennen. Das ift m. E. verkehrt. Der Hyllos wird durch Homer und Herodot ficher beftimmt. Ilias XX, 385 ff. heißt es, daß Iphition, der Führer der Mäonen (Lyder), feine Heimat hat Τμώλῳ ὑπὸ νιφόεντι ... ἐπὶ Λίμνῃ Γυγαίῃ ... Ὕλλῳ ἐπ' ἰχθυόεντι καὶ Ἕρμῳ δινήεντι. Das find alles klare Beftimmungen für Sardes: Der Fuß des Tmolos, der Gyges-See (heute Mermere-Göl) und der Hyllos und Hermos zufammen. Der Hyllos muß der von Alafchehr (Philadelphia) kommende größte Nebenfluß des Hermos fein, der gleich oberhalb Sardes fich mit ihm vereinigt. Und ebenfo klar fpricht Herodot, wenn er vor der Schlacht zwifchen Kroifos und Kyros das Feld vor Sardes fchildert, wie es von mehreren Flüffen, darunter dem Hyllos, durchzogen werde, die fich zufammen in den größten, den Hermos, ergießen. I, 80: Ἐς τὸ πεδίον δὲ συνελθόντων τοῦτο, τὸ πρὸ τοῦ ἄστεός ἐστι τοῦ Σαρδιηνοῦ, ἐὸν μέγα τε καὶ ψιλόν· διὰ δὲ αὐτοῦ ποταμοὶ ῥέοντες καὶ ἄλλοι καὶ Ὕλλος συρρηγνῦσι ἐς τὸν μέγιστον, καλεόμενον δὲ Ἕρμον. Auch hier kann mit dem Hyllos nur der von Alafchehr kommende füdliche Fluß gemeint fein, er ift der größte Nebenfluß des Hermos überhaupt und mündet am nächften bei Sardes; etwas vorher fließt von Norden her ein ebenfalls ftattliches Waffer ein, das der Kryon des Plinius fein wird; denn der einzige fonft noch hervortretende Nebenfluß des Hermos, der Nif-Tfchai, der von Nif-Nymphio um den Sipylos herum an Magnefia vorbeikommt, ift nach Strabo der Lethaios (XII, 3. 27 Ληθεῖαν τὸν παρὰ Μαγνησίαν ῥέοντα).

So darf es alfo für den Kum-Tfchai beim Phrygios bleiben, wie auch Kromayer (Antike Schlachtfelder II, S. 167 ff. und Karte 6) dargelegt hat, und zwar um fo eher, als das, was bei

[1] *Plin. V, 29 (31) Hermus ... oritur iuxta Dorylaeum Phrygiae civitatem, multosque colligit fluvios, inter quos Phrygem qui nomine genti dato a Caria eam disterminat, Hyllum et Cryon et ipsos Phrygiae, Mysiae, Lydiae amnibus repletos.*

Plinius für diesen Fluß nicht zutrifft, daß er nämlich die Grenze gegen Karien bilde, auch für keinen einzigen anderen Nebenfluß des Hermos zutreffen würde. Wir müssen schon annehmen, daß Plinius hier einen Irrtum begangen hat, da nicht abzusehen ist, aus welchem andern Namen etwa Caria verderbt sein könnte.

Die Küste ist zwischen Kaïkos und Hermos reich gegliedert. Fortwährend entwickeln sich zwischen bergigen Vorsprüngen tiefe, geschützte Buchten. Den stärksten Vorsprung bildet nördlich von Kyme das Kap Hydra, ihm gegenüber entsendet das Kane-Gebirge gegen Süden das Kap Harmatus. Diese beiden bilden die Torpfeiler des Elaitischen Golfes; die Entfernung zwischen ihnen gibt Strabo (XIII, 3. 5) richtig auf 80 Stadien an.

Es muß aber wohl beachtet werden, daß Strabo diese Namen Harmatus und Hydra nur nach Artemidor zitiert und daß, wenn er selbst von dem südlichen Kap (Hydra) spricht, er es immer Kane nennt. Kane ist für ihn nicht etwa, wie bisher allgemein angenommen, das Kap neben der Stadt und am Gebirge Kane; er sagt vielmehr ausdrücklich, daß dieses Kap den alten Namen Aiga, der ursprünglich auch für das Gebirge galt, beibehalten habe (XIII, 1. 68). Daß dagegen Hydra für ihn Kane ist, zeigt sich in folgendem: 1. XIII, 1. 67/68 sagt er vom Norden kommend: von Pitane zur Kaïkosmündung sind 30 Stadien, von da bis Elaea 12; »dann folgt nach 100 Stadien Kane, das als Gegenkap gegen Lekton den Adramyttischen Golf abschließt, von dem der Elaïtische ein Teil ist«. Die 100 Stadien stimmen durchaus für die Entfernung Elaea–Kap Hydra, reichen aber bei weitem nicht für Elaea–Arginusen. 2. XIII, 1. 2 heißt es: »von Lekton über den Kaïkos bis Kane haben wir Assos, Adramyttion, Atarneus, Pitane und den Elaïtischen Golf; dann folgt das Gebiet von Kyme bis zum Hermos und nach Phokaea, wo Ionien beginnt und die Aeolis endigt«. Das Kap Kane liegt also zwischen dem Elaïtischen Golf und dem Gebiet von Kyme. 3. XIII, 1. 51 heißt es: »Adramyttischer Golf heißt im allgemeinen die ganze Küste von Lekton bis Kane, wobei der Elaïtische Golf mit eingeschlossen ist, im besonderen aber heißt so der Golf zwischen Gargara und Pyrrha«.

Die rundlich vortretende vulkanische Kane-Halbinsel hat nur bei der Stadt Kane eine schon an sich und besonders noch durch die vorgelagerten Arginusen geschützte Bucht. Weiter nach Norden ist die Küste einheitlich kahl. Erst bei den Hekatonisi — die nach Strabo (XIII, 2. 5 Ἕκατος γὰρ ὁ Ἀπόλλων) nicht »Hundert-Inseln«, sondern »Apollo-Inseln« bedeuten — gliedert sie sich ein wenig, bleibt dann aber auch in der Bucht von Adramyttion und an der Küste der Troas entlang ohne eigentlichen natürlichen Hafen.

Der Reichtum des Kaïkos-Gebietes besteht nicht nur in seinen fruchtbaren Ebenen, auch die Berge haben ihre Schätze, wenn sie auch heute noch nicht wieder richtig ausgenutzt werden. Strabo (XIV, 5. 28) sagt, Gyges, Alyattes und Kroisos hätten ihren Reichtum aus den Bergwerken Lydiens und einem zwischen Pergamon und Atarneus, wo nach der Erschöpfung der Gruben nur ein verfallenes Städtchen übriggeblieben sei. Dieses alte Bergwerk habe ich trotz vielfachen Suchens nicht finden können; aber andere Eski madem treten einem gerade in jenem Teile des Gebirges westlich und nördlich von Pergamon mehrfach entgegen, und ganz oben zwischen Madaras und Jailandschik hat von Diest auch eine Kupfergrube heute wieder im Betrieb gefunden. In jener Gegend, oberhalb der Küstenstadt Kisthene und nicht weit von Perperene und Trarion, erwähnt auch Strabo (XIII, 1. 51) ein Bergwerk.

Daneben enthält das Gebirge mehrere Marmorarten. Der gewöhnliche graublaue, der auf der Burg von Pergamon zu Bauten, Basen und Inschriftsteinen so vielfach verwendet ist, steht gleich nördlich auf dem Wege in den Kosak an verschiedenen Stellen zutage. Für den wertvolleren weißen habe ich wenigstens eine Stelle gefunden, den Ak-Kaja (»Weißfels«), 1½ Stunden südöstlich von Aschaga-Beikoi, unmittelbar am Ajasmat-Tschaï. Im November 1898 bin ich mit Dim. Tscholakidis dort gewesen (Athen. Mitt. des Instituts 1899, S. 148ff.). Der ganze Felsen, der kapartig gegen den tief eingeschnittenen Fluß vorspringt, besteht aus Marmor. Der Stein ist großkristallinisch und durchweg weißlich, zum Teil ist er bläulich gestreift oder hat rötliche Beimischungen.

Der ſchweflige Geruch, den der Gigantomachie-Marmor hat, fehlt ihm. Die Proben, die wir mitnahmen, ergaben bei der Vergleichung auf der Burg und in Berlin, daß anſcheinend die Architekturſtücke vom Altar und auch einige nicht vom Altar ſtammende Skulpturen aus dem Marmor vom Ak-Kaja hergeſtellt ſein können. Alte Brüche haben wir an dem Felſen nicht gefunden, es fehlte uns auch die Zeit hinunterzuſteigen. Der Transport des am Ak-Kaja gebrochenen Materials könnte aber nur unten im Flußbett erfolgt ſein, und deshalb wären die alten Brüche auch am eheſten unten zu erwarten.

Neben dem Metall und vornehmen Stein müſſen im Lande die warmen Quellen eine beſondere Rolle geſpielt haben. Sie treten auffallend zahlreich auf, zum Teil ſtark fließend und von hoher Temperatur, und mehrfach ſind an ihnen Ruinen vorhanden, die antiken Gebrauch bezeugen; ſo an den Tabak-Ludſcha weſtlich von Pergamon, gewiß einſt mit dem nahen Asklepieion in Verbindung, und ſo an den Paſcha-Ludſcha nordöſtlich von Pergamon, unweit vom ſogenannten Eski-Bergama, mit den prachtvollen Baureſten aus der Kaiſerzeit. Andere warme Quellen liegen weſtlich von Thyateira bei Doidye-Apollonis, eine Reihe ſehr ſtarker in der Ebene vor dem Übergange nach Atarneus und eine heute noch viel benutzte Quelle (über 50° C) am Ajasmat-Tſchaï, halbwegs von Perperene zum Meere. Am Geïkli-Dag im Deré, anderthalb Stunden von Dikeli, ſollen wiederum heiße Quellen mit Ruinen liegen, die Chodſcha-Obá-Ludſcha.

Ebenſo wie die Bergwerke beſchränken ſich die warmen Quellen weſentlich auf das ſtark vulkaniſche Gebirgsland nördlich und weſtlich von Pergamon.

II.
Sage und Geſchichte.

A. Tantalus.

Von den großen Flüſſen, die an der Weſtküſte Kleinaſiens münden, ſcheint zuerſt der Hermos griechiſche Koloniſten angezogen zu haben. Der Name Magneſia und die Sagen von Tantalus und Pelops deuten darauf. Über dem längſt bekannten alten Kybelebilde, öſtlich von Magneſia, hat Humann 1887 hoch im Sipylos eine merkwürdige Ruinenſtätte mit zumeiſt in den Fels geſchnittenen Hausplätzen, aber ohne Burgmauer, gefunden und an ihrer oberen Spitze, ebenfalls aus dem Fels gehauen, den bei Pauſanias[1] erwähnten »Thron des Pelops«[2]. Humann hat dieſe Ruinenſtätte für die Burg des Tantalus gehalten; Fabricius, der ſie nachher für Perrot und Chipiez aufnahm, wollte ſie eher für eine Hochwarte beliebiger Zeit anſehen. In der Tat ſieht die mauerloſe ſchmale Fläche mit den kleinen Häuschen nicht aus wie ein Königsſitz, und ſeit wir wiſſen, daß erſt die trojaniſch-mykeniſche Zeit zum Bau von Herrenburgen geſchritten iſt, daß vorher der Herr auf einem offenen Hofe, höchſtens mit einer Fluchtburg daneben wohnte[3], werden wir uns den vormykeniſchen Tantalus auch kaum in einem Felſenneſte des Sipylos denken wollen. Der leere Thron iſt ohne Frage der Sitz der Göttermutter, deren Bild unten am Felſen angebracht iſt; die Häuschen davor werden daher am eheſten mit dem Kult zuſammenhängen, der jahrhundertelang an der Stätte beſtanden haben muß und Wohnungen, Erfriſchungs- und Verkaufsbuden mit ſich brachte. Ähnliche Siedelungsſpuren haben ſich jetzt vor dem Heiligtum der Meter Aſpordene gefunden (S. 108, 21).

Dabei kann aber dieſe Stätte uns doch einen Anhalt geben für den Herrſcherſitz des Tantalus. Humann hat in ſeiner lebendigen Art die ſchaurige Schlucht geſchildert, die neben dem

[1] Pauſ. V 13. 7. Πέλοπος δὲ ἐν Σιπύλῳ θρόνος ἐν κορυφῇ τοῦ ὄρους ἐστὶν ὑπὲρ τῆς Πλακιανῆς μητρὸς τὸ ἱερόν.
[2] Ath. Mitt. 1888 S. 22 ff.
[3] Schuchhardt, Hof, Burg und Stadt bei Germanen und Griechen. Neue Jahrb. f. d. Klaſſ. Altertum usw. 1908, S. 305—321.

Pelopsthrone und der kleinen Höhensiedlung hinunterzieht, wie sie bei einem furchtbaren Erdbeben entstanden, einen Teil jener Siedlung mitgerissen und die Sage vom Untergange des Tantalus veranlaßt haben muß. Humann hat auch das Gelände am Ausgang dieser Schlucht schon in Betracht gezogen, wo die alte λίμνη — die Pausanias mit dem Tantalusgrab und dem Pelopsthron zusammen als Merkmale des Herrschersitzes bezeichnet — als Stauung der Ausflußwässer ohne Schwierigkeit angenommen werden könne. War hier am Fuße des steilen Sipylos der Sitz des Tantalus, so würde sich die ältere Form der Sage, der drohend über seinem Haupte hängende Fels, natürlich erklären.

Die weitere Umgebung dieses Platzes zeigt aber, wie umsichtig er für die Ausübung einer bedeutenden Herrschaft gewählt ist. Hier münden zwei starke Nebenflüsse in den Hermos, von Süden der um den Sipylos herumkommende Nif-Tschaï (Lethaios), von Norden der stattliche Phrygios, in den hoch von Nordosten her der Lykos eingeflossen ist. Die Tantalis und Magnesia beherrschen also den Aufgang in drei Flußtäler, besonders aber sind sie der gegebene Ausgangspunkt für den Weg nach dem Norden: nach Mysien und in die Troas. Nur wenig weiter östlich müßte man den Lethaios, Hermos und Phrygios nacheinander überschreiten, um den Weg zu gewinnen; bei Magnesia hat man allein mit dem Hermos zu tun, der die beiden andern schon aufgenommen hat.

Hermosabwärts öffnet erst die Küste wieder einen Weg nach dem Norden, zwischendurch bildet der Jünd-Dag eine Riesenbarriere. Hermosaufwärts kann man freilich auch von Sardes aus ohne Schwierigkeit am Gygessee vorbei den Phrygios und Lykos erreichen. Aber Sardes hat nach seiner Lage in erster Linie eine andere Aufgabe. Bei ihm fließen Hermos und Hyllos zusammen, und während der Hermos aus bergigem Gelände kommt und der Weg an ihm hinauf sich gegen den Temnos und Dindymos tot läuft, führt der Hyllos in breiter Öffnung und gerader Linie zum Mäander, auf die wichtigen alten Städte Kolossai und Kelainai zu. Nach dieser Seite hin zu herrschen war Sardes' Bestimmung, und gerade je klarer dies ist, um so mehr zeigt es, wie die Tantalis den Phrygios und Lykos hinaufblickt.

Angesichts dieses natürlichen Verhältnisses fällt wie eine Bestätigung unserer Auffassung am mittleren Lykos der Name Pelopia auf als alte Benennung des hier die weite fruchtbare Ebene beherrschenden Thyateira [1].

B. Teuthrania.

Das zweite Tor, das dem Griechentum in Kleinasien Einlaß gewährte, ist die Kaïkosmündung. Durch die Feststellung der Burg Teuthrania (1886), halbwegs zwischen Pergamon einerseits und Atarneus und Elaia anderseits, ist jetzt für das Gewirr der Sagen und ihrer Deutungen glücklich ein fester Punkt gewonnen. Wenn bisher auf dem Bergkegel bei allerdings nur flüchtigen Grabungen noch keine Spuren ganz alter Bewohnung gefunden sind, so entspricht das dem Gesichtspunkte, den wir oben schon für die Tantalis geltend gemacht haben, daß in vormykenischer Zeit der Herr noch auf offenem Hofe wohnt, aber möglichst im Schutz eines Berges, der in Zeiten der Not Zuflucht gewährt.

Auf der Fahrt nach Troja geraten die Griechen an die Küste von Teuthranien; der König Telephos tritt ihnen kriegerisch entgegen und wehrt sie, trotzdem er am Kaïkos geschlagen wird, glücklich von seinem Lande ab.

Dieser Zug der Sage, der in all ihren verschiedenen Lesarten gleich bleibt, zeigt, daß der griechische Einfluß in Teuthranien eher und anders aufgetreten ist als in der Troas und der Äolis. Der Grieche Telephos ist, sei es mit, sei es nach seiner Mutter Auge, von Tegea in das Kaïkosland gekommen und dort, wo Auge die Gemahlin — nach anderer Version die Adoptivtochter — des Königs Teuthras geworden war, zum Nachfolger dieses Königs bestellt

[1] *Plin. V, 29 (31) Thyateira adluitur Lyco, Pelopia quondam et Euhippia cognominata.*

worden. Teuthras heißt noch »König der Kilikier und Myſer«[1] der Kilikier, die an der Küſte, der Myſer, die im Binnenlande wohnten. Infolge des trojaniſchen Krieges ſind die Kilikier nach der Südküſte Kleinaſiens abgewandert (Strabo XIV, 4. 1 und XIV, 5. 21). So heißt Telephos dann nur noch »der Myſer«. Als ſolcher tritt er aber ſeinen alten Stammesgenoſſen feindlich entgegen, und auch ſein Sohn Eurypylos nimmt als Anführer der »Ketier« an dem nachfolgenden trojaniſchen Kriege auf ſeiten der Trojaner teil.

Es ergibt ſich aus dieſen Erzählungen, daß nach der Auffaſſung des Altertums die Kaïkoslandſchaft ſchon ein Menſchenalter vor dem trojaniſchen Kriege in dem Auftreten von Auge und Telephos griechiſchen Einfluß erfahren hat, daß dieſer Einfluß aber nicht erobernd und unterwerfend aufgetreten iſt, ſondern einheiratend und ſich adoptieren laſſend.

Die Herrſchaft des Teuthras und des Telephos, die in Teuthranien ihren Sitz hatte, hat doch die Küſte ſicher mit umfaßt; das beweiſen für Teuthras die Kilikier, für Telephos die abgewieſenen Trojafahrer und für ſpäter das auffällige Fernbleiben der äoliſchen Koloniſation von den Zugängen zum Kaïkostal bei Elaea wie bei Atarneus.

Die »Ketier« des Eurypylos können nach dem von Strabo (XIII, 1, 70) erwähnten kleinen Ketios in der Nähe der Kaïkosmündung oder wohl eher nach dem pergameniſchen Stadtfluſſe Ketios benannt ſein. Pergamon ſcheint alſo ſchon früh im Teuthraniſchen Reiche ſeine Rolle geſpielt zu haben. Es ſcheint auch die älteſte Siedelung dort noch die Form des Herrenhofes gehabt zu haben. Wer dem Telephos opfern will, heißt es, muß vorher im Asklepieion ſich waſchen (Paus. V, 13, 3). Das Asklepieion liegt in der geſchützten Ausweitung des Selinustales, ſüdweſtlich der Burg; dort muß alſo auch das Telephosheiligtum gelegen haben, denn wenn man nach der Waſchung etwa hätte auf die Burg gehen ſollen, wäre man längſt wieder ſchmutzig geworden. Auch das alte Nikephorion, das »vor der Stadt gelegen« von Pruſias verwüſtet wird, dürfen wir vielleicht in dieſem Winkel annehmen. Er eignet ſich wie kaum ein anderer in Pergamon für einen ackerbautreibenden Herrenhof und hätte ſomit mehrere alte Heiligtümer um ſich wie der Hof des Aigeus zu Athen[2].

Wie Teuthrania und Pergamon ſich zu dem Herrſchaftsbegriff Myſien verhalten, werden wir weiterhin ſehen.

C. Die Hülfsvölker der Trojaner.

In einem beſonderen Aufſatze[3] habe ich kürzlich dargelegt, daß es in der Ilias, und zwar in dem iſolierten Buche der Dolonie eine Stelle gibt, die die Hülfsvölker der Trojaner in einer Zahl und Anordnung aufführt, wie ſie den tatſächlichen Verhältniſſen jener Zeit und jenes Krieges weit angemeſſener iſt, als was wir ſonſt erfahren. Ich will hier nur ganz kurz das Weſentliche wiederholen.

Dolon iſt eben von Odyſſeus und Diomedes gepackt und verrät, in der Hoffnung, dadurch ſein Leben zu retten, die Anordnung des ganzen Lagers um Troja (Il. X, 428ff.):

Πρὸς μὲν ἁλὸς Κᾶρες καὶ Παίονες ἀγκυλότοξοι
καὶ Λέλεγες καὶ Καύκωνες δῖοί τε Πελασγοί,
Πρὸς Θύμβρης δ' ἔλαχον Λύκιοι, Μυσοί τ' ἀγέρωχοι,
καὶ Φρύγες ἱππόδαμοι καὶ Μῄονες ἱπποκορυσταί.

Wenige Verſe ſpäter werden noch die Thraker genannt, die mit Rheſos eben angekommen für ſich allein lagern.

Der Unterſchied dieſer Liſte gegen die im »Katalog« (Il. II, 816—877) zeigt, daß die Dolonie die ältere und beſſere Überlieferung hat. Sie erwähnt noch die Leleger, die nachher mit den Kilikiern nach

[1] Strabo XIII, 1. 69 καὶ ὁ Τεύθρας Κιλίκων καὶ Μυσῶν ἱστόρηται βασιλεύς.
[2] Neue Jahrb. f. d. Klaſſ. Altertum 1908 S. 317.
[3] Zeitſchr. f. Ethnol. 1908 S. 945—950.

dem südlichen Kleinasien abgewandert sind; sie läßt aber aus die Paphlagonen und Halizonen, die weit weg an der Nordküste von Kleinasien wohnen und am Kriege in Wirklichkeit nicht teilgenommen haben werden. Sie teilt ferner die ganzen Völkerschaften in zwei Gruppen: am Meere lagern diejenigen, die auch über Meer gekommen sein müssen: die Karer von den benachbarten Inseln, die Paionen von Makedonien, die Leleger aus dem Adramyttischen Busen, die Kaukonen (= Kikonen der Odyssee) von der thrakischen Küste, die Pelasger von Lesbos und der späteren Äolis. Landeinwärts bei Thymbra aber, 5 km südöstlich von Troja, lagern diejenigen, die aus dem Binnenlande gekommen sind: die Lykier, Myser, Phryger und Mäonier.

Auch im Katalog (Il. II, 840—857 und 858—877) ist die Unterscheidung von See- und Landvölkern zu erkennen, und es ist wichtig, daß die Karer in der Dolonie noch zu den Seevölkern gerechnet werden, wie es für die in Betracht kommende alte Zeit einzig richtig ist, im Katalog aber zu den Landvölkern mit Milet (dem erst um 1000 v. Chr. gegründeten!) als Hauptstadt.

Die als Landvölker auftretenden Lykier, Myser, Phryger und Mäonier lassen sich nun zum Teil nach Flüssen des Kaïkos- und Hermosgebietes als geschlossene Gruppe wahrscheinlich machen. Die Myser haben dem Mysios (Gelembe-Tschaï), dem ersten großen Nebenfluß des Kaïkos, den Namen gegeben, die Phryger ebenso dem Phrygios, der bei Magnesia in den Hermos mündet. Die Lykier könnten an seinem Nebenfluß, dem Lykos, bei Pelopia (Thyateira) zu Hause sein; die Mäonier gehören sicher in die Gegend von Sardes.

Zweifel kann man nur hegen bezüglich der Lykier, da es mehrere Lykosflüsse gibt; aber daß sie aus dem südlichsten Kleinasien zu Lande, wie es der Katalog will, Troja zu Hilfe gekommen seien, ist doch undenkbar. Die Phryger und Myser sind nach der besten Tradition des Altertums längst vor dem Trojanischen Kriege von Europa nach Kleinasien herübergekommen und haben die Spuren ihrer Wanderung an verschiedenen Stellen zurückgelassen. Die Phryger sollen als »Bryger« ursprünglich in Makedonien gesessen haben (Herod. VII, 74); ein Teil von ihnen ist dann am Hellespont und am Olymp in »Kleinphrygien« sitzengeblieben, der Hauptteil ist in »Großphrygien« zur Niederlassung gekommen, »wo Midas König war und das nachher die Galater zum Teil in Besitz genommen haben« (Strabo XII, 8. 1). Strabo (XII, 8. 2) wußte aber noch, daß auch die Gegend am Sipylos »von den Alten« Phrygien genannt und Tantalus nebst Pelops und Niobe als Phryger betrachtet worden seien.

Ähnlich steht es mit den Mysern, die ursprünglich fern in Thrakien (dem späteren Mösien) zu Hause waren (Il. XIII, 4), dann auch am bithynischen Olymp Volksteile zurückgelassen haben, in ihrer Hauptmasse aber an den Kaïkos gerückt sind, wo »die Pergamene bis Teuthrania und zur Kaïkosmündung Mysien heißt« (Strabo XII, 8. 2).

So haben die Flüsse Phrygios und Mysios ihre Bezeichnung unzweifelhaft von den zuerst an ihnen zum Stehen und zu ruhiger Machtentwicklung gekommenen Völkern. Der Schwerpunkt ihrer Reiche hat sich nachher bei beiden verschoben. Das Phrygische hat sich nach Nordosten entwickelt, das Mysische offenbar, ebenso wie es Strabo von dem Namen Mysien sagt, »über die Pergamene und Teuthrania hinaus bis an die Kaïkosmündung«, und ebenso treffend heißt es bei Plinius V, 125: *Teuthrania, quam Mysi antiquitus tenuere.* Dabei scheint aber der Herrschersitz gleich weit hinab nach Teuthrania verlegt zu sein und erst später etwas zurückgenommen nach Pergamon. An beiden Stellen, in Teuthrania wie in Pergamon, deutet das Fehlen einer vorhellenistischen Kulturschicht auf den Burgen darauf, daß der Herrschersitz in alter Zeit offen an ihrem Fuße lag.

D. Die äolische Kolonisation.

Im großen genommen beginnt die äolische Kolonisation schon mit dem Vorrücken des Tantalus den Hermos und des Telephos den Kaïkos hinauf. Aber auch die eigentliche Aeolis von Kyme bis Pitane muß schon in der Vollkraft der mykenischen Kultur gewonnen worden ſein, nicht erſt durch die »verſprengten Scharen« von Achäern, die nach früherer Annahme nach dem Einbruch der Dorer dort hinübergeflüchtet ſein ſollten. Die neue Auffaſſung iſt ſchon von Ed. Meyer (G. d. A. II, S. 247 ff.) klar ausgeſprochen und begründet worden.

Mehrfach ſind an der äoliſchen und ioniſchen Küſte mykeniſche Vaſen gefunden, ſo beſonders in Pitane und neuerdings in Milet (Wiegand unpubliziert, Perrot-Chipiez VI, S. 929). Den zeitlichen Maßſtab für die ganze kleinaſiatiſche Küſte gibt Troja, wo in der 6. Schicht die mykeniſche Kultur völlig heimiſch geworden iſt. Von Lesbos, das ſchon nach der Sage von Achills Taten eine Etappe auf dem Wege nach Kleinaſien geweſen iſt, haben wir aus einer bevorſtehenden Publikation Boehlaus wichtiges, dieſe Sage beſtätigendes Material zu erwarten.

Auf dem Feſtlande iſt nach der übereinſtimmenden Auffaſſung des Altertums Kyme als Vorort begründet, und von ihm aus ſind dann 30 weitere Plätze an der Küſte verteilt und ins Innere vorgeſchoben worden. Strabo nennt als Mitglieder des alten äoliſchen Zwölferbundes: Kyme, Lariſſa, Neonteichos, Temnos, Killa, Notion, Aigiroeſſa, Pitane, Aigaiai, Myrina, Gryneia, Smyrna. Diejenigen von ihnen, die ſich bisher im Gelände haben feſtſtellen laſſen, zeigen übereinſtimmend, daß bei der Wahl des Platzes der maßgebende Geſichtspunkt geweſen iſt, eine Burg und zwar, wie deren beſchränkter Umfang zeigt, eine Herrenburg als Kopf der Siedlung anzulegen. Eine Ausnahme macht nur Grynion, das von Anfang bis zu Ende Heiligtum mit offener Siedlung geweſen iſt und daher immer unter dem Schutze von Myrina geſtanden hat.

Von Lariſſa erfahren wir, daß es als alte pelasgiſche Burg — es ſcheint, daß »Burg« pelasgiſch Lariſſa heißt, wie helleniſch Pergamos — ſich Kyme nicht fügen wollte, ſo daß dieſes der trotzigen Alten zunächst Neonteichos, die »Neuburg«, in den Rücken baute, um ſie zu zwingen. Smyrna iſt bald vom äoliſchen Bunde in den ioniſchen hinübergezogen worden, und zwar durch Kolophon, das in ſeiner Binnenlage nach zwei Seiten zu herrſchen berufen war, ſüdlich über den Epheſiſchen und nördlich über den Smyrniotiſchen Golf.

Daß die »Aeolis« ſich mit dem Küſtenſtrich zwiſchen Hermos und Kaïkos begnügen mußte, weil die weiten fruchtbaren Täler dieſer Flüſſe ſchon in feſten Händen waren, macht die geringe Rolle verſtändlich, die der Bund geſpielt hat. Auf dieſem Strich tritt das Gebirge überall nahe ans Meer heran, nirgend bleibt viel Raum für Ackerbau, und auch ſonſt ſind keine Schätze vorhanden, mit denen ſich Handel treiben ließe. Dieſe Kolonien erwerben alſo nur ihren eigenen Unterhalt, ſie gehen nicht aufs Meer hinaus. So erklärt es ſich, daß Kyme ſpottend nachgeſagt wurde, es habe erſt 300 Jahre nach ſeiner Gründung entdeckt, daß es am Meere läge. Pöhlmann (Griech. Geſch. 1906, S. 42) nennt die äoliſchen Kolonien »Ackerbaugemeinden« gegenüber den »großen ioniſchen Handelsemporien«.

Man wird ſagen dürfen: Wären Hermos und Kaïkos ebenſo ſpät koloniſiert worden wie Mäander und Kayſter, ſo wären ſie auch rein griechiſch geworden. So aber verwuchſen die erſten Ankömmlinge noch mit dem einheimiſchen Element: Tantalus und ſeine Kinder wurden Phryger und Telephos wurde Myſer.

E. Die lydiſche, perſiſche und makedoniſche Zeit.

Aus den Jahrhunderten zwiſchen dem troiſchen Kriege und dem Vorrücken der lydiſchen Macht nach dem weſtlichen Kleinaſien erfahren wir über dieſe Landſchaften ſo gut wie nichts. Die lydiſchen Könige Ardys, Sedyattes und Alyattes führten ſchon heftige Kriege gegen Ionien, beſonders gegen Milet (Herod. I, 15—19. 25). Ganz Ionien und Aeolien hat dann aber Kroiſos unterworfen; nach Herodot wollte er ſogar ſelbſt Schiffe bauen und die Inſeln angreifen. Davon ſtand er aber ab und ſchloß vielmehr mit ihnen ein Freundſchaftsbündnis (Herod. I, 27). Die Küſtengriechen aber unterwarf er ebenſogut, wie er und ſeine Vorgänger die kleinaſiatiſchen Binnenvölker, die Lyder, Phryger, Myſer uſw. bis zum Halys und ſüdlich bis zum Taurus (d. i. mit Ausſchluß der Lykier und Kilikier) unterworfen hatten (Herod. I, 28).

Die griechischen Kolonien haben sich jedoch eines milden Regiments von seiten ihres lydischen Oberherrn erfreut; er hat ihnen offenbar die Selbstverwaltung belassen und nur einen Tribut auferlegt. Als Kyros die Nachfolge des Kroisos antritt, suchen die Griechen vergeblich dieselben günstigen Bedingungen zu erreichen (Herod. I, 141). Sie werden von Harpagos unterworfen, und auf ihren Burgen haust von da an nicht mehr der einheimische, sondern der persische oder doch den Persern verpflichtete Machthaber. Wie diese kleinen Tyrannen, auch wenn sie Griechen sind, in ihrer Stellung ganz von den Persern abhängen, zeigt sich in dem Benehmen eines Histiaios von Milet auf dem Skythenzuge des Darius (Herod. IV, 137).

Ein Menschenalter später haben freilich die griechischen Städte samt ihren Dynasten sich gegen die Perserherrschaft aufgelehnt und die Freiheit errungen; und auch ins Binnenland dringen seitdem die griechischen Dynasten allmählich vor. Als Xenophon nach Pergamon kommt, wohnt dort, offenbar als Stadtherrin, Hellas, die Witwe des Gongylos von Eretria, und nimmt ihn gastlich auf (Xen. Anab. VII, 8. 8). Von ihren Söhnen aber hat der eine, Gorgion, die Städte Gambrion und Palaigambrion, der andere, Gongylos, Myrina und Grynion; auch Teuthrania und Halisarna haben in Eurysthenes und Prokles, den Söhnen des Demaratos von Lakonien, griechische Herrscher (Xen. Hell. III, 1. 6). Nur wenig östlich von Pergamon haust aber auf einem befestigten Landgute ein Perser Asidates, den Xenophon, unterstützt von einigen jener griechischen Dynasten, dann aufhebt (Xen. Anab. VII, 8. 9–23).

In diesen persischen Zeiten ist das Kaïkostal ein wichtiges Stück gewesen, denn es führt die große Straße hindurch vom Osten nach dem Ägäischen Meere. Schon Xerxes zieht am Kaïkos entlang — Pergamon wird nicht erwähnt — über Atarneus, Karene, die Thebische Ebene, Atramytteion, Antandros nach Ilion (Herod. VII, 42), und ebenso kommt Xenophon umgekehrt aus der Troas über Antandros, die Thebische Ebene, Atramytteion, Kytonion, Atarneus an den Kaïkos und nach Pergamon (Xen. Anab. VII, 8. 7).

Etwa 40 Jahre später (362) will in Pergamon ein Orontes sich selbständig machen (I. v. P. n. 613), und wieder ein Menschenalter später versucht in Atarneus Hermeias, der Freund des Plato und Aristoteles, dasselbe, wird aber von den Persern gefaßt und aufgehängt (Strabo XIII, 1. 57).

Diese mysischen Landesteile hat erst Alexander der Große der Perserherrschaft endgültig entzogen.

Nach seinem Tode fiel das Kaïkosland mit dem nordwestlichen Kleinasien naturgemäß an Lysimachos von Makedonien, und nun beginnt die Sondergeschichte von Pergamon, die das alte Teuthranische Reich in eigenartiger Weise fortsetzt und zu beispielloser Blüte bringt.

F. Das pergamenische Reich.

Welche Ausdehnung das pergamenische Reich schon unter seinem ersten Dynasten Philetairos gewonnen hat, können wir heute, glaube ich, mit mehr Zuversicht bestimmen als früher.

Philetairos war als Burgherr und Hüter eines Schatzes von 9000 Talenten von Lysimachos in Pergamon eingesetzt, und auch als er sich unabhängig machte, »hielt er sich«, nach Strabo, »auf seiner Burg [1], war gegen jeden Mächtigen, der ihm nahekam, verbindlich und dienstbereit und blieb so durch zwanzig Jahre Herr der Burg und des Geldes«.

Ob dies bedeutet, daß Philetairos auch nur über die Burg Pergamon zu befehlen gehabt habe und gleich die nächsten Ortschaften anderen unterstanden hätten, wird zweifelhaft, wenn wir hören, wie der Pergamener Karystios [2], also ein Mann, der Bescheid wissen mußte, ihn nennt: Φιλέταιρον τὸν Περγάμου καὶ τῆς Καινῆς ταύτης λεγομένης βασιλεύσαντα. Die Καινή ist »das neue Land, die neue Herrschaft«, die eben Philetairos sich zusammengebracht hatte. Er hätte

[1] Strabo XII, 4. 1 διεγένετο μένων ἐπὶ τοῦ ἐρύματος καὶ πολιτευόμενος δι᾽ ὑποσχέσεων κτλ.

[2] Bei Athen. XIII, S. 577b.

ohne einigen Landzubehör (»ἐκ τῆς αὐτοῦ« in der Philetairosinschrift von Kyzikos *IHSt.* 1902, S. 193ff.), ohne ein Terrain für sichere Rekrutierung und Verpflegung, gewiß auch die Burg nicht auf die Dauer halten können.

Nun sehen wir, wie eine Tempelanlage auf der Höhe des Jünd-Dag, eine Tagereise südöstlich von Pergamon, die Weihinschrift trägt: Φιλέταιρος Ἀττάλου μητρὶ θεῶν. Sie kann, wie mehrere ähnliche große Stiftungen, nicht wohl von dem einzigen andern Philetairos, nämlich Attalos' I. viertem Sohne, dem Bruder Eumenes II. und Attalos II., stammen, von dem wir nichts weiter wissen, als daß er einmal in Olympia im Wagenrennen gesiegt hat. Sie gehört, wie im Ergänzungshefte VIII des Jahrbuchs des Archäol. Instituts des weiteren dargelegt wird, sicher dem alten Philetairos.

Es trifft sich, daß eine Tempelinschrift ganz ähnlichen Wortlauts schon von Cyriakus von Ankona an der Küste zwischen Kyme und Myrina gelesen und dort auch von Texier noch festgestellt worden ist: Φιλέταιρος Ἀττάλου Ἀπόλλωνι Χρηστηρίῳ. Zwischen Kyme und Myrina liegt aber auch der Grenzstein mit der Inschrift Ὅροι Περγαμηνῶν (s. unten S. 95, n. 2), der schon nach seinen Buchstabenformen in frühe pergamenische Zeit gehören wird.

Aus einer erhaltenen Versinschrift[1] wissen wir, daß in Delos Bronzestatuen, ein Werk des Nikeratos, aus Anlaß von Philetairos' Galatersiegen dem Apollo geweiht waren. Des Philetairos Neffe und Nachfolger sodann, Eumenes I., schloß nach einer erhaltenen Inschrift (I. v. P. n. 13) Verträge mit seinen Söldnern in Philetaireia im Adramyttischen und Attaleia an der lydischen Grenze. Nach Strabo (XIII, 4. 2) »erbte er Pergamon und war zugleich Herr der umliegenden Ortschaften, so daß er bei Sardes den Antiochos, Seleukos' Sohn, besiegen konnte«. Dieser Sieg sowohl wie der Vertrag mit den Söldnern wird allgemein in den Anfang von Eumenes' Regierung gesetzt (s. Meier in Ersch u. Grubers Enzykl. s. v. »Pergam. Reich«; Fränkel, I.v.P. n. 13). Wenn das richtig ist, muß das Reich, das er damals hatte, ihm also schon von Philetairos überkommen sein und die Städte Philetaireia am Ida und Attaleia am obersten Kaïkos müssen also auch schon von Philetairos selbst angelegt und benannt worden sein.

Als weit später, unter Eumenes II., nach der Schlacht bei Magnesia, der riesige Gebietszuwachs bis zum Taurus kommt, sagt Strabo rückblickend[2]: »Vorher gehörten zu Pergamon nur eine Anzahl Ortschaften bis zum Meere am Elaitischen und Adramyttischen Golf.« Damit ist ersichtlich das alte pergamenische Stammland bezeichnet, wie es Eumenes I. von Philetairos übernommen hatte, denn zwischendurch war unter Attalos I. schon einmal eine stattliche Vergrößerung, wenn auch nur vorübergehend, eingetreten.

Mit dem Adramyttischen und Elaitischen Golf als Seebasis kommen wir für Altpergamon nun aber wieder auf dieselbe Süd- und Nordgrenze, die uns der Ὅροι-Stein bei Kalabassari mit den beiden Tempelweihungen des Philetairos bei Myrina und auf Mamurt-Kalessi einerseits und der Vertrag Eumenes' I. mit seinen Söldnern in Philetaireia und Attaleia anderseits angezeigt haben.

Noch unter Eumenes II. galten offenbar die Ὅροι: Seleukos, der Sohn des Antiochos, überwintert »in der Äolis», d. h. in Kyme, Larissa, Neonteichos, Temnos und geht dann über die pergamenische Grenze nach Elaia (Liv. XXXVII, 18; s. auch XXXVII, 11 a. Ende).

Im Jahre 1887 habe ich oberhalb Kiresin, auf der Wasserscheide zwischen Kaïkos und Makestos mehrere Befestigungen gefunden, die nach ihrer Kleinheit, Regelmäßigkeit und leichten Bauart keine Herrenburgen, sondern militärische Anlagen zu sein scheinen (unter Nr. 61). Ich habe sie damals für römische Lager angesprochen, und mit dieser Bezeichnung sind sie in Kieperts bald darauf erschienene große Karte übergegangen. Nachher (1898) sah ich, daß neben Apollonis sich eine ganz ähnliche Anlage befindet, und am Südrande des Aspordenos-

---

[1] *BCH.* VIII, 1884, S. 159 Anm. 3; s. auch I. v. P. n. 10.

[2] Strabo XIII, 4. 2 Πρότερον δ' ἦν τὰ περὶ Πέργαμον οὐ πολλὰ χωρία μέχρι τῆς θαλάττης τῆς κατὰ τὸν Ἐλαΐτην κόλπον καὶ τὸν Ἀδραμυττηνόν.

Gebirges mehrere weitere (Nr. 15—17. 19. 20), die alle deutlich den helleniftifchen Charakter in ihrem Mauerwerk zeigen. Ich habe fie daraufhin alle für Kaftelle gehalten, die zu Beginn der pergamenifchen Königszeit das Stammland an den gefährdetften Stellen fchützen follten. Bisher konnte man am eheften an Eumenes I. denken, aber nach der neuen Aufklärung über das Verhältnis des Philetairos gerade zum Afpordenos ftehe ich nicht an, fie fchon dem Gründer der pergamenifchen Dynaftie zuzufchreiben. Deffen Gebiet, wie er es im Laufe einer langen und gefchickten Politik zufammengebracht hatte, ließe fich demnach ziemlich genau umgrenzen. Die Grenze würde von Philetaireia am Ida, den Kofak einfchließend, auf dem Temnos-Gebirge entlanggehen, das Gelembe-Myfios-Tal (Attaleia) umziehen und zwifchen Appollonis und Thyateira hindurch den Südrand des Afpordenos erreichen, um dann in genau weftlicher Richtung beim Ὅροι-Stein zwifchen Kyme und Myrina zu enden[1]. So würde das alte Myfien des Teuthras und Telephos, nur im Südweften anfcheinend durch ein kleines Stück der Aeolis (Myrina–Grynion) vergrößert, auch das Stammland der neuen Pergamenifchen Dynaftie fein.

Für die weiteren Schickfale des pergamenifchen Reiches hat die topographifche Forfchung kaum etwas Neues ergeben. Lokalifieren läßt fich die große Gallierfchlacht Attalos' I. (241—197), die nach der Infchrift I. v. P. 20 περὶ πηγὰς Καΐκου ποταμοῦ ftattgefunden hat (f. oben S. 67), beftätigt wird auch durch die Infchrift Nr. 25, die Bemerkung des Livius (XXXVIII, 17), daß Attalos die Gallier öfter gefchlagen und zerfprengt habe. Bekannt ift, daß fchon Attalos I. den Seleukiden Kleinafien bis zum Taurus abgenommen hatte — die Schlacht bei Koloe (Eufeb. S. 185), unweit Sardes, fcheint auf einem Siegesdenkmal (I. v. P. 27) erwähnt —, daß er aber von Achaios wieder in die Grenzen feines Stammlandes zurückgewiefen wurde (Polyb. IV, 48. 10 f.). Als Achaios durch einen anderen Krieg abgezogen war, fuchte Attalos fich wieder auszudehnen. Er zog gegen die äolifchen Städte, von denen viele, befonders Smyrna, Kyme, Phokäa, Aegae, Temnos ihm freiwillig und freudig zufielen (Polyb. V, 77. 2—4). Von Myrina ift nicht die Rede, es gehörte alfo wohl zum pergamenifchen Stammland und war gar nicht abgefallen.

Noch kurz vor der Schlacht bei Magnefia lagert der Kronprinz Seleukos in der Aeolis, d. h. befonders in Phokäa und Kyme, und überfchreitet die pergamenifche Grenze, als er von da nach Elaea geht (Liv. XXXVII, 18). Durch die Schlacht bei Magnefia fällt dann Eumenes II. (197—159) das ganze Land bis zum Taurus wieder zu, fo daß er damit das alte Reich des Kröfus unter feinem Zepter vereinigt[2].

Unter Attalos' II. (159—138) erfcheint Prufias von Elaea aus vor Pergamon, opfert am erften Tage dem Asklepios und zerftört am folgenden das Nikephorion fowohl wie das Asklepieion (Polyb. XXXII, 27), die beide vor der Stadt liegen und famt dem zugehörigen Telephos-Heiligtum die Stätte des alten Herrenhofes anzeigen werden (f. oben S. 74).

Nach dem Tode Attalos' III. (133 v. Chr.), deffen Teftament jetzt infchriftlich beglaubigt ift (I. v. P. 245), hatte der Prätendent Ariftonikos fich die Äolis (Leukai) zum Ausgangspunkte feiner Unternehmung gewählt, war von da gegen Thyateira und Appollonis vorgerückt und wurde fchließlich in Stratonike, der oberhalb der Kaïkosquellen von uns feftgeftellten Burg, gefangen.

G. Die römifche Zeit.

Aus dem kurzen Interregnum zwifchen dem Tode des letzten Attalos und dem Antritte der Erbfchaft durch die Römer haben wir eine intereffante Infchrift (I. v. P. 249), in welcher der Demos von Pergamon, um etwaigen Unruhen vorzubeugen, mehreren Klaffen von Einwohnern,

[1] In Betracht würde für diefe Endigung noch kommen, daß Myrina und Grynion fchon in perfifcher Zeit (Xenophon) derfelben Griechenfamilie gehören, die auch in Pergamon und in Gambrion und Palaigambrion herrfcht (s. oben S. 77).

[2] Über die Verfaffungen der Städte f. P. Ghione, *I comuni del regno di Pergamo* in *Mem. dell' Acc. di Torino* 1905, S. 67 ff.

beſonders den verſchiedenen Waffengattungen der Makedonen und Myſer, welche ἐν τῇ πόλει ἢ τῇ χώρᾳ wohnen, das pergameniſche Bürgerrecht verleiht.

Dieſe, wie andere Gunſt, die das Land unter den Attaliden genoß, wird ihnen unter der Herrſchaft der Römer geblieben ſein, welche ohne nennenswerten Kampf friedlich in den Beſitz des Landes traten und es unter ſenatoriſchen Statthaltern ohne ſtarke Eingriffe in das politiſche Kleinleben verwalteten. Wie altes Geſetz und Recht fortdauernd in Geltung bleiben konnte, davon gibt z. B. Zeugnis das noch um die Zeit Trajans in Pergamon als βασιλικὸς νόμος aufgezeichnete Polizeigeſetz (Athen. Mitt. des Inſtituts 1902, S. 47 ff., n. 71).

Mehrere römiſche Statthalter treten öffentlich beſonders hervor, ſo gleich der erſte M. Aquilius auf Meilenſteinen bei Elaia (*CIL. Suppl.* III, 7184), zur Zeit des Caeſar Publ. Servilius Iſauricus, den Aegae als den Retter des Demos preiſt (Bohn-Schuchhardt, Aegae S. 47 ff.), und zur Zeit Trajans der in Pergamon geborene und da vielgeprieſene Aul. Julius Quadratus, der zweimal römiſcher Konſul war und ſeine Heimat in jeder Weiſe gehoben hat (Band VIII, n. 436 ff.). Daneben mag erwähnt ſein, daß Lucullus als einer der erſten Statthalter nach ihm benannte Genüſſe von Pergamon nach Rom übertragen hat, ein Zeichen, wie Pergamon damals eine Art Paris war, und daß zwei Ehreninſchriften auf P. Quintilius Varus in Pergamon gefunden sind.

Die Römer teilten die Provinz Asia in verſchiedene Gerichtsſprengel (*conventus iuridici*). Im Zentrum waren es die von Pergamon, Smyrna und Sardes; dazu kam gelegentlich eines Beſuches von Caracalla Thyateira, wodurch das weite, zwiſchen Pergamon und Sardes liegende Gebiet noch einmal durchgeteilt wurde.

Der *Conventus* von Pergamon[1] umfaßt folgende Städte, von denen die ihrer Lage nach beſtimmbaren mit einem Stern verſehen ſind: *Elaia, *Aigai, *Moſteni, Mygdones, Bregmeni, Hierocometai, *Apollonis, *Thyateira, *Akraſos, *Perperene, Tiareni[2], Hierolophienses, Hermokapeleia, *Attaleia, *Ateenees, *Pitane, *Nakrasa, *Stratonikeia-Hadrianopolis. Das iſt mit der Küſtenlinie Elaia–Pitane–Attaia ſüdlich über Aegae, nördlich über Perperene, gegen Oſten hin ziemlich genau das Pergameniſche Stammland; es fehlt nur Myrina und iſt hinzugefügt Thyateira.

Zum *Conventus* von Smyrna gehörte die Aeolis (Leuke, Phokaia, Kyme, Myrina, Lariſſa, Neonteichos, Temnos), ferner die Magneſiaebene (die Stadt am Sipylos, Macedones-Hyrcani) und das nördliche Ionien (Klazomenai, Erythrai, Lebedos, Teos, Nymphaion).

Indem das ſtädtiſche Kleinleben ganz nach den Neigungen der dortigen Griechen florierte, brachte die römiſche Herrſchaft eine jahrhundertelange Periode des Friedens und der Blüte, wenn auch der Wohlſtand der Bevölkerung mancher Ausbeutung und dem im vielfach gebirgigen Lande endemiſchen Räuberunweſen gelegentlich ausgeſetzt blieb. Die Gunſt des fruchtbaren, Induſtrien nährenden Bodens hielt dagegen ſtand; Zeugnis sind die Münzprägungen nicht nur der Hauptstadt. Mommſen hat im fünften Band der römiſchen Geſchichte (beſonders S. 327 ff.) dieſen bis auf die Zeit der Gotenkriege dauernden Zuſtand mit allen ſeinen Licht- und Schattenſeiten gezeichnet. Was er von der Verlegung des lykiſchen Bergneſtes Kragos in die fruchtbare Niederung, dem Aufblühen dort einer neuen, ſchmuckvoll gebauten Stadt Sidyma berichtet, iſt typiſch für den Wechſel der Wohnplätze auch im pergameniſchen Bereiche. Am deutlichſten ſpricht er ſich aus in der Entſtehung des römiſchen Pergamon am Fuße der alten Bergſtadt gegen ſeinen glänzenden Asklepiostempel hin. Immer wieder aber findet die topographiſche Forſchung dieſelbe Erſcheinung an den kleineren Orten. Es geht ein Wechſel vor ſich wie in den letzten Jahrhunderten unſeres Landes nach den Stürmen des Dreißigjährigen Krieges und ſeitdem immer wachſend. Bis in das dritte Jahrhundert finden wir keine neuen Befeſtigungsmauern der römiſchen Zeit mehr, und wie in der Hauptſtadt wohnt man in offenen Siedlungen, beſonders am Fuße der alten Burgen.

---

[1] Ramsay, *The historical geography of Asia minor* S. 119, 44, im weſentlichen nach Plin. n. h. V, 30 (33).

[2] Die Form der Namen Mygdones, Bregmeni, Tiareni wird von Ramsay a. a. O. mit Recht angezweifelt.

H. Die byzantinische Zeit.

Schon vor der Neueinteilung auch Kleinasiens durch Diokletian und vor der Abtrennung eines oströmischen Reiches war aber dieser Zustand der Sicherheit wankend geworden. Bereits im dritten Jahrhundert waren bei den Bedrohungen durch die Goteneinfälle wieder Befestigungen der Wohnplätze nötig geworden, wovon namentlich ein gewaltiger Mauerbau in der Hauptstadt Pergamon Zeugnis ablegt. Das nahm unter den Byzantinern wachsend seinen Fortgang. Die Wohnungen wichen sogar in die alten Burgen zurück. In Pergamon stand zuletzt eine christliche Kirche wieder an der Stelle des alten Athenaheiligtums.

Darüber vergingen nochmals Jahrhunderte, aus denen wir über die Schicksale der Landschaft um Pergamon wenig erfahren. Uns hat darüber Gelzer in seiner Abhandlung: Pergamon unter Byzantinern und Osmanen (Abh. der Berl. Akad. d. Wiss. 1903) unterrichtet. Die Gefahren für die Bewohner der noch im Anfange des oströmischen Reiches städtereichen Landschaft, in der und nahe der die sieben ältesten Hauptkirchen der Christenheit standen, steigerten sich auf das höchste im siebenten Jahrhundert zu einem allmählich permanenten Kriegszustande, mit dem die Verwaltung des Thema Thrakesion, zu dem das pergamenische Gebiet gezählt wurde, ganz in militärische Hände überging, ohne daß das in den Wirren des Reiches zu einer hinreichend festen Organisation führte. Auch die pergamenische Landschaft muß namenlos gelitten haben, als die Araber mit immer wiederholten Angriffen das christliche Reich bedrängten und im Anfange des achten Jahrhunderts die Hauptstadt Pergamon mit einer entsetzlichen Einnahme und Abschlachtung überwältigten [1]. In dieser Zeit muß der Machtglanz der glücklichen Bewohnungsgestaltung der hellenistisch-römischen Zeit zugrunde gegangen sein, so wie der Prachtaltar in Pergamon mit seinen Skulpturen in den Kalkofen und in den Mauerbau verschwand.

Wie solche Notbefestigungen sind auch ganz neue Burgen in diesen unruhigen Zeiten entstanden, so das malerische Felsennest Karadscha-Kaja (unten n. 30) westlich von Pergamon, das flache Güretsche nördlich von Soma und mehrere alte Stätten wie Perperene, Thyateira haben sich mit neuem Leben gefüllt.

Eine merkwürdige Befestigung am östlichen Ende der Kaïkoslandschaft auf dem Ak-Kaja bei Jenidschekiöi (unten n. 60), die ganz aus dem klassischen Rahmen herausfällt, ist vielleicht den Galatern oder noch eher den Goten zuzuschreiben, die um 400 n. Chr. unter Gaïnas und Tribigild gerade in der Gegend von Thyateira gegen Sardes operiert haben (Gelzer S. 10).

Einen starken Einfluß auf die Besiedlungsformen der Landschaft hat dann noch einmal im günstigen Sinne die Regierung der Komnenen im zwölften Jahrhundert geübt, die, wie Gelzer sagt, der vielgeplagten Romäernation wenigstens einen schönen Lebensabend verschaffte.

Gelzer (S. 83) hat das enthusiastische Lob des Niketas auf Kaiser Manuel I. ausgeschrieben, in dem der nach aller Verwüstung wieder blühende Zustand der Landwirtschaft unter dem Schutze befestigter Kastelle gepriesen wird. Nach diesen Befestigungen war das eigene Thema, das hier gebildet wurde, Neokastra genannt; sein Kommando mag in Pergamon gewesen sein.

Auf diese Befestigungen haben wir, wie die hohen zwei Mauerringe der Hauptstadt, so die an den meisten größeren Wohnplätzen der Landschaft in leicht kenntlichen Resten nachweisbaren Mauern der bekannten byzantinischen Bautechnik (Bruchsteine mit Ziegeln, auch mit Holzeinlagen untermischt) zurückzuführen. Es sind durchweg die Höhen, auf welche diese befestigten Sitze sich zurückziehen, so auf Atarneus, Eski-Bergama, Karadscha-Kaja (n. 30), Assar im Karadere (n. 35). Den Mauern gleichzeitig wiederholen sich im Innern die ziegelüberwölbten Zisternenbauten für die von Benutzung der Quellen und Brunnen im Lande leicht abzuschließende Besatzung und Bewohnung.

---

[1] Zur Gelzerschen Abhandlung wäre noch nachzutragen, daß nach einer Syrischen Chronik (ZDMG. XXIX 97 f.) Pergamon den Arabern zum ersten Male im Jahre 975 Sel. = 663/64 n. Chr. auf dem Streifzuge des Abdurrahman b. Chalid, der bei dieser Gelegenheit auch Smyrna eroberte, in die Hände gefallen sein soll (Mordtmann).

Nach dem Sturze der Komnenen hielt das Römertum wohl noch die festen Plätze, aber bei der allmählichen Auflösung der Kaisermacht und den Kriegsläuften, welche auch die pergamenische Landschaft immer mehr in die Hände der Mohammedaner fallen ließen, war das Land den Verwüstungen derart ausgesetzt, daß die Bewohner geradezu in die größeren Städte flüchten mußten. Als sich die seldschukischen Kleinfürsten in die Landesbeute teilten, fiel das Gebiet von Pergamon der Familie Karasi zu, über die jüngst Mordtmann in den Sitzungsberichten der Berliner Akademie der Wissenschaften 1911, 12. Januar, gehandelt hat. Der Streit zweier Brüder der Karasi brachte dann Pergamon um 1345 n. Chr. an das Osmanenreich unter Urchan, Osmans Sohne. Es wurde zum türkischen Sandschak von Brussa geschlagen. Jetzt gehört es zum Sandschak Smyrna des Wilajets Aïdin.

J. Die osmanische Zeit.

Von Johannes Mordtmann[1].

Von der Fürsorge der neuen Herrschaft des Landes legen einzelne, noch heute stehende, große Bauten Zeugnis ab.

Unter Murad I. vollendete Umur-Beg, Sohn des Felekeddin, im Jahre 785 (1383/84) die große Steinbrücke über einen Nebenfluß des Bakir-Tschaï, die heute unter dem Namen Kojunköprüssi bekannt ist; sein Nachfolger Bajezid I. baute im Jahre 801 (1398/99) die »Große Moschee«, die Uludschami, und vermutlich aus derselben Zeit stammt der ursprüngliche Bau der im Jahre 1246 der Hedschra restaurierten Moschee des Emir-Sultan. Wenige Jahre später, im Juli 1402, unterlag Bajezid I. in der Schlacht bei Angora, und die siegreichen Scharen Timurlenks durchzogen Kleinasien bis an die Küste; Brussa fiel ihnen ohne Widerstand in die Hände; Pergamon wurde geplündert, die Bevölkerung, Türken und Christen, niedergemetzelt. Unter den nächsten Nachfolgern Bajezids I. wird Pergamon wiederholt als Durchgangsstation der Truppen auf ihrem Marsche nach Smyrna über Magnesia erwähnt (Gelzer, a. a. O. S. 97 ff.).

Unter Murad II. fällt die Erbauung des Tasch-Chân durch Hibetullah ben Mahmud, genannt Hatîb, im Jahre 835 (1431/32), und der Kurschunli-dschamissi durch Hadschi-Hassan, Sohn des Sati, im Rebi I. 839 (September/Oktober 1435)[2]. Im 10. Jahrhundert der Flucht sind noch weitere Moscheen dazu gekommen, so die Assarli-Mesdschid, erbaut im Jahre 950 (1543/44), und die Schaderiwan-Dschamissi, erbaut im Jahre 957 (1550/51), was darauf hinweist, daß ein starker Zuzug von mohammedanischen Ansiedlern stattfand[3].

---

[1] Über das Fürstengeschlecht der Karasi, der Vorgänger der Osmanen in Pergamon, vgl. meinen Aufsatz in den Sitzungsberichten der Kgl. Preuß. Akademie der Wissenschaften 1911, S. 1 ff., dem ich hinzufüge, daß damals (14. Jahrhundert) Pergamon bei den Orientalen مرمره (*mermere* = μάρμαρα) hieß, wie aus Schihabeddins Angaben hervorgeht (Not. et Extr. XIII 353, 358, 366, 384). Vom Sultan Orhan, der um 1340 dies Gebiet annektierte, erzählen die ältesten türkischen Chroniken (die sogenannte Haniwaldsche Chronik bei Leunclavius, Hist. Musulm. 155, Neschri, ZDMG. XIII 212, und Aschikpaschazade, mein Manuskript), daß er bereits vor der Eroberung von Brussa einen Streifzug in »das Land Marmara« (مرمره ولايتى) gegen die dortigen Griechen unternommen. Sonst kommt dieser Name nicht vor.

[2] Ein Enkel dieses Hadschi-Hassan, Mehemed, Sohn des Mustafa, gest. im Jahre 911 der Hedschra, war unter Mehemed II. und Bajezid II. Kaziasker von Anatolien und Rumelien; er war in Balikesri geboren. Taschköprüzade I, 179 erwähnt in seiner Biographie die Moschee, die der Großvater in Pergamon erbaut hatte.

[3] Von Gesetzesgelehrten, die aus Bergama stammen, werden außer dem oben bereits angeführten Mehemed, Sohn des Mustafa, in der Biographiensammlung des Taschköprüzade angeführt: Abu-Abdallah-Mehemed ben Suleiman ben Seadeddin ben Mesʿûd, genannt Kiafiedschi-Muhjieddin, geb. im Jahre 738 der Hedschra (1386/87), gest. 4. Dschemazi I 879 = 16. September 1474 in Kairo (I 85—87), Ibrahim ben Mustafa, genannt Scheichzade-Ibrahim-Efendi, gest. Zilhidsche 1014 = April/Mai 1606 (a. a. O. II 508 f.), Abdullah, genannt Kyzyldsche-Haireddinoglu, geb. im Jahre 960 der Hedschra (1552/53), gest. 6. Moharrem 1026 = 14. Januar 1617 (a. a. O. II 590 f.).

Auch die christliche Bevölkerung scheint ein bescheiden erträgliches Dasein geführt zu haben. Dies ist daraus zu schließen, daß sie im Jahre 1545 die Kirche der hl. Theodori neu gebaut hat.

Sehr merkwürdig ist, daß Sultan Mehemed II. in Bergama Kupfermünzen schlagen ließ[1]; dies deutet darauf hin, daß damals in der Nähe Kupferbergwerke in Betrieb waren (s. oben S. 71).

Das 17. Jahrhundert ist infolge der wiederholten Militärrevolutionen und der vielen Kriege unheilvoll für die innere Entwicklung des Reiches geworden. Die asiatischen Provinzen litten besonders unter den Perserkriegen; die Statthalter sogen die Bevölkerung aus und versagten dem Sultan offen den Gehorsam, die zügellose Soldateska verbreitete sich plündernd und raubend in den abgelegenen Distrikten im Innern, und die Zentralregierung war völlig außerstande, diesen anarchischen Zuständen ein Ende zu machen. Von Zeit zu Zeit mußten gegen die unbotmäßigen Walis und die schlimmsten Räuber förmliche Feldzüge unternommen werden, die die Verwüstung des Landes vollendeten.

Ein besonders charakteristisches Beispiel für diese Zustände bietet der Aufstand des Iljas-Pascha unter Murad IV.[2]

Dieser Mann stammte aus Balikesri und hatte sich bei der Verfolgung von Räuberbanden in Karasi sowie als Beglerbeg von Rumelien im Perserfeldzug unter Hafiz-Pascha im Jahre 1625 ausgezeichnet. Mit Hosrev-Pascha, dem Nachfolger des Hafiz-Pascha, überwarf er sich, und als dieser im September 1628 mit dem Heere nach der Hauptstadt zurückkehrte, trennte er sich unterwegs in Geive heimlich von ihm und zog von dort nach Balikesri, wo er sich mit einer starken Streitmacht von Saridsche und Seïmen (berittene Söldner und Fußvolk) umgab. Mit Hilfe dieses Anhangs bemächtigte er sich der Herrschaft von Bergama, Karasi, Kazdaghi und der angrenzenden Bezirke. In der Hauptstadt begriff man, daß ihm mit Gewalt nicht beizukommen sei, und beschloß daher, ihn mit List zu fangen. Man verlieh ihm die Würde eines Wesirs: dies diente aber nur dazu, sein Ansehen zu erhöhen und ihn in seinem Trotz zu bestärken. Ein Überfall auf die Insel Mytilene mißlang zwar, indem die beherzten Einwohner die Levende des Iljas-Pascha niedermachten; dahingegen unternahm er einen erfolgreichen Zug gegen den Pascha von Manissa und bemächtigte sich dieser Stadt, die samt den umliegenden Dörfern der Plünderung preisgegeben wurde (nach Ravzat 572f. im Ramazan 1040 = April 1631; »im Frühling« nach Solaqzade 751). Als er, nach Balikesri zurückgekehrt, erkrankte, erbat und erlangte er vom Schech ul Islam die Entsendung eines Arztes, den er reich beschenkt und mit Geschenken für den Mufti und andere Würdenträger versehen entließ. Die Pforte verlieh ihm die Statthalterschaft von Damaskus; er trat aber den Posten nicht an, entsandte dagegen einen Stellvertreter, Mütesellim, um die Verwaltung der Provinz zu übernehmen. Nun entschloß man sich endlich in Stambul, andere Saiten aufzuziehen. Kütschük-Ahmed-Pascha wurde mit der Leitung des Feldzugs gegen Iljas-Pascha beauftragt, und der Wali von Karaman erhielt Befehl, mit dem Aufgebote seiner Provinz zu ihm zu stoßen. Iljas-Pascha brachte seine Schätze im festen Bergama unter und bestellte einen seiner Getreuen zum Hüter, während er selber mit 10000 Mann bei Alaschehir die gegen ihn anrückenden Paschas erwartete. Nach hartem Kampfe wurde er besiegt[3] und flüchtete mit seinen Anhängern in die Burg von Bergama, wohin ihm

[1] Schon Evlija-Tschelebi kannte Bergama als Münzstätte. In Smyrna erwarb ich mehrere dieser äußerst seltenen, bisher unbeschriebenen Stücke.

[2] Hauptquellen sind Naîmâ und Ravzat alebrar; ersterer ist sehr ausführlich, dafür gibt die zweite Quelle genaue Daten; ferner Hadschi-Kalfa, Fezlike 2, 150, Solakzade 751f., Munedschimbaschi 3, 668 (nicht genau). von Hammer (V, 150), den Gelzer ausschreibt, hat sich fast ausschließlich an Naîmâ gehalten.

[3] Die Schlacht dauerte nach Hadschi-Kalfa und Ravzat drei Tage und fand nach letzterer Quelle bei اطله Atala statt.

die beiden Paschas folgten. Sie überzeugten sich bald, daß es unmöglich war, die Festung zu stürmen, und knüpften daher Unterhandlungen an, die damit endeten, daß Iljas-Pascha sich und die Burg gegen Zusicherung der Amnestie übergab[1].

Neben dem Kaiserlichen Handschreiben, welches ihm die Amnestie zusicherte, hatte Kütschük-Ahmed sich persönlich verpflichtet, den Iljas-Pascha nach der Hauptstadt, wohin er entboten war, zu begleiten und seine Sache vor dem Sultan zu führen. Aber beide hatten nicht mit dem jähzornigen Charakter des Sultans gerechnet; als sie im Kiöschk von Stawroz vor dem Sultan erschienen, ließ dieser nach wenigen Worten dem Iljas-Pascha den Kopf abschlagen, und dem Ahmed-Pascha gelang es nur mit vieler Mühe, sein eigenes Leben zu retten. Das trug sich im Safer 1042 (August/September 1632) zu (Ravzat 567). Die Anhänger des Iljas-Pascha wurden für vogelfrei erklärt und zerstreuten sich nach allen Windrichtungen. Von Bighaditsch sagt Hadschi-Kalfa in seiner Geographie, S. 661, daß die angesehenen Einwohner vom Gefolge des Iljas-Pascha abstammen.

Naîmâ, der sich um jene Zeit in Anatolien aufhielt, erzählt im Anschluß an den Aufstand des Iljas-Pascha Folgendes von Pergamon (S. 474 der Ausgabe vom Jahre 1259):

»Es wird erzählt, daß Bergama die Residenz des Riesen Nimrod war; bearbeitete Blöcke, große Säulen, Tafeln und Balustraden, einfache und verzierte, aus Marmor sind hier sehr häufig. Wo man gräbt, kommen schöne polierte Marmorstücke zutage, und, da man so viel davon findet, ist ihr Preis sehr niedrig. Bis auf den heutigen Tag haben sich unter der Erde Gemächer und Überreste von wunderbaren Bauten und Denkmälern erhalten, darunter besonders ein *serdab* (Kühlraum, Keller) mit fließendem Wasser, Estraden und Nischen, alles aus weißem Marmor. Dies ist ein beliebter Spaziergang der Einwohner von Bergama. Sie erzählen, daß der Kaiser Güngörmez (den andere Hischam ben Alqama nennen; Gott weiß es am besten)[2] über diese Gegenden geherrscht habe und die unterirdischen Paläste, namentlich jene Gemächer, für ihn angelegt worden seien; so glauben die Leute, und wenn man die herrlichen Gebäude unter der Erde betrachtet, muß man ihrer Ansicht beipflichten. Ferner erzählen sie, daß der Riese Nimrod oben auf der Burg hauste, und wenn er wollte, brauchte er sich nur zu bücken, und trank aus dem Flusse in der Ebene; aber der Verstand kann dies nicht zugeben.«

Mit dem Aufstande des Iljas-Pascha verschwindet Bergama für mehr als ein Jahrhundert aus dem Gesichtskreise der Geschichte. Im Jahre 1648 wird ein Husseinaghazade Mehemed-Agha aus Bergama als Kjaja des Großwesirs (Naîmâ 2, 159 der alten Folioausgabe) erwähnt; 1651 wurde der abgesetzte Schech ul Islam Bahai-Efendi nach Bergama verbannt, das ihm als Pfründe überwiesen war (a. a. O. 2, 275); auf diese vereinzelten Notizen und die Berichte der englischen Reisenden über den Verfall der Stadt im 17. Jahrhundert beschränkt sich für lange Zeit unser Wissen von der Stadtgeschichte; dann, zu Ende des 18. Jahrhunderts, sehen wir Bergama und Umgegend zu ungeahntem Wohlstande sich erheben; das war das Verdienst der Familie Kara-Osman-Oglu, die während mehr als einem Jahrhundert das Land verwaltete und es verstand, die Ordnung wieder herzustellen und Ackerbau und Handel und Wandel wieder zu beleben.

---

[1] Nach dreimonatiger Belagerung, wie die eben zitierten Autoren berichten; Hadschi-Kalfa fügt hinzu, daß man von Konstantinopel schwere Belagerungsgeschütze geschickt hatte. Die Übergabe fand zum Schlusse des Jahres 1041 der Hedschra (Juli 1632) statt.

[2] Der alte Kaiser Güngörmez (»er schaut nicht den Tag«) stammt aus dem türkischen Sagenkreis von Konstantinopel. Auf dem Atmeïdan stand ein byzantinischer Bau mit unterirdischen Räumen, die mit Pulvervorräten gefüllt waren; er flog am 12. Juli 1490 in die Luft, und die Kunde von der Katastrophe, bei der Tausende ums Leben kamen, drang bis ins Abendland. Dieses Gebäude heißt bei den Türken die Güngörmez Kilissessi, was wohl eigentlich »die unterirdische Kirche« bedeutete, später aber als »die Kirche des Güngörmez« verstanden wurde. Dieser mythischen Persönlichkeit wird dann noch die Errichtung eines Talismans bei den Seemauern »neben dem Palast des Güngörmez-Padischah« zugeschrieben. Die Sage findet sich schon bei Evlija-Tschelebi, dem Zeitgenossen des Naîmâ. Das alte Amphitheater in Pergamon mit dem überwölbten Flußlaufe heißt auch heute noch Güngörmez, der Name jetzt auch gedeutet: »Der Tag sieht nicht hinein.«

Über die Anfänge dieser Familie sind wir nur ungenügend unterrichtet. Nach der Überlieferung der Familie soll sie aus Albanien stammen. Einer ihrer Vorfahren, Hassan-Tschausch-Agha, wurde, wie diese Quelle behauptet, vom Sultan zu Anfang des 18. Jahrhunderts nach Kleinasien entsandt; er siedelte sich in Jahja-Köi bei Magnesia an; sein Sohn war Kara-Osman.

Dieser hatte vier Söhne:

1. Hadschi-Mustafa (er wurde auf Befehl des Sultans enthauptet);
2. Kara-Musellim-Hadschi-Mehemed;
3. Ibrahim;
4. Hadschi-Abdullah; diese beiden residierten in Bergama.

Hadschi-Mustafa (1) hatte drei Söhne:

5. Hadschi-Bulad-Agha;
6. Kodscha-Hadschi-Ahmed-Agha;
7. Ataullah,

und fünf Töchter;

Kara-Musellim-Hadschi-Mehemed-Agha (2) hatte einen Sohn:

8. Jetim-Agha, der in Magnesia residierte und der Regierung große Dienste geleistet hat.

Hadschi-Bulad-Agha (5) hatte zwei Söhne:

9. Hadschi-Ejub-Agha und
10. Jakub-Pascha;

Hadschi-Ejub-Agha ist in Magnesia gestorben; Jakub-Pascha starb als Wali von Jerusalem; beide haben der Regierung große Dienste geleistet;

Ejub-Agha (9) hinterließ einen Sohn:

11. Hadschi-Sadyk-Bei, der in Magnesia lebte und zwei Töchter hatte, wovon eine noch dort lebt.

Zur Zeit leben noch in Magnesia zwei Kara-Osman-Oglu:

12. Nuri-Bei und
13. Halid-Pascha, Söhne des Mehemed-Agha und Nachkommen des Hadschi-Mustafa (1).

In Bergama gibt es keine Kara-Osman-Oglu mehr.

Soweit die Tradition der Kara-Osman-Oglu von Magnesia.

Daß die Kara-Osman-Oglu schon zu Anfang des 18. Jahrhunderts mit ihrem späteren Länderbesitz belehnt wurden, sagt auch der gut unterrichtete Dallaway, *Constantinople Ancient and Modern* (London 1797), der im Jahre 1794 das Gebiet der Kara-Osman-Oglu bereiste. Choiseul-Gouffier, der Ende der siebziger Jahre des 18. Jahrhunderts Pergamon besuchte, gibt an, daß Kara-Osman, der Stammvater dieser Familie, seine Laufbahn als einfacher Söldner eines früheren Aghas von Bergama begonnen und sich allmählich der Stadt und »der ganzen Provinz« bemächtigt habe, bis er schließlich auf Befehl der Pforte hingerichtet wurde (Bd. 2, S. 37 der Folioausgabe).

Der Reichshistoriograph Izzi berichtet (Bl. 263r), daß Mitte Zilhidsche 1165 (Ende Oktober 1752) der Statthalter von Anatolien die Unterwerfung des Rebellen Deli-Ahmed von Simav meldet; dazu hatte er den Muhassil (Steuerverwalter) von Aïdin, die Sandschakbege von Brussa und Karassi und den Kara-Osman-Oglu Hadschi Mustafa aufgeboten.

Das ist die erste Erwähnung der Kara-Osman-Oglu in den türkischen Reichsannalen [1].

---

[1] Nach einer am Konak in Pergamon aufbewahrten Inschrift vollendete Hadschi-Osman-Zade, Hadschi-Mehemed-Agha, »Woiwode von Bergama«, im Jahre 1154 der Hedschra (1741/42) den Bau der Scheitanköprüssi (»Teufelsbrücke«) über den Kaïkos. Es ist sehr wahrscheinlich, daß der Erbauer ein Sohn des Kara-Osman ist, obwohl dieser nur als Hadschi-Osman, ohne den Beinamen des »Schwarzen« (Kara), den er sonst stets führt, bezeichnet wird.

Zwei Jahre vorher fand der ſchwediſche Reiſende Haſſelquiſt (Reiſe nach Paläſtina in den Jahren 1749—1752, Roſtock 1762) in Magneſia ein noch recht jugendliches Mitglied dieſer Familie als von der Pforte beſtellten Muſellim, d. h. Vizegouverneur, vor. Sein Vater war eine der merkwürdigſten Perſonen im türkiſchen Reiche unter der damaligen Regierung. Er herrſchte von Smyrna bis nach Bruſſa und war im Jahre 1750 zum Muſellim von Magneſia ernannt worden, wo er ſeinen Sohn an ſeine Stelle ſetzte, während er ſeinen Tochtermann, der bis dahin in Magneſia geweſen war, nach Smyrna ſchickte. Er ſelber zog es vor, in Kirkagatſch bei Magneſia zu wohnen, »welches die reichſte und beſte Baumwollplantage in Natolien hat. Er konnte ſogleich zwanzigtauſend Mann aufbieten, welche unter ſeinem Befehle ſtanden, und das Gerücht ſetzte ſeine täglichen Einkünfte auf 1200 Piaſter (etwa 3600 Mark in heutigem Gelde)«.

Unter den Begebenheiten des Jahres 1169 (1755/56) verzeichnet der Reichshiſtoriograph Vaſſif (S. 73 des Stambuler Drucks vom Jahre 1219) die »Hinrichtung des Kara-Osman-Zade«. Der amtliche Bericht nennt ihn »eine geſchwollene Giftnatter«; es wird ihm vorgeworfen, daß er ſeine Untertanen ſchwer bedrückt und die Ermahnungen der Pforte unbeachtet gelaſſen habe. Der Kjaja der Kapudſchi wurde beauftragt, »die Rechnung mit ihm abzuſchließen«; ſein abgeſchnittenes Haupt wurde in Stambul öffentlich ausgeſtellt. Der Fall muß einiges Aufſehen erregt haben, da auch der Internunzius Penkler darüber nach Wien berichtet hat (von Hammer, Osman. Geſch. 8, 192). Ein eigener Pfortenbeamter wurde entſandt, um den Nachlaß zu konfiszieren. Vaſſif vergißt uns zu ſagen, wo »der Kara-Osman-Zade« ſein Unweſen getrieben hatte; Hammer nennt ihn »den reichen Osman-Oglu von Aïdin« — vermutlich weil er Muhaſſil oder Muſellim von Aïdin war. Zweifellos iſt er identiſch mit dem Hadſchi-Muſtafa Nr. 1 der Familienchronik, dem von Izzi erwähnten Kara-Osman-Oglu dieſes Namens, und dem Kara-Osman bei Choiſeul-Gouffier. Der holländiſche Diplomat van Egmond, der im Jahre 1720 Kleinaſien bereiſte (ſ. *Reizen door en gedeelte van Europa, Klein Asien etc. door* J. A. van Egmond van der Nyenburg *en* Joh. Heyman, I. Teil, Leiden 1757, S. 132) fand damals in Güzelhiſſar (Aïdin) einen habgierigen Paſcha, der namentlich die fränkiſchen Reiſenden brandſchatzte; er nennt ihn Osman-Oglu und ſchätzt ſein Alter auf 50 bis 60 Jahre. Dieſer Mann war noch einige Jahre vorher der Schrecken von Anatolien geweſen, das er an der Spitze von 4000 bewaffneten Söldnern durchzog, bis die Pforte ihn dadurch unſchädlich machte, daß ſie ihm den Rang eines Paſchas von zwei Roßſchweifen verlieh und zum Statthalter von Aïdin ernannte. Die Vermutung liegt nahe, daß dieſer »Osman-Oglu« derſelbe iſt, der im Jahre 1755 hingerichtet wurde, da die von Egmond berichteten Einzelheiten mit den Schilderungen der angeführten Autoren übereinſtimmen; nur ſcheint van Egmond ſein Alter überſchätzt zu haben: aber Vaſſif nennt ihn ausdrücklich »einen bejahrten Greis«, und die Beiſpiele der Langlebigkeit unter den Kara-Osman-Oglu ſind nicht ſelten.

Der Einfluß und das Vermögen der Kara-Osman-Oglu ſind durch dieſen Zwiſchenfall nicht beſonders beeinträchtigt worden. Nach Choiſeul-Gouffier »kaufte« Hadſchi-Omer, der Bruder des Hingerichteten, von der Pforte das Agalik von Bergama; als der franzöſiſche Reiſende einige 20 Jahre ſpäter ſich in Pergamon aufhielt, zählte er 80 Jahre und präſidierte als Senior dem Familienrate.

Nach dem unglücklichen Aufſtande der Moreoten im Jahre 1770 ſiedelte ein großer Teil der Bevölkerung nach Kleinaſien über, wo ſie auf den ausgedehnten Ländereien der Kara-Osman-Oglu Unterkunft und Schutz vor weiteren Verfolgungen fand (F. C. H. L. Pouqueville, *Voyage en Morée* 1, S. 121, der ſpeziell die Bewohner von Dimitzana nennt; Choiſeul-Gouffier, S. 37, gibt die Zahl der Einwanderer, wohl übertrieben, auf 40000 Seelen an). Noch heute gibt es in dieſen Gegenden griechiſche Dörfer, deren Einwohner behaupten, damals aus Morea eingewandert zu ſein.

Aus einem Grabſtein in Pergamon erfahren wir, daß im Safer 1181 der Hedſchra (Juli 1767) der Woiwode von Bergama, Mehemed-Agha, verſtorben iſt. Ob er ein Kara-Osman-Oglu war, iſt nicht ſicher. Unter dem Jahre 1189 der Hedſchra (1775/76) erzählt nämlich Dſchevdet (I, S. 90) ausführlich die Untaten des Jurüken Saghindſchili-Veli, Woiwoden und Ajan (Primaten) von Bergama, der urſprünglich dem Ajan von Bergama, Kodſcha-Araboglu-Hadſchi-Iſmaïl, dann deſſen Sohne und Nachfolger Mehemed-Agha und, nach des letzteren Tode, einem anderen Sohne des Hadſchi-Iſmaïl, Veli- alias Ibrahim-Agha, gedient, dann aber eines ſchönen Tages ſeinen Herrn überfallen und nebſt 18 Bülük-Baſchi niedergemacht hatte, worauf er die Stelle des Woiwoden und Ajan von Bergama uſurpierte. Nicht zufrieden hiermit, wollte er einem Verwandten des Arab-Oglu, einem gewiſſen Abdul-Fettah, ſeine Frau rauben; Abdul-Fettah flüchtete ſich mit ſeinem Harem nach Smyrna, aber der Jurüke verfolgte ihn auch dorthin, ſchloß die Stadt ein und erzwang die Herausgabe der Frau. Schließlich mußte der Beglerbeg von Anatolien gegen den Wüterich aufgeboten werden; er flüchtete nach Kepſud und von da nach Avnié, wo ihn endlich ſein Geſchick ereilte; ſein abgeſchnittener Kopf traf Ende Rebi I (Ende Mai 1775) in Stambul ein. Man darf vermuten, daß der im Jahre 1181 der Hedſchra verſtorbene Woiwode von Bergama, Mehemed-Agha, identiſch iſt mit dem von Dſchevdet genannten Mitgliede der Familie Arab-Oglu.

In demſelben Jahre wird von Dſchevdet (I, 97 und 98) ein Kara-Osman-Oglu Hadſchi-Ahmed-Agha als Woiwode von Smyrna und ſpäter als Muteſellim von Saruhan (Magneſia) genannt; der Woiwode von Baindir, Aiwaz-Mehemed-Agha, hatte, als Kara-Osman-Oglu Woiwode von Smyrna war, aus perſönlicher Rache gegen dieſen Smyrna überfallen und geplündert; erſt im Jahre 1775 gelang es mit Unterſtützung des Kapudan-Paſcha (zu deſſen Verwaltungsbezirk damals Smyrna gehörte) und des Iljas-Oglu von Kuſchadaſſi den Ruheſtörer nach hartem Kampfe bei Tire dingfeſt zu machen. Hadſchi-Ahmed-Agha hatte den Titel eines Kapudſchi-Baſchi.

Es iſt gewiß derſelbe Kara-Osman-Oglu, der, als die große Erdbebenkataſtrophe vom 3. Juli 1778 die Stadt Smyrna zerſtört hatte, zuſammen mit Iljas-Oglu von Kuſchadaſſi die Bevölkerung durch unentgeltliche Sendung von Lebensmitteln vor dem Verhungern bewahrte. Gleichzeitig lag die Eskadre des Kapudan-Paſcha vor dem Schloſſe vor Anker; dieſer beſchäftigte ſich aber weniger mit der ſchwer heimgeſuchten Stadt als mit der Anwerbung von Söldnern, mit denen er einen Raubzug gegen Kara-Osman-Oglu von Bergama unternehmen wollte; der Kapudan-Paſcha hatte nämlich ein engliſches Schiff für 100000 Piaſter (etwa 10250 türkiſche Pfund) gekauft und hielt es für angemeſſen, daß der Woiwode von Bergama dies Geld zahlen ſollte[1].

Dieſe ſpärlichen Notizen genügen doch, um zu zeigen, wie die Kara-Osman-Oglu ihre Machtſtellung im Intereſſe des Landes ausnutzten; wenn ſie ein großes Vermögen ſammelten, ſo geſchah das nicht durch Ausſaugen der Schwachen und Armen, wie der naive Reichshiſtoriograph ohne weiteres annimmt, ſondern durch ſparſame und kluge Verwaltung; und dieſe angehäuften Schätze dienten nicht allein dem Luxus, ſondern nützlichen Unternehmungen aller Art, wie Anlegung von Wegen, Brücken, Waſſerleitungen und dergleichen, Dinge, um die ſich die Verwalter dieſer Länder weder *vor* noch *nach* den Kara-Osman-Oglu erheblich bekümmert haben. Umgekehrt hat die Pforte wiederholt durch willkürliche Vermögenskonfiskationen und auf andere Weiſe die Kara-Osman-Oglu ausgeſogen und geplündert; ſie ſind trotzdem ſtets loyale Untertanen des Sultans geblieben und haben ſich nicht wie andere Derebegs dafür an ihren eigenen Untertanen ſchadlos gehalten.

An dem Feldzuge gegen Rußland 1787—1791 nahmen die Kara-Osman-Oglu perſönlich teil; ſie zeichneten ſich, ebenſo wie die Tſchapar-Zade, in der unglücklichen Schlacht von

[1] Siehe den Bericht des ſchwediſchen Vizekonſuls Hochepied vom 23. Juli 1778 in Björnståhls Briefen Bd. 4, S. 140: *Le 8.* [*Juillet.*] *Cara Osman Oglou de Magnésie et Elez Oglou de l'Échelle Neuve envoyèrent chacun cinquante à soixante chameaux de pain, divers brébis et chèvres qu'ils firent distribuer au peuple de toute nation gratis et depuis ce temps là ils fournissent aux marchés du bled, de l'orge, de la farine, ce qui console beaucoup.* — Leider erfahren wir nicht den Ausgang der Expedition des Kapudan-Paſcha gegen den Kara-Osman-Oglu von Bergama.

Matſchin am 9. Juli 1789 (Zinkeiſen 6, 836) aus und werden noch einmal zu Ende des Feldzugs gelegentlich des Aufſtandes der Sipahis vor Schumla genannt (Dſchevdet 4, 437; 5, 75 f.).

Im Jahre 1209 der Hedſchra (1794/95) wurden die Kara-Osman-Oglu beauftragt, den unbotmäßigen Woiwoden von Uſchak, Adſchem-Oglu-Ahmed, der ſich ſogar gegen den Beglerbeg von Anatolien gehalten hatte, zu bewältigen. Der Empörer zog ſich vor dem Aufgebot der Kara-Osman-Oglu zurück und wurde ſchließlich in Simav gefaßt; ſein abgeſchnittenes Haupt wurde am 19. Februar 1795 in Stambul ausgeſtellt (Dſchevdet 6, 144). Dallaway, der um dieſe Zeit im Gebiete der Kara-Osman-Oglu reiſte, erwähnt S. 289 dieſe Unternehmung und gibt unter anderem an, daß Kara-Osman-Oglu im erſten Treffen mit dem Adſchem-Oglu 1 000 Mann verlor und ſich von der Pforte Artillerie erbat; den Bruder des Kara-Osman-Oglu und Woiwoden von Bergama nennt der engliſche Autor S. 301 Hadſchi-Murad (Hadjem-Mourad).

Noch in demſelben Jahre erging an die Kara-Osman-Oglu Befehl, den ehemaligen Beglerbeg von Anatolien, Ali-Paſcha, der der Pforte den Gehorſam aufgekündigt hatte und ſich mit ſeinem bewaffneten Anhange in der Gegend von Balikesri umhertrieb, zu verfolgen. Aber Kara-Osman-Oglu-Hadſchi-Omer war zu ſchwach und wurde von ſeinem Gegner geſchlagen und zum Rückzuge gezwungen. Der Vorfall endete damit, daß Ali-Paſcha von der Pforte amneſtiert wurde und das Ejalet Karaman erhielt (Dſchevdet 6, 146).

Im Jahre 1210 der Hedſchra (1795/96) wurde dem Tſchapar-Oglu und den Kara-Osman-Oglu aufgegeben, Reiter und Fußvolk anzuwerben behufs Bekämpfung der aufrühreriſchen Kirdſchalioten in Rumelien (Dſchevdet 6, 177).

Im Monat Dſchemazi I 1211 (November 1796) traf in Stambul die Nachricht vom Ableben des Kara-Osman-Oglu Hadſchi-Mehemed-Agha ein; er war Müteſellim (Vizeſtatthalter) des Sandſchaks Saruhan und Muhaſſil (Steuereinnehmer) von Aïdin geweſen. Der Nachlaß wurde nicht konfisziert, ſondern den Erben gegen Zahlung von 800 Beuteln (= etwa 41 000 türkiſchen Pfunden nach heutigem Gelde) überlaſſen[1].

Am 12. März 1797 fand in Smyrna ein gefährlicher Aufruhr ſtatt, bei dem ein Teil des Frankenviertels in Flammen aufging und viele Menſchen durch die zügelloſen Kroaten und Cerigioten umgebracht wurden. Der Muhaſſil von Aïdin, Kara-Osman-Oglu Huſſein-Agha, wurde mit der Wiederherſtellung der Ordnung beauftragt (Dſchevdet 6, 220 f.).

In den folgenden Jahren werden Tſchapar-Zade und die Kara-Osman-Oglu wiederholt gegen die rumeliotiſchen Aufſtändiſchen (Paſuan-Oglu und deſſen Anhänger) aufgeboten: ob ſie perſönlich mit ins Feld zogen oder ſich begnügten, das ihnen auferlegte Kontingent zu ſtellen, iſt aus den Quellen nicht erſichtlich[2].

In einer allgemeinen Betrachtung über den Zuſtand des Reiches zum Schluß der Regierung Selim III. (1808) ſpricht der Hiſtoriker Dſchevdet es offen aus, daß über Kleinaſien, abgeſehen von den Ejalets Anatolien (Kjutahja) und Karaman, die längſt alle Bedeutung verloren hatten, drei große Familien herrſchten, nämlich Dſchanikli-Ali-Paſcha über Trapezunt und Umgegend, die Tſchapar-Zade über Amaſia und Angora und die Kara-Osman-Oglu über die weſtlichen Provinzen. Die Tſchapar-Zade und Kara-Osman-Oglu organiſierten ihre Kontingente nach den von Sultan Selim eingeführten Reformen (Nizami-dſchedid); Dſchanikli-Ali-Paſcha war ein Anhänger der Janitſcharen und des alten Regime. Zum Kriege gegen Rußland, der Anfang 1807 ausgebrochen war, waren die nach dem neuen Syſtem ausgebildeten Truppen der beiden Derebegs nicht ins Feld gerückt. Man fürchtete Konflikte mit den Janitſcharen (Dſchevdet 8, 353).

---

[1] Vgl. Dallaway, a. a. O. S. 191: *Upon a late renewal of the charter or firhman, which is required upon each demise, three thousand purses, about 100000 Lst., were demanded, and easily paid.*

[2] Dſchevdet 6, 253 und 263 (im Jahre 1212 der Hedſchra = 1797/98), 7, 340 (im Jahre 1218 der Hedſchra = 1803/04); Dallaway, a. a. O. S. 190: *he* — der Kara-Osman-Oglu — *can raise sixty thousand men, and is bound to certain military services for the defense of the empire, and the contiguous provinces in particular; and circumstances perpetually arise in which his interference becomes necessary.*

Im September 1808 fand auf Einladung des Alemdar-Mustafa-Pascha in Konstantinopel eine allgemeine Versammlung der mächtigsten Derebegs aus Asien und Rumelien statt. Von seiten der Kara-Osman-Oglu war der Mutesarrif von Saruhan, Hadschi-Omer-Agha, erschienen [1]. Nach vorangegangener Beratung wurde von den Würdenträgern der Pforte und den Derebegs und Ajanen eine förmliche Urkunde aufgenommen, in der sie sich verpflichteten, einmütig für das Wohl des Reiches einzutreten, die Befehle der Pforte zu respektieren, speziell die Steuern regelmäßig abzuliefern und Truppen zu stellen, und gegen alle, die wider diese Verpflichtung handelten, vorzugehen; anderseits aber sollte denen, die nicht gegen den Inhalt der Urkunde handelten, von niemand Unrecht zugefügt werden, widrigenfalls die Kontrahenten zur Abwehr des Unrechts verhalten waren. Sultan Mahmud bestätigte dies merkwürdige Aktenstück, das eine Kapitulation der Regierung mit den eigenen Untertanen darstellte, aber seit dem Augenblick war sein Sinnen und Trachten nur darauf gerichtet, den Einfluß der Derebegs und Ajane zu brechen (Dschevdet 9, S. 3—9, 332 ff.).

Zum Feldzuge gegen Rußland stellten die Kara-Osman-Oglu Hadschi-Omer, Woiwode von Bergama, und Hadschi-Hussein, Kapudschi-Baschi und Mütesellim von Saruhan, im Herbste 1809 2000 Mann (Dschevdet 9, 171); sie sollten noch 1500 Mann mehr stellen, was ihnen aber unmöglich war (Schani-Zade 1, 290).

Nach dem unglücklichen Verlaufe des Feldzuges (Zinkeisen 7, 662) wurde im Juni 1810 ein allgemeines Aufgebot aller waffenfähigen Männer angeordnet; der Tschapar-Zade sollte 60000 Mann auf die Beine bringen, der Kara-Osman-Oglu 40000 (Dschevdet 9, 217).

Anfang 1812 wurden neue Truppenaushebungen angeordnet: Kara-Osman-Oglu Hadschi-Hussein, der zu gleicher Zeit Muhassil von Aïdin und Mütesellim von Saruhan war, sollte aus dem Sandschak Aïdin 3000, aus Saruhan 2500 Mann aufbringen; die Ausrüstung und Verproviantierung dieser Truppen wurde ihm und dem anderen Kara-Osman-Oglu, Hadschi-Omer, übertragen; letzterer hatte überdies die Aushebung von 4000 Mann, die das Sandschak Mentesche zu stellen hatte, zu überwachen (Schani-Zade 2, 86 ff.).

Zu Ende dieses Jahres starb Kara-Osman-Oglu Hadschi-Omer; sein Nachlaß — über 3000 Beutel — wurde vom Fiskus eingezogen (Dschevdet 10, 102; Schani-Zade 2, 163).

Wenige Jahre darauf — Ende Rebi II 1231 = Ende März 1816 — starb der mächtige Mütesellim von Saruhan, H a d s c h i - H u s s e i n - A g h a. Zunächst wurde sein Nachlaß eingezogen; dann aber hielt die Pforte den Augenblick für gekommen, um mit der Herrschaft der Kara-Osman-Oglu aufzuräumen. Ein höherer Pfortenbeamter erhielt gegen Ende 1231 (November 1816) den Befehl, die Verwaltung von Saruhan mit dem Titel eines Nâzir (Inspektor) zu übernehmen (Schani-Zade 2, 315; Dschevdet 10, 228). Anfang 1818 wurden die beiden Sandschaks Aïdin und Saruhan vereinigt und ein gewisser Suleiman-Pascha mit der Verwaltung betraut. Aber die Bevölkerung sehnte sich nach dem Regimente der Kara-Osman-Oglu zurück, und noch drei Jahre später (1821) kam es zu einem offenen Aufruhr gegen den Statthalter der Pforte.

Tatsächlich war es mit der Unabhängigkeit der Kara-Osman-Oglu zu Ende; man beließ ihnen noch für einige Zeit das Woiwodalik von Bergama, im übrigen fanden sie sich leicht in ihre neue Stellung, und sie erscheinen von jetzt ab als loyale Beamte der Pforte auf verschiedenen Posten, auch außerhalb der Grenzen ihrer ehemaligen Herrschaft [2].

---

[1] Hadschi-Omer hat auch die Urkunde gezeichnet; er war aber nicht Mutesarrif von Saruhan, sondern Woiwode von Bergama.

[2] Im Jahre 1236 der Hedschra (1820/21) wurden in Bergama 200 Galiondschi für die Flotte ausgehoben; die beiden Transportschiffe aber, die sie nach Stambul bringen sollten, fielen in dem Sunde zwischen Aivali und Moschonissi griechischen Piraten in die Hände. Von den Galiondschis retteten sich nur einige 60 durch Schwimmen. Dschevdet, der die Geschichte Bd. 11, S. 252 f. berichtet, fügt hinzu: wenn der Woiwode von Bergama nicht ein guter Freund des Großwesirs gewesen wäre, hätte ihm dieser Vorfall den Kopf gekostet. — Im Jahre 1823 landeten die Psarioten in Tschandarli und verwüsteten die dortige Gegend; aus Rache dafür metzelten die Türken die Griechen

Nur bei zwei Gelegenheiten noch zeigte ſich der Einfluß, den die Familie auf die Bevölkerung hatte.

Im Jahre 1829 erregte ein gewiſſer Kel-Mehemed-Zeibek einen gefährlichen Aufſtand unter der Bevölkerung von Nazli. Die Pfortenbeamten, namentlich die verhaßten Steuereinnehmer (miridſchi), wurden verjagt, und der Zeibek verwaltete das Land, übrigens zur vollkommenen Zufriedenheit der Bevölkerung; denn er ſorgte für die Aufrechterhaltung von Sicherheit und Ordnung und verteilte die Steuern gerecht. Seine Macht wuchs von Tag zu Tag; mehrere tauſend bewaffnete Anhänger umgaben ihn, und im Laufe weniger Monate waren ihm die größeren Städte im Innern, wie Aïdin, Tire, Baindir, Caſſaba, freiwillig zugefallen, ſo daß man ſogar für Maniſſa und Smyrna zu fürchten begann. Die gegen ihn aufgebotenen irregulären Truppen wurden geſchlagen, und in ihrer Bedrängnis wandte ſich die Regierung an die Kara-Osman-Oglu. In der Tat gelang es einem Mitglied dieſer Familie, Jetim-Agha, die Bevölkerung wieder zum Gehorſam zurückzubringen und den Kel-Mehemed einzufangen (Lutfi 2, 169).

Ebenſo loyal verhielt ſich die Familie des Kara-Osman-Oglu beim Einfall Ibrahim-Paſchas in Kleinaſien; Ibrahim-Paſcha hatte Anfang 1833 Maniſſa beſetzt, und der türkiſche Gouverneur der Stadt, Kara-Osman-Oglu Kütſchük-Mehemed, hatte ſich mit den anderen Mitgliedern der Familie auf das Stammgut der Familie nach Jahjaköi zurückgezogen. Von dort planten ſie, wie berichtet wird, einen Überfall auf die Truppen Ibrahim-Paſchas; aber der ägyptiſche Statthalter bekam Wind von dieſem Anſchlage und überraſchte die Kara-Osman-Oglu in Jahjaköi; Kütſchük-Mehemed-Agha wurde gefangengenommen; den übrigen, unter ihnen Ejub-Agha, Statthalter von Aïdin, gelang es, zu entfliehen [1].

Damit verliert die Geſchichte dieſer Familie weiteres Intereſſe für uns. Die immer mehr fortſchreitende Reorganiſation der Provinzialverwaltung und das ſtraffe Zentraliſationsprinzip der Pforte boten keinen Raum mehr für die Beteiligung ſolcher Familien an der Entwicklung des Landes; namentlich iſt es auffällig, in wie geringem Maße dieſe provinzialen Adelsfamilien zum Staatsdienſte herangezogen werden. Die letzten Nachkommen dieſer Kara-Osman-Oglu leben zur Zeit in Maniſſa und Umgegend ſowie in Akhiſſar und zehren von dem Erbe ihrer Vorfahren. Auch dieſes iſt inzwiſchen erheblich zuſammengeſchmolzen; vor hundert Jahren gehörte ihnen noch der größte Teil des Frankenviertels in Smyrna; es iſt längſt in andere Hände

---

in Bergama und Ajasmend nieder. Das wiederholte ſich im Jahre 1824. Unter den ſpäteren Kara-Osman-Oglu haben zwei im Pfortendienſte Karriere gemacht. Jakub-Agha war 1821 Nuzulemini (Proviantmeiſter) im Feldzuge gegen die aufſtändiſchen Griechen (Dſchevdet 12, 52), wurde im Jahre 1241 der Hedſchra (1825/26) Laghumdſchi-Baſchi, d. i. Chef des Corps der Mineure, mit dem Titel eines Kapudſchi-Baſchi (Lutfi 1, 182 A.) und verwaltete nach dem Falle von Varna (Oktober 1828) den Diſtrikt von Serres, deſſen Muteſarrif Juſſuf-Paſcha in ruſſiſche Kriegsgefangenſchaft geraten war (Lutfi 2, 49). 1833 erhielt er den Titel eines Paſchas und das Wilajet Aïdin, zugleich wurde er zum Kommandanten von Preveza ernannt (Nuhbet 19); von 1836 bis 1837 war er Muſchir der Landwehr von Aïdin und zugleich Muhaſſil von Saruhan, Menteſche und Sughla (Lutfi 5, 68, 69, Nuhbet 38, 44). Dann wurde er Wali von Adrianopel (1841) und hat noch zweimal Aïdin (1843—1845 und 1848—1850) und zweimal das Wilajet Salonik (1846—1848 und 1850) verwaltet. Er iſt, wie oben bemerkt, als Gouverneur von Jeruſalem geſtorben. Hadſchi-Ejub-Agha, der im Jahre 1833 während des Einfalles Ibrahim-Paſchas Aïdin — vermutlich als Stellvertreter ſeines Bruders Jakub-Agha — verwaltete, wird im Jahre 1251 der Hedſchra (1835/36) als Müteſellim von Saruhan erwähnt; er erhielt in dieſem Jahre den Rang eines kaiſerlichen Stallmeiſters (istabli âmire pajeſſi), weil er die Teppiche für die Heiligen Stätten beſorgt hatte (Lutfi 5, 15). In demſelben Jahre verſchaffte er ſich einen Ferman, durch welchen ihm das Monopol des Verkaufs der getrockneten Feigen übertragen wurde. Er befehligte die Landwehr (Redifs) ſeines Amtsbezirks, wie ſein Bruder Jakub-Paſcha, und wurde wie dieſer im Jahre 1253 der Hedſchra abgeſetzt (Lutfi 5, 96). Später verfiel er in Geiſteskrankheit und iſt in Magneſia geſtorben. Den Kara-Osman-Oglu Ibrahim-Nazif, der im Jahre 1229 (1814) die Jeſchilli-dſchami baute, vermag ich nicht unterzubringen; der im Jahre 1246 (1830/31) verſtorbene und bei der Kurſchunlu-Moſchee begrabene Kapudſchi-Baſchi Mehemed, Sohn des Hadſchi-Omer, ſcheint keine offizielle Stellung bekleidet zu haben.

[1] Vgl. hierzu Arundell, *Discoveries, etc.* 2, 250, nach dem Ejub-Agha ein Neffe des Kütſchük-Mehemed-Agha war, und die vorhergehende Anmerkung.

übergegangen. In Magnesia waren noch im Jahre 1865 zwei Drittel des gesamten Grundbesitzes in Händen dieser »einst mächtigen, aber durch schlechte Wirtschaft heruntergekommenen« Familie, wie es in einem Bericht aus jener Zeit heißt.

Endlich sei noch erwähnt, daß ein weibliches Mitglied aus dem Hause der Kara-Osman-Oglu nach Europa verschlagen ist; die Dame soll einen dänischen Diplomaten geheiratet und sich um 1850 in Konstantinopel aufgehalten haben, um ihren Anteil am väterlichen Erbe zu reklamieren.

Ich möchte nicht Abschied nehmen von den Kara-Osman-Oglu, ohne die Zeugnisse einiger europäischer Reisender anzuführen, die mit ihnen während der Blütezeit ihrer Herrschaft zusammengetroffen sind oder bald nachher das Land bereisten.

Dallaway (s. oben S. 5) rühmt in seinem 1797 erschienenen Werke, daß er im Bereiche der Kara-Osman-Oglu vor Räubern sicher gewesen sei. Und Browne (bei Walpole, *Travels in various countries of the East*, London 1820, S. 141) schrieb im Jahre 1802 folgendes: *This place* — nämlich Manissa — *is now the seat of one of the richest, the most powerful, and perhaps the most just of the several chiefs, who divide among them the government of Anatolia ..... His establishment is splendid without profusion and his economy exact without being parsimonious. By observing this just medium, he is enabled to remit annually to the Porte a sum much exceeding his quota; and he furnishes, whenever called upon, a numerous body of feudal troops.... The surplus of his revenue is sufficient occasionally to repair bridges and roads, and to be applied to other useful objects too generally neglected in the Turkish empire. Travelling within the limits of his fiefs is perfectly secure; and the administration of justice speedy and impartial. — To a naturally benevolent disposition, he unites a competent discrimination of character in those he employs. His education was much better than usually falls to the lot of men of his rank and station; and, unlike the rest of the great among the Osmanli, he is not one of those who have »crept to rise, and sunk to reascend«.* Auch Choiseul-Gouffier (s. oben S. 5) schließt mit einem Preise der guten Landesregierung der Kara-Osman-Oglu, *où règne l'ordre le plus étonnant, où tout annonce l'aisance et l'industrie.* Cockerell (s. oben S. 6) ist besonders auf die Lage der christlichen Einwohner aufmerksam geworden und erklärt: *The fact is, that Karaman Oglu who governs all this part of the country is an extraordinarily good administrator. Trade is flourishing, and Greeks from other parts come and settle under him.* Das rühmt auch Leake (S. VII der Vorrede seiner *Tour in Asia Minor* 1824) mit bitteren Worten über die Depossedierung der Kara-Osman-Oglu, ebenso Mac Farlane (s. oben S. 8) und ganz besonders George Keppel (*Narrative of a journey usw.* London 1831) in seiner Schilderung des Verfalls des Landes nach dem Ende des Regiments der Kara-Osman-Oglu.

Bei den türkischen Historikern sucht man vergebens nach einer gerechten Würdigung der Derebegs und speziell der Kara-Osman-Oglu; die offiziellen Annalisten haben es nicht einmal der Mühe wert erachtet, den Ursprüngen dieser Familien nachzugehen, so daß wir z. B. vom Kara-Osman, nach dem die berühmteste unter ihnen sich nennt, nichts weiter als den nackten Namen kennen; derselbe Vorwurf trifft allerdings auch die europäischen Historiker. Von Hammer erwähnt nur die Hinrichtung des Kara-Osman-Oglu Hadschi-Mustafa; bei Zinkeisen kommen die Derebegs überhaupt nicht vor, und bei Rosen I 126 findet man nur eine ganz kurze, übrigens chronologisch unrichtige Angabe über die Depossedierung der Kara-Osman-Oglu; dafür hat Byron diesem Geschlechte, von dem er in Smyrna zu hören Gelegenheit hatte, in der *Bride of Abydos*, v. 200ff., die folgenden Verse gewidmet:

We Moslem reck not much of blood
but yet the line of Carasman
unchanged, unchangeable, hath stood
first of the bold Timariote bands
that won, and well can keep their lands.

Von beſonderem Intereſſe für unſere topographiſche Betrachtung iſt nun aber der Einfluß, den die türkiſche Zeit auf die Lage der Wohnplätze ausgeübt hat.

Von neuen Befeſtigungen iſt bei der Sicherheit vor äußeren Feinden im Innern des Landes nicht mehr die Rede. Gelegentlich, wie bei der erwähnten Affäre der Iljas-Paſcha, ſpielen die alten Burgmauern, die man einigermaßen inſtand hielt, vorübergehend eine Rolle. Es ſcheinen ja auch Feſtungen wie Magneſia, Smyrna ſchon lange von Geſchützen entblößt worden zu ſein.

Einzelne offene Hauptorte, wie Pergamon ſelbſt, Kinik, Soma, bleiben namentlich durch den Marktverkehr für die Umgegend anſehnlich in ihrer alten Lage. Auch einzelne große Dörfer halten ſich durch Landbeſitz und als Straßenſtationen im freien Lande. Die Menge der kleineren ländlichen Siedlungen der Türken weicht aber zurück in Höhenlagen an den Bergen. Klimatiſcher Einfluß mag dabei mitgeſprochen haben, vielleicht auch die Bequemlichkeit, den Quellgewäſſern näher zu ſein, während in der Ebene Waſſerleitungen Koſten machten. Es geht fort aus den Niederungen an oft wenig zugängliche, von ferne her oft kaum ſichtbare Stellen. Es fiel Berlet (oben S. 38) auf, daß mehrfach der Wohnplatz einer Gegend im Altertum unten, neuerlich aber höher hinauf verzogen ſich findet. Wie bis in das 19. Jahrhundert im ganzen Gebiete des Reichs die Ortſchaften die Nähe der Küſte fliehen, ſo greift im Innern ein Zurückweichen von den Landſtraßen ſtatt, an denen oft nur die baumbeſtandenen Friedhöfe einſam liegen, deren nahe gelegene Dörfer hier und da auch durch Seuchen ihre Bewohner verloren. Wie das Meer, ſo brachten die Landſtraßen ihre Gefahren. Räubereien, namentlich auch von marodierenden Truppen, waren in Kleinaſien infolge der vielen Kriege mit Perſien zu einer wahren Landplage geworden, wie man aus Reiſeberichten des 17. Jahrhunderts und gelegentlichen Notizen der Reichshiſtoriographen erſieht. Ja ſelbſt die friedlicheren Bewegungen auf den Straßen brachten für die Anwohner ihre kleinen Leiden mit ſich, ſo durch Requiſitionen der Kuriere und der Truppen auf ihren Märſchen zu den Generalquartieren, auch durch die Anſprüche durchreiſender Paſchas. Hierüber entnehmen wir eine pikante Angabe den handſchriftlichen Tagebüchern meines Vaters, A. D. Mordtmann, aus den fünfziger Jahren des vorigen Jahrhunderts (heute trifft das nicht mehr zu).

»Der Orient«, ſo ſchreibt Mordtmann damals, »ſetzt bekanntlich den Luxus in andere Dinge als der Okzident; dahin gehört vornehmlich eine zahlreiche Bedienung. Ein Paſcha alſo, der eine Berufsreiſe unternimmt, hat ein zahlreicheres Gefolge als in Europa ein Monarch erſten Ranges. Kommt er gegen Abend in ein Dorf, ſo iſt dasſelbe verpflichtet, ihm und ſeinem Gefolge Eſſen und Trinken zu geben; reiſt er weiter, ſo müſſen die Ortsbewohner, weit entfernt eine Vergütung zu erhalten, dem Paſcha noch ein bedeutendes Geſchenk machen. Dieſes Geſchenk iſt bekannt unter dem Namen Diſch-Paraſi (Zahngeld) und ſoll gleichſam ein Sühnegeld ſein, weil der vornehme Herr ſich hat herablaſſen müſſen, ſeine Zähne zum Zerbeißen ihrer ſchlechten Speiſen herzugeben. Man begreift daher die heilige Scheu, welche der türkiſche Bauer ſelbſt vor einer Verbeſſerung der Wege hat, die dem reiſenden Herrn es bequem macht, die Straße zu wählen, und man findet es erklärt, daß ſo viele Dörfer ſeitwärts vom Wege in Schluchten liegen; der Paſcha und der Nomade ziehen ſo häufig an einem Dorf vorüber, ohne es zu bemerken.«

So iſt im weſentlichen der Zuſtand der Siedlungen noch heute, wenn auch die genannten Übelſtände längſt nicht mehr wie ehedem beſtehen. So iſt ja ſeit der Dampfſchiffahrt an den Küſten eine Sicherheit eingetreten, in der in günſtiger Verkehrslage Orte, wie Dikeli, emporblühen, in denen das griechiſche, Handel treibende Element eine große Rolle ſpielt.

III.

Die Ruinenſtätten.

I. Die Äolis.

Die zwölf alten äoliſchen Städte, die Herodot (I, 149) nennt: Κύμη ἡ Φρικωνὶς καλεομένη, Λήρισαι, Νέον τεῖχος, Τῆμνος, Κίλλα, Νότιον, Αἰγιρόεσσα, Πιτάνη, Αἰγαῖαι, Μύρινα, Γρύνεια und Σμύρνα, das bald von den Ioniern weggenommen wurde, laſſen ſich, mit Ausnahme von wenigen, nach ihrer Lage ſicher beſtimmen. Smyrna iſt allgemein bekannt, und weitere feſte Punkte ſind Myrina an der Mündung des Pythikos und Elaea, das aber nicht zum Bunde gehört, 12 Stadien öſtlich der Mündung des Kaïkos (Strabo XIII, 1. 67); mitten zwiſchen Elaea und Myrina liegt Grynion, und von Myrina ſüdlich iſt an der Straße nach Smyrna Kyme unſchwer zu beſtimmen. 30 Stadien jenſeits (weſtlich) der Kaïkosmündung ſoll Pitane liegen, und Strabos Ausſage, daß dieſe Stadt zwei Häfen gehabt habe, paßt ſo ausſchließlich auf Tſchandarlik, daß das frühere Schwanken, wo Pitane anzuſetzen ſei, ſchon damit beſeitigt iſt.

Die vorhandenen Akropolen und Häfen geben natürlich für die genaue Beſtimmung den Ausſchlag. Die Entfernungsangaben bei Strabo und auf der Tabula Peutingeriana ſtimmen vielfach nicht überein und korrigieren einander auch nicht ohne weiteres.

Herodot beginnt ſeine Aufzählung: Kyme, Lariſſa, Neonteichos, Temnos, und gibt damit, wie wir heute erkennen können, die Baſis, auf der ſich die Äolis aufbaut. Das feſtgeſtellt zu haben iſt Ramſays Verdienſt. Es hat lange Zeit Streit geherrſcht, wo gerade Lariſſa, Neonteichos, Temnos anzuſetzen ſeien, und manchem ſcheint er vielleicht heute noch nicht in jedem Punkte entſchieden. Strabo, der von Magneſia a. S. ausgehend ſagt (XIII, 3. 5): »Nach der anderen Seite, nach der Kaïkoslandſchaft zu, ſind von Lariſſa über den Hermos weg bis Kyme 70 Stadien«, hat dazu verführt, L a r i ſ ſ a am Südufer des Hermos anzunehmen. Erſt als man mit Ramſay die große Anſchaulichkeit und Zuverläſſigkeit von Ariſtides' (XXVII, 347) Beſchreibung ſeiner Reiſe Smyrna–Kyme–Myrina–Grynion–Elaea–Pergamon erkannte, ſah man, daß Strabo, wie ja auch ſonſt hier und da, ſich geirrt habe. Ariſtides fährt mittags (μεσημβρία προσῄει) aus Smyrna, gegen Sonnenuntergang (περὶ αὐτὴν δύσιν ἡλίου) kommt er an den Hermos. Bei Dunkelheit überſchreitet er ihn (νύξ τε ἦν ἤδη καθαρά) und gelangt tief am Abend (βαθείας ἑσπέρας) nach Lariſſa, weiter um Mitternacht oder noch ſpäter (καὶ μέσαι τε ἤδη νύκτες ἦ καὶ ἔτι πορρωτέρω) nach Kyme und ſo fort.

So wird denn Lariſſa heute allgemein gleich nördlich vom Hermos angeſetzt, beim Dorfe Burundſchik, auf der Spitze eines zungenförmigen Ausläufers des Dumanly-Dag, wo eine ſchöne alte Akropolis erhalten und jüngſt von Kjellberg und Boehlau unterſucht iſt.

Von Lariſſa ſoll N e o n t e i c h o s nach Strabo 30 Stadien entfernt ſein. Das trifft auf eine prachtvolle Burg- und Stadtanlage über dem Dorfe Doaköi zu, und damit erhält dann die Erzählung Strabos, die Lokrer, die Gründer von Kyme, hätten das pelasgiſche Lariſſa zuerſt nicht in ihre Gewalt bekommen können und deshalb gegen ſie »die neue Burg« gebaut, ihre draſtiſche Illuſtration.

Für T e m n o s liegt eine ähnliche Schwierigkeit vor, wie wir ſie bei Lariſſa fanden. Die Tabula Peutingeriana gibt die Straße Smyrna–Temnum (33 m. p.) –Kyme an. Die Entfernung zwiſchen Smyrna und Temnos iſt auf ihr nicht erhalten. Daraufhin hat Kiepert immer daran feſtgehalten, daß Temnos auf dem direkten Wege zwiſchen Smyrna und Kyme, 33 m. p. vor letzterem, alſo ſüdlich vom Hermos, läge, und er meinte auch, in Plinius' Satze (V, 29. 31): *fuit in ore eius* (des Hermos) *oppidum Temnos, nunc in exstremo sinu Myrmeces scropuli* müſſe doch wohl an »Felſen im Meere an der vorgerückten Mündung gedacht werden«. (Briefl. Mitt. Kieperts an Schuchhardt 1887).

Das meines Erachtens Richtige hat auch hier ſchon Ramſay dargelegt (*JHSt* II, S. 234ff.). Temnos und Aegae werden öfter zuſammen genannt; z. B. Polyb. V, 77 μετὰ δὲ ταύτας Αἰγαιεῖς καὶ Τημνῖται προσεχώρησαν. Strabo ſagt, ſie lägen in dem Gebirge, das das Gebiet von Kyme, Phokäa und Smyrna beherrſcht. Damit können wohl nicht die durch den Hermos ſcharf getrennten zwei Gebirge Dumanly-Dag und Jamanlar-Dag gemeint ſein. Auch bezeugt eine Pauſaniasſtelle, daß Temnos nördlich vom Hermos lag. Nachdem er (V, 13. 7) von dem Pelopsthron im Sipylos geſprochen hat, ſagt er, jenſeits des Hermos (διαβάντι δὲ Ἕρμον ποταμόν) habe Pelops in Temnos ein Aphroditebild geſtiftet.

Wir ſehen daher mit Ramſay Temnos in der prächtigen Akropolis, die über dem Dorfe Güridſche auf ihrem wie abgeſchnittenen Felſen thront, tief in die Bucht einer Felsmaſſe zurückgezogen, deren vorderer Teil beim Dorfe Belenköi in der Tat einmal die alte Mündung des Hermos markiert haben muß. Dieſe Anſetzung iſt, nachdem Vorſtehendes niedergeſchrieben war, auch von Keil und v. Premerſtein in den Denkſchriften der Wiener Akademie der Wiſſenſchaften 1908, S. 94f. eingehend begründet.

Aegae legte man früher nach Güſelhiſſar, etwa 10 km ſüdſüdöſtlich Myrina; auch deſſen richtige Anſetzung weiter flußaufwärts in Nemrud-Kaleſſi wird Ramſay verdankt (*JHSt* II, S. 292ff.), und M. Clerc iſt ihm gefolgt (*BCH* 1886, S. 294ff.). Radet hat es zwar wieder von da weg nach Saritſcham, an den Nordrand der hyrkaniſchen Ebene bringen wollen (*BCH* 1887, S. 391ff.); ſeine Annahme beruht aber nur darauf, daß es in einer bei Saritſcham gefundenen Inſchrift heißt, die Strafe für die Verletzung des Grabes ſolle an den Kaiſerlichen Fiskus und an den Rat von Aegae gezahlt und eine Abſchrift der Inſchrift in den Archiven zu Pergamon und zu Aegae niedergelegt werden. Daraus kann man aber nur ſchließen, daß Aegae die nächſte bedeutendere Stadt und der politiſche Vorort dieſer Gegend war.

Die auf das Erdbeben des Jahres 16 n. Chr. und den Wiederaufbau der Stadt bezüglichen Inſchriften, die auf Nemrud-Kaleſſi liegen, beweiſen, daß dies eine von den zwölf (oder vierzehn) damals zerſtörten Städten geweſen iſt. Daß wir ſie Aegae nennen dürfen, habe ich in Richard Bohns Aegae (2. Ergänzungsheft des Jahrbuchs des Inſtituts 1889, S. 57ff.) dadurch zu beweiſen geſucht, daß ich zeigte, wie von den zwölf Städten, deren Liſte Tacitus gibt, elf ſicher an anderer Stelle gelegen haben, ſo daß für Nemrud-Kaleſſi nur Aegae übrigbleibt. Statt der Taciteiſchen zwölf Städte nennen Nikephoros Kalliſtos (I, 17) und auch die Puteolaniſche Baſis vierzehn, indem ſie Epheſos und Kibyra (in Phrygien) hinzufügen. Von den übrigen zwölf aber ſind acht: Magneſia, Sardes, Philadelphia, Tmolus, Temnos, Myrina, Kyme, Apollonis, nach ihrer Lage allgemein bekannt; weitere drei: Hyrkanis, Hiero-Kaiſareia, Moſteni, gehören, wenn auch die beſtimmte Akropolis für jede noch nicht aufgezeigt werden kann, doch ſicher in die hyrkaniſche Ebene, und es bleibt ſomit nur die zwölfte, Aegae, für Nemrud-Kaleſſi übrig.

Damit hätten wir von den bei Herodot genannten altäoliſchen 12 Städten untergebracht: Smyrna, Kyme, Lariſſa, Neonteichos, Temnos, Aegae, Myrina, Grynion, Pitane. Die verbleibenden drei: Killa, Notion, Aigiroëſſa, ſind unbeſtimmbar, da wir für ſie keinerlei anderweitige Hinweiſe haben, ſie vielmehr nur an dieſer Stelle für die Äolis genannt werden. Killa darf nicht mit dem gleichnamigen troiſchen verwechſelt werden, das durch ſeinen Apollokult weithin bekannt geworden iſt, und ebenſo iſt Notion natürlich ein anderes als das kolophoniſche. Die Geſchloſſenheit der nachweisbaren äoliſchen Gruppe und die Beobachtung, daß das einzige weiter abſtehende Glied (Smyrna) bald die Beute der Nachbarn wird, mahnen energiſch, die noch unbeſtimmten Drei nicht anders als zwiſchen Hermos und Kaïkos zu ſuchen. Man denkt zunächſt an den Unterlauf des Pythikos, wo die bemerkenswerten Burgſtätten auf der großen und kleinen Tſchanita unweit Uſun Aſſanly liegen. Aber da hier der Name Tisna doch kaum zu bezweifeln iſt (ſ. unten), wir anderſeits im Gebirge weitere Akropolen nicht kennen gelernt haben, ſo müſſen in erſter Linie die am ſüdlichen Rande des Berglandes öſtlich von Temnos vorhandenen Ruinenſtätten in Betracht gezogen werden. Die Akropolis auf dem Avdal-Tepe, am Austritt des Weges von Aegae nach Magneſia aus dem Gebirge, ſteht doch gewiß mit dieſem Wege und ſo mit Aegae in Beziehung, und weiterhin gibt es noch mehrere Akropolen. Wir werden ſchwerlich die dreißig πόλεις, die Kyme angelegt hat, untergebracht denken können, wenn wir nicht das Gebirge des Jünd-Dag weithin mit in Anſpruch nehmen, und da deſſen Nordrand den Äoliern durch die Teuthranier verſperrt war, werden ſie um ſo mehr den Südrand zu gewinnen und auszubauen getrachtet haben. Daher ſind ſie denn auch bei weitem nicht in dem Maße Seefahrer geworden wie die Ionier. Ihre Küſte war der kurze Strich von Kyme bis Pitane und hatte kaum ein halbes Dutzend Häfen; ihre Haupttätigkeit entwickelte ſich im Binnenlande im bäuerlichen Betriebe.

A. Die Küſte.

1. Kyme.

Der ovale Hügel, auf dem Kyme gelegen hat, nordöſtlich vom Lamurt-Tſchiftlik, iſt heute von Wein- und Gartenbau ſo völlig in Anſpruch genommen, daß kaum ein Mauerſtück zu erkennen iſt. Ende September 1887 fand ich dort den Boden weithin bedeckt mit Weintrauben, die in der Sonne zu Roſinen getrocknet werden ſollten. Nur hier und da war eine Quader weißen Kalkſteins zu ſehen. Wenige Tage vorher war aber auf einem Hügel ſüdlich von der Akropolis hinter einer römiſchen Mauer ein Kopf aus weißem Marmor zutage gekommen, zu dem nachher auch die ganze Figur gefunden iſt (Sal. Reinach, *Chroniques d'Orient* [Paris 1891] Titelblatt und S. 477, die weibliche Statue und einige andere Skulpturen). Münzen finden ſich nach Ausſage der Leute häufig, und Ariſt. Baltazzi in Aliaga beſaß 1886 eine ſchöne Sammlung kymäiſcher Münzen, die alle von den Feldern um Lamurt Tſchiftlik ſtammten (von Dieſt, S. 33).

Auf einer Münze von Kyme kommt, wie ſonſt der Hermos, auch der Xanthusfluß vor (Numism. Zeitſchr. XV, 266, 89). Das kann nur das kleine Flüßchen ſein, das mitten aus dem Ulubunar, dem das kymäiſche Gebiet im Halbkreis umziehenden Gebirge, gegen Nordweſten fließt und ſchon nach 3 km bei Lamurt mündet (vgl. Ramſay *JHSt.* II, S. 278 f.).

Gegraben iſt verſchiedentlich bei Kyme. Baltazzi hatte angefangen und die Franzoſen haben fortgefahren. Aber da bei Kyme nicht der feſte Kalktuff anſteht wie bei Myrina, ſondern ein weicher Löß, zeigten ſich die Gräber weit ſchlechter erhalten und zum großen Teil ſchon ausgebeutet (*BCH* 1886, S. 492 ff.). Sayce (*JHSt.* III, S. 219) erwähnt die gefundenen Kybelefiguren, und von beſonderem Intereſſe ſind die von Sal. Reinach im *BCH* 1889, S. 543 ff., Taf. VIII publizierten. Inſchrift mit dem Stadtnamen (Baltazzi bei Sal. Reinach, *Chroniques d'Orient* S. 22 f.). Allerlei Ausgrabungen Baltazzis, ſ. Sal. Reinach, a. a. O. S. 426 ff., 712. Sie geben nichts zum Stadtbilde.

Der Name Kyme iſt nach G. Curtius, Griech. Etym. I. 115 die äoliſche Form für Κώμη.

2. *Ὅροι Περγαμηνῶν.*

Auf der bergigen Halbinſel, die nördlich von Kyme vorſpringt und ſich am Ende in zwei Zipfel teilt, deren weſtlicher das Kap Hydra iſt, liegt ungefähr an dem Punkte, wo die Achſen der beiden Zipfel ſich ſchneiden, ein großer Felsblock, auf deſſen geglätteter Fläche, nach Oſten ſchauend, die Inſchrift ΟΡΟΙ ΠΕΡΓΑΜΗΝΩΝ eingehauen iſt. Sie wurde von Dem. Baltazzi im *BCH* 1881, S. 283 f. mitgeteilt. Wir geben ſie umſtehend nach der Zeichnung (1 : 20) von Fabricius (3. Nov. 1885).

Philippson, der die Stelle noch 1900 besucht hat, schreibt mir darüber: »Der Stein befindet sich inmitten der Halbinsel, am westlichen Abhang ihres Hagios Ilias genannten höchsten Berges. Die Lage entspricht keiner natürlichen Grenzlinie, weder einem Tal noch einem Rücken oder Joch, sondern ist scheinbar ganz willkürlich am sanften Bergabhang. Doch befindet sich der Stein unzweifelhaft in situ. Es ist ein großer roher Naturblock aus einem Trachyttuff (mit großen Trachytbrocken darin); zahlreiche andere derartige Blöcke bedecken den Abhang ringsum. Die Fläche, auf der die Inschrift eingemeißelt ist, streicht N 8° W, schaut nach Ost den Bergabhang hinauf; sie schaut auch nicht gegen das in der Ferne sichtbare Pergamon. Sie sondert die Spitze der Halbinsel von deren Wurzel ab! Die Rückseite des Blocks (bergabwärts) ist durch einen kleineren, roh behauenen Block gestützt.« (So auch Reisen und Forschungen S. 77.)

Die Buchstaben der Inschrift, die 1·1—18 cm groß sind, zeigen nur in dem zweiten kleinen o einen altertümlichen Charakter, dem übrigens auch das oben offene ω nicht widerspricht, denn es findet sich schon in einer Eumenesinschrift (Athen. Mitt. 1902 S. 95 n. 37) und als Werkzeichen am Großen Altar. Die Inschrift wird deshalb in die erste Zeit der Pergamenischen Dynastie zu setzen sein (s. oben S. 78).

3. Myrina.

Der Kodscha-Tschai bildet die letzten 5 km seines Laufes eine breite Schwemmebene zusammen mit dem Kondus-Tschai, der aus den Bergen oberhalb Grynion kommt. Die Stadtsiedelung von Myrina erstreckte sich über zwei Hügel, die sich auf der Nordseite scharf über der Ausmündung dieser Flüsse erheben. Der vordere, fast mit seiner ganzen Ausdehnung ins Meer vorgeschobene, ist der Kato-Tepe, ein Rundling von nur 50 m Höhe, der gegen Südosten zurückliegende Epano-Tepe ist größer und etwas über 60 m hoch. Eine Planskizze ist bei Pottier und Reinach *BCH* 1882, Taf. IX gegeben, mit der Beschreibung der Überreste auf S. 197 ff.

Diese beiden Hügel sind nicht durch einen Sattel verbunden, sondern durch eine nur 2—3 m über den Meeresspiegel sich erhebende Ebene getrennt. Nördlich von ihnen und hinter einer eben solchen Ebene erhebt sich dann eine dritte Höhe. Auf ihr hat der Hauptteil der Gräberstadt sich angesiedelt, und zwischen ihr und dem Kato-Tepe tieft sich eine Meeresbucht ein, die den natürlichen Hafen für die Siedelung abgeben mußte.

Die beiden Hügel lassen in ihrem Profil schon von weitem erkennen, daß der vordere, der Kato-Tepe, durch die menschliche Besiedelung sehr stark verarbeitet worden ist, während der hintere, Epano-Tepe, weit mehr seine natürliche Form behalten hat. Vor allem in zwei scharf absetzenden Stufen zeigt sich am Kato-Tepe ein um den Gipfel laufender enger Mauerring und ein unten eben über dem Fuß umlaufender weiter; dazwischen erkennt man dann noch diese und jene einzeln eingeschnittene Terrasse. Jene zwei Ringe lassen keinen Zweifel darüber, daß die Spitze dieses Hügels eine kleinere Burg, also eine Herrenburg trug, und daß damit hier der Keim der ganzen Niederlassung zu erkennen ist. Die Wohnstätten der Übrigen wurden dann zunächst mit der Mauer am Fuße des Hügels umgeben, bei weiterer Ausdehnung wurde noch der zweite hintere Hügel hinzugenommen und nun das Ganze offenbar durch eine gemeinsame Mauer umschlossen. Am Nordfuße des Epano-Tepe steht davon noch ein gutes Stück, und seine Bauart, schon ziemlich regelmäßiges Quaderwerk, zeigt die nebenstehende Abbildung. In der Ebene zwischen den beiden Hügeln sah ich viele große Trachytquadern, die von einer hellenistischen Stadtmauer zu stammen schienen. Am Kato-Tepe erinnere ich mich nicht, noch hochstehendes Mauerwerk wahrgenommen zu haben. Wo er ans Meer stößt, sind aber noch Teile des Kais und eines Molo aus großen, 1½ und 2 m langen Blöcken offen.

Die Stadtmauer — ob auch die Ufermauern, habe ich mir nicht notiert — ist aus einem dunkelroten, harten, durch darinsteckende dunklere und härtere Teile oft marmoriert erscheinenden Trachyt gebaut; an dem mächtigen Felspfeiler, der den nördlichen Hafenkopf bildet, steht er zutage und ist offenbar hier gebrochen worden; das Terrain ringsumher, auch Kato- und Epano-Tepe, bestehen durchaus aus gelbweißem Kalkstein.

Auf dem Kato-Tepe sind jetzt eigentlich nur die scharf aus dem Felsen geschnittenen großen Terrassen zu erkennen. Zwischen den Hügeln sah ich außer den Mauerquadern auch

Myrina, Stadtmauer.

viele Säulentrommeln und einen Architrav, zwei Trommeln anscheinend *in situ* stehend. Auf dem Epano-Tepe sind auf der Nord- wie auf der Südseite, 20 m über dem Fuße, gute Stücke der Umfassungsmauer, bis 1,80 m hoch, erhalten; von einer besonderen Ummauerung des Gipfels ist keine Spur zu sehen. Um den Süd- und Westfuß des Berges sah ich besonders viele römische Baureste. Hier liegt im Westen, dicht neben dem Gutshofe Kalabassary, deutlich erkennbar das Theater als Halbrund von 70 m in den Bergfuß eingeschnitten. Der Blick von dieser ruhigen Stelle aus bringt einem die Schönheit der Lage Myrinas zum vollen Bewußtsein: Links hat man den Busen von Aliaga mit den Bergen der südlichen Äolis dahinter, gradeaus das offene Meer und Lesbos, durch den Kato-Tepe nur zum Teil verdeckt, rechts über dem Hafen den Karadagh mit Pitane und die Teuthranische Bergkette bis zum Geikli-Dagh bei Pergamon. Man sieht, wie eng Myrina mit der Kaïkoslandschaft verbunden ist.

In der Nekropole, nördlich von den Stadthügeln, haben die Franzosen, von dem Gutsbesitzer von Kalabassary, Aristides Baltazzi, aufmerksam gemacht, so große Mengen reizvoller Terrakottafiguren gehoben, daß dadurch Myrina als Gegenstück zu Tanagra in der heutigen Welt weithin bekannt geworden ist (Pottier u. Reinach, *La nécropole de Myrina* 1887).

Myrina hat nach Plinius (V, 30) ſich ſpäter auch Sebaſtopolis genannt Es war lange keine anderweitige Beſtätigung für dieſe Behauptung vorhanden; auf Münzen kommt der neue Name nicht vor. Bald nach 1870 aber hat ſich in Kliſſekoï eine Inſchrift gefunden, die lautet: ὁ δῆμος | ὁ Καισαρέων Μυρειναίων | Αὐτοκράτορι Καίσαρι Θεῷ | υἱῷ Θεοῦ, σεβαστῷ ὑπὲρ | εἰρήνης σεβαστῆς | καθιέρωσεν (Μουσεῖον 1875/76, S. 16). Das iſt eine Weihung an Auguſtus, und die Stadt hat ſich alſo ſchon nach ihm Cäſarea genannt, der Name iſt aber offenbar bald zugunſten des alten wieder abgekommen.

Myrina hat noch in byzantiniſcher Zeit als Biſchofsſitz eine Rolle geſpielt, und einer der erſten wiſſenſchaftlichen Reiſenden, Cyriakus von Ankona, hat zwiſchen ihr und Kyme eine Weihinſchrift des Φιλέταιρος Ἀττάλου an Apollon Chreſterios abgeſchrieben. Sie intereſſiert einmal, weil derſelbe Philetairos, offenbar der Begründer der Pergameniſchen Dynaſtie, den Tempel der Göttermutter auf Mamurt-Kaleſſi gebaut hat, und zum andern, weil wir von demſelben Apollo Chreſterios 1886 unterhalb Aegae am Pythikos einen Tempel gefunden haben (Bohn und Schuchhardt, Aegae S. 46ff.).

4. Grynion.

Die genaue Lage des durch ſein Apolloheiligtum bekannten Grynion iſt nicht leicht feſtzuſtellen. Das von Eläa nächſtſüdliche kleine Kap Tſchakran-Burun (Burun iſt »Spitze«, »Naſe«) iſt die Spitze des Hügelausläufers, der die Elaïtis von dem Gebiete Grynions und Myrinas trennt. Wo der Weg ihn überſchreitet, heißt er Tſcham Bel = »Tannenpaß«. Zwiſchen dieſem Kap Tſchakran und dem gegenüberliegenden Hadſchi Ahmed Aga öffnet ſich ein ähnlich weiter Buſen wie die Aliagabucht. Seinen ſüdweſtlichſten Teil werden wir für den Ἀχαιῶν λιμήν in Anſpruch nehmen dürfen, den nur Strabo erwähnt und auch er als vergangen. Die Mitte der ganzen Bucht iſt beſonders eingetieft; und wenn auch an dem nördlichen Vorſprung dieſes Buſens, bei einem kleinen See, an dem Hirten ſich ein paar Ställe gebaut haben, allerhand antike Steine zu einem Gebäude und einem Brunnen verwendet ſind, ſo iſt doch bemerkenswerter der ſüdliche Vorſprung, an dem noch Reſte *in situ* ſich finden. Die Stelle heißt Tſchifut-Kaleh, das »Judenſchloß«. Dort ſteht ein auf den erſten Blick mittelalterliches Gebäude von etwa 68 : 84 m mit 1,77 m dicken Mauern aus ganz unregelmäßigen, grauen und rötlichen Trachytſteinen. Wie ſchon Sal. Reinach für möglich hielt (*Chroniques d'Orient* [Paris 1891] S. 8, 564), ſcheinen aber ſeine Fundamente zum Teil älter zu ſein. Sie zeigen Quadern bis zu 2 m Länge. Auch vier wohlbearbeitete große Architravblöcke ſah ich und viele Säulentrommeln, alles aus Trachyt (ſ. die beiſtehende Skizze). Daß hier eine antike Anſiedlung mit vornehmen Bauten ſtand, iſt nicht zu bezweifeln, und ſo werden wir hier Grynion zu erkennen haben.

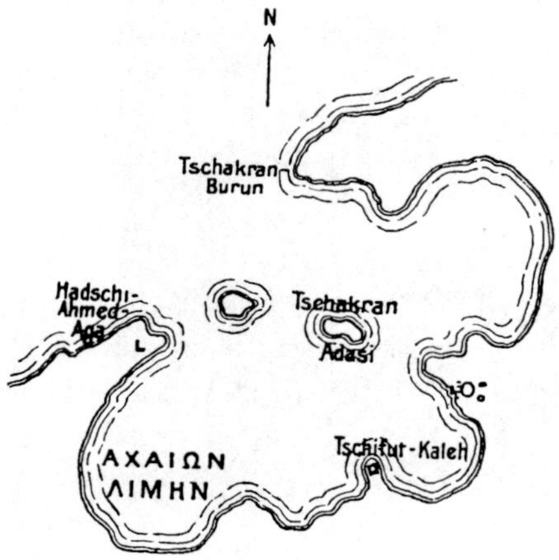

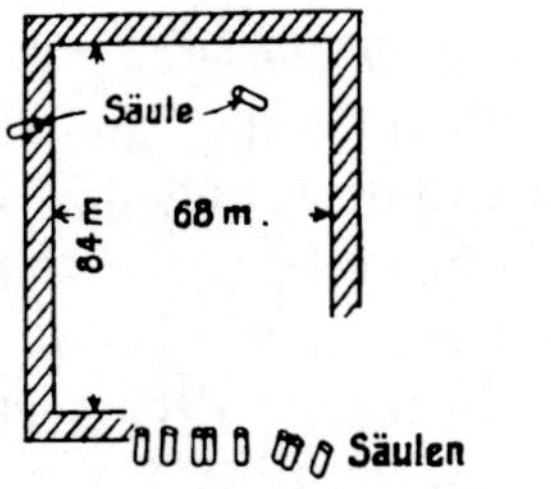

Der ganze Vorſprung, auf dem Tſchifut-Kaleh liegt, iſt flach, nur 3 m über dem Meeresſpiegel; und eine alte Akropolis iſt auch rings umher, einerſeits bis Myrina, anderſeits bis Elaea hin, nicht zu entdecken. Grynion hat alſo keine Burg gehabt, ſondern iſt im weſentlichen Heiligtum geweſen und hat als ſolches ohne Zweifel unter dem Schutze der Herren von Myrina geſtanden. Daher ſehen wir es auch nie eine politiſche Rolle ſpielen. Nach Xenophon (*Hell.* III, 8) befand es ſich mit Myrina zuſammen in der Gewalt desſelben Dynaſten. In den römiſchen

Konventusliſten kommt es nicht vor; auf der Reiſe des Ariſtides wird in anderen Städten geraſtet, das Gepäck geſucht, übernachtet, in Grynion wird dem Apollo geopfert; auch unter den byzantiniſchen Biſchofsſitzen ſchließlich iſt Grynion nicht mehr.

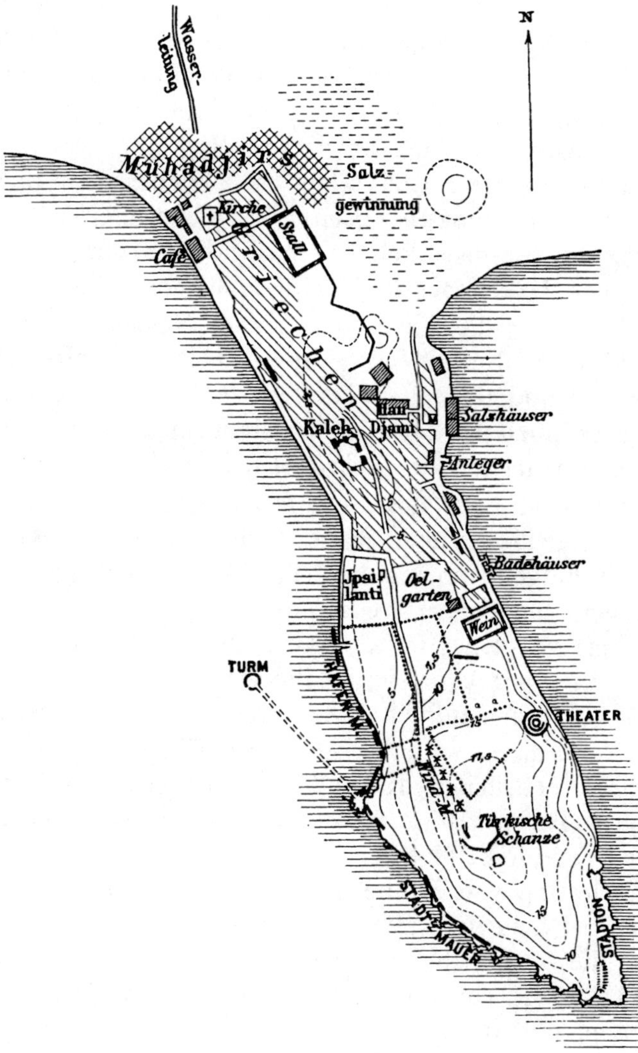

1:12500

5. Pitane.

Vom heutigen Tſchandarli erſtreckt ſich eine felſige, aber flache Zunge lang nach Süden ins Meer. Auf ihr lag das alte Pitane, das ſomit rechts und links von Natur die beiden Häfen hatte, die Strabo ihm zuſchreibt. Die Halbinſel iſt an ihrer Wurzel ganz flach, ſo daß man hier heute das Meerwaſſer auf weite Landflächen übertreten läßt, um ſein Salz zu gewinnen. Nach dem erſten Drittel ihres Verlaufes zeigt ſie eine Einſchnürung, dann aber ſchwillt ſie langſam nach der Breite und Höhe, um ſchließlich ganz ſpitz zu enden. Die heutige Stadt bedeckt nur wenig mehr als das erſte Drittel; in ihrer Mitte liegt auf einer kleinen Erhebung (5 bis 7 m) ein altes ſechstürmiges Kaleh, das heute noch als türkiſche Kaſerne benutzt wird. Im übrigen iſt die Stadt von Griechen bewohnt; nordweſtlich von ihr haben ſich Muhadjirs, türkiſche »Flüchtlinge« aus dem Kriege 1878, angeſiedelt. Wo die Schwellung der Halbinſel beginnt, beginnen auch die Öl- und Weingärten und Felder, die den ganzen übrigen Teil bedecken. Auf tief ausgefahrenen und ausgetretenen alten Gleiſen führen die heutigen Straßen über die die Strandgegend umgebenden Höhen der Stadt zu.

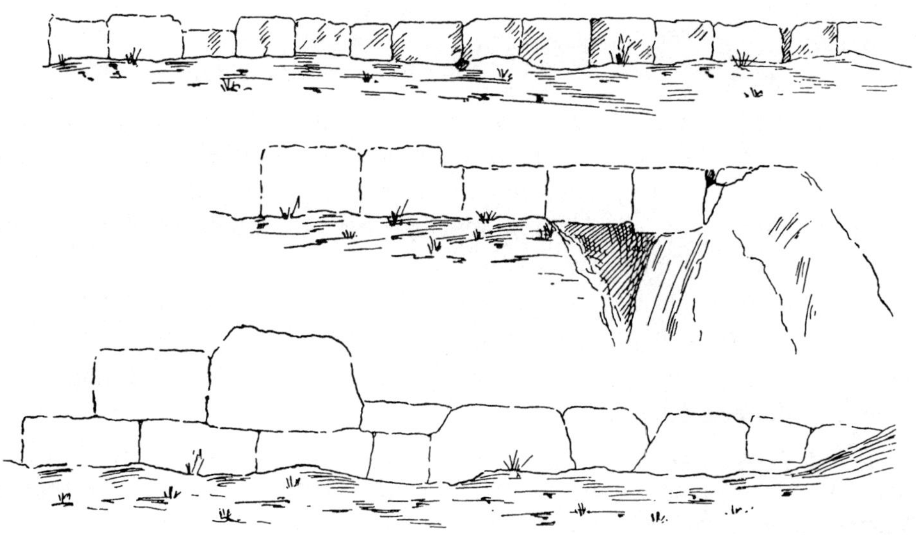
Pitane.

Der vordere Teil der Halbinſel iſt im weſentlichen das alte Pitane geweſen, und er allein heißt heute Ada

(»Insel« oder »Halbinsel«), der flache Teil mit dem heutigen Tschandarli nicht. Man kann unten an dem zackigen Felsenufer entlang, wenige Meter über dem Wasser, das dabei oft zu uns heraufspritzt, den Zug der Mauer ohne Schwierigkeit verfolgen. Beistehend einige Proben. Ihre Stärke habe ich mit 2,35, 2,50 und 2,55 gemessen. An der Westseite, an der Stelle der stärksten Ausschwellung, setzt in der Richtung der von Südosten kommenden Mauerlinie ein Molo geradlinig ins Meer und bildet so zwischen sich und der scharf einbiegenden Halbinselkontur einen langen schmalen Hafen. Auf der Ostseite ist eine derartige Anlage nicht zu sehen; dort konnte der Schiffsverkehr einst wie heute ohne sie auskommen, da die Halbinsel selbst gegen das offene Meer und die Westwinde Schutz bietet.

Wie weit die alte Stadt sich nach Norden ausgedehnt hat, ist nicht ganz klar; Spuren ihrer Umfassung sind im Westen in der Höhe der Molospitze und im Osten nur wenig weiter vor ein paar Fundamenten in Häusern zwischen den Badhäusern und dem Strandmagazin. Jedenfalls steht aber noch das türkische Kaleh auf griechischem Mauerwerk, das an einigen Stellen freigelegt ist. Die Örtlichkeit der Nekropolis, in welcher Baltazzi gegraben hat, ist nicht genau angegeben (Sal. Reinach, *Chroniques d'Orient* S. 9f.).

Innerhalb der alten Stadt ist im Osten in der Mitte der erhaltenen Mauerlinie von 5 bis 15 m hoch aufsteigend anscheinend die Mulde eines Theaters zu erkennen. An derselben Strandlinie zieht sich von der Spitze 200 m gegen Norden herauf eine schöne Terrasse, der die Natur die Unterlage geboten, Menschenhand durch Wegschlagen im Norden und Aufhöhen im Süden die Vollendung gegeben hat: in ihr wird man ein Stadion erkennen dürfen. Scherben von Tongefäßen aus hellenistischer Zeit werden am alten Stadtplatze in Menge gefunden.

Neuerdings wirft Dörpfeld die Frage auf, ob nicht Pitane an der Stelle des bisher für Atarneus gehaltenen Kaleh-Agili oder etwas weiter östlich gelegen habe (Athen. Mitt. 1910, S. 399). Er ist darauf gekommen durch seine Verlegung des Elaitischen Golfs in den Norden des Kanegebirges (s. oben S. 71). Wie aber hierzu schon kein Grund vorhanden ist, so wird die Verlegung von Pitane ausgeschlossen durch die Angaben desselben Strabo XIII, 1. 67, daß zwischen Pitane und Elaea, 30 Stadien von jenem, 12 von diesem entfernt, der Kaïkos münde, durch die entsprechenden Angaben des Plinius V, 30 (32) und des Ptolemäus V, 2. 6, durch die vielen Münzen von Pitane, die nach unseren eigenen Erfahrungen ständig in Tschandarli zutage kommen, und durch die einzig auf Tschandarli passende Angabe Strabos (XIII, 1. 67), daß Pitane zwei Häfen habe. Hierokles Συνεκδημός XX. läßt in der Aufzählung der Städte der 'Επαρχία 'Ασίας aufeinander folgen: 'Ελαία, Πιτάνη, Κάναι.

6. Warten um Pitane.

Für den 18. und 19. September 1887 hatte ich das Glück, in dem Lehrer Gabriel Panagiotides von Pitane einen selten ortskundigen und für die Geschichte seiner Heimat interessierten Führer zu besitzen; und dadurch ist es mir gelungen, den Kranz von Warten, den Pitane zu seinem Schutze um sich herum angelegt hat, in einer Vollständigkeit kennen zu lernen, wie man ihn selten für eine Stadt feststellen kann.

Ich habe für Pitane im ganzen sieben Warten kennen gelernt.

A. Damalan liegt nur $^1/_2$ Stunde von Pitane gegen NNW, etwa 115 m hoch. Es sind nur zwei rechteckige Hausgrundrisse von $4^1/_2$ m Durchmesser und dazwischen ein paar länger hinziehende Mauern zu erkennen.

B. Delik-Tasch, NNO zu N $1^1/_2$ Stunden von Pitane, ein Felsblock, dessen Oberfläche zu einer Warte zugerichtet ist; in einen zweiten daneben sind drei Gräben eingeschnitten. Auf dem Wartenfels sind verschiedene Räume applaniert; in den anstehenden Felswänden, bei A B nebenstehender Abbildung, sind die Balkenläufe für die Bedachung eingemeißelt. Treppen führen im

Fels zu den Plattformen hinauf. Oben iſt eine quadratiſche Ziſterne von 75 : 75 cm, unten in einer Wand eine Höhle 1,75 breit, 1,60 tief, 1,70 hoch, offenbar ein Kühlkeller.

C. Namenlos. 5 Minuten nordöſtlich in Luftlinie von der kleinen Akropolis Öedjik, die $^1/_2$ Stunde weſtlich von Tſchandarli liegt, ziehen zwei parallele Mauern, 5 m voneinander, quer über den Weg; beide Außenfluchten ſind erhalten, die Bauart iſt dem Anſchein nach »eumeniſch«. Lage nur etwa 10 m über dem Meere.

D. Lelek-Taſch (Storchſtein) oder *Su itſchmes avly* (»Wo man kein Waſſer trinkt«), weſtlich $^3/_4$ Stunden von Pitane, 30 m hoch. Ein Wartturm von ſchönem »eumeniſchen« Quaderwerk; die Mauer, 0,70 m dick, hat nur vorn Quadern, hinten Bruchſteine.

E. Hamam-Tepe. Nach anſteigendem Wege direkt nördlich von Lelek-Taſch, 140 m hoch, viereckiger Turm $7^1/_2$: 9 m, »eumeniſch«.

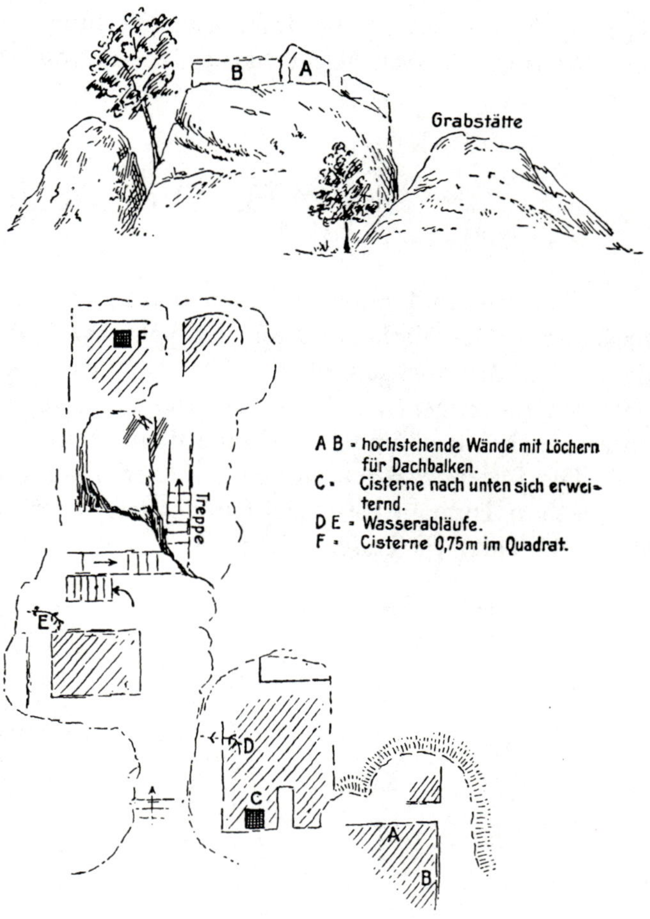

Delik-Taſch.

F. Jamuru-Tepe. Der Weg zieht ſich in regelmäßigem Anſtieg wieder ganz nach Südweſten an die Küſte vor zu dem 165 m hoch gelegenen Jamuru-Tepe. Es iſt wieder ein Turm wie die vorigen, aber nur einzelne Steine *in situ*, kleiner als dort, aber ebenſo bearbeitet.

G. Naralan-Jailaſi, nördlich $^1/_2$ Stunde von Jamuru-Tepe, 290 m hoch; Turm $5^1/_2$ m Quadrat, Mauer 0,73 m dick, »eumeniſch«; auf den Ecken ſcharfer Beſchlag wie bei Boſſenquadern. Steine 0,98 und 1,00 m lang, 0,44 m hoch.

15 m nördlich vom Turm ein Haus: Türpfoſten ſtehend, Ecken aus Quadern, Wände aus großen Bruchſteinen, Tür an der Ecke. — Ein zweites iſt ganz eingeebnet. — Das dritte, 5 m im Quadrat, hat eine Tür in der Mitte der Vorderwand, nach dem Meere zu. Ein viertes iſt wieder ſehr zerſtört, ein fünftes und ſechſtes weiter ab nach Norden, ein ſiebentes und achtes weſtlich vom Turm mit je einer erhaltenen Wand.

7. Ortſchaften bei Pitane.

Eine halbe Stunde weſtlich von Tſchandarli liegt eine Ruinenſtätte mit Namen Giaur-Ger, etwas vom Meere ab. Man ſieht Dachziegel, behauene Steine, dicke Tonrohre, Gräber, römiſche Fundamente. Unten eine kleine Akropolis mit ſüdlicher Achſe. Die kleine Burg heißt Öedſchik und erhebt ſich 10 m hoch; auf ihr nichts *in situ*, aber Terraſſierung erkennbar, und in Steinhaufen auch behauene Stücke.

Vielleicht iſt hier das kleine Atarneus zu erkennen, von dem Strabo (XIII, 1. 67) ſagt: es werde »auch im Pitaniſchen eine Örtlichkeit am Meere Atarneus genannt, dicht bei Pitane (ὑπὸ τῇ Πιτάνῃ) gegen die Inſel Eleouſſa hin«. Der Mal-Tepe von Murdalitſch, wohin man dies Atarneus bisher gelegt hat (Kiepert, von Dieſt), liegt ſchon beträchtlich über Eleouſſa hinaus[1].

B. Die ſüdliche Äolis.

8. Lariſſa.

Kjellberg und Boehlau haben den Platz mit Ausgrabung unterſucht, Kjellberg hat darüber berichtet in den Verhandlungen der Sprachwiſſenſchaftlichen Geſellſchaft in Upſala, Upſala 1904, dann über die dort gefundenen Terrakottafrieſe in der Berliner Archäologiſchen Geſellſchaft vorgetragen (Anzeiger des Jahrbuchs 1906, Sp. 205). Inſchriften, die ſie vermutungsweiſe Lariſſa zuweiſen, bei Keil und von Premerſtein, Reiſe, S. 92 f.

Die folgende Beſchreibung und den Plan verdanken wir Boehlau.

»Vom Dumanly-Dag zieht in ſüdweſtlicher Richtung ein Bergrücken weit in die Hermosebene hinein. Er endet mit einer 120 m hohen Erhebung mit ausgedehnten Terraſſen und

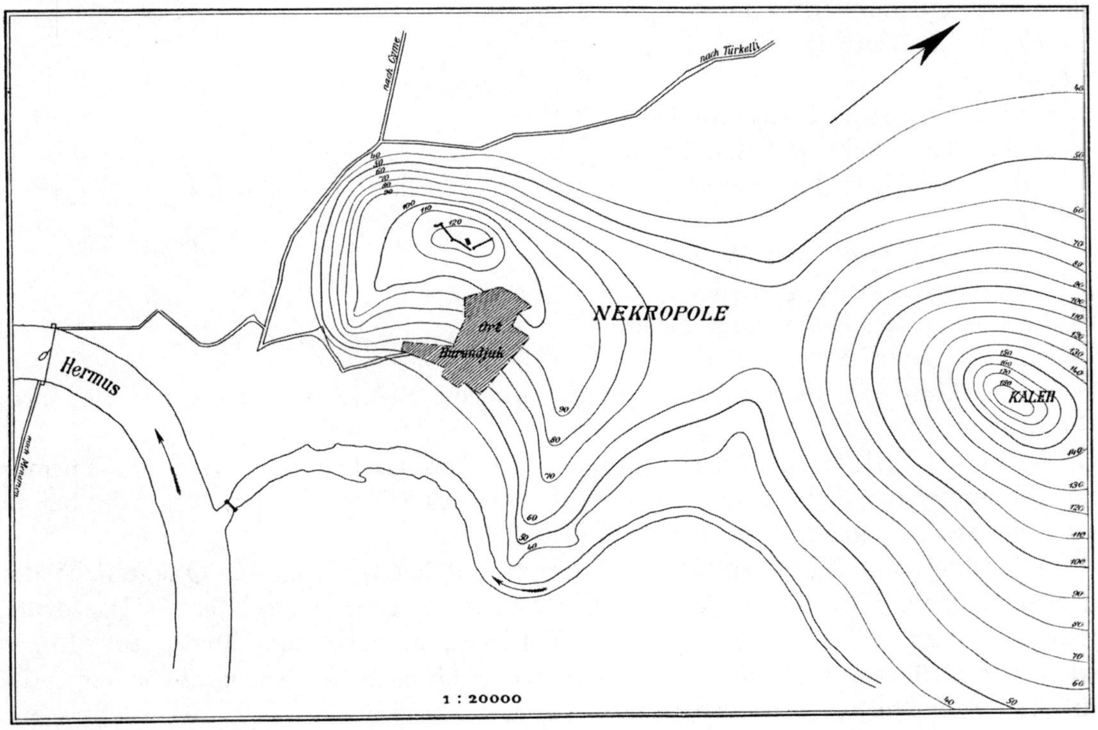

Lariſſa.

meiſt ſteilen Abhängen, auf der Reſte einer alten Stadtanlage ſichtbar werden. Nach der Reiſebeſchreibung des Ariſtides (ſ. oben) iſt dieſe Anlage, wie Weber und Ramſay erkannt haben, als das phrikoniſche Lariſſa anzuſprechen. Heute liegt in der nach Süden geöffneten Mulde des Berges das Dorf Burundyuk (d. i. Näschen), dem das weithin auffallende charakteriſtiſche Profil des Stadtberges ſeinen Namen gegeben hat. Scherbenfunde, die Wolters und Schuch-

[1] Alkman (bei Athenäus I 31 c) nennt unter den fünf Hügeln, die den feurigſten und blumigſten Wein liefern, einen bei Onogla und Stathmoi, »Ortſchaften in der Nähe von Pitane«. Wie Onogla, das auch anderweit bezeugt iſt, beweiſt, iſt damit aber das lakoniſche Pitane gemeint; dort und in Arkadien liegen auch die vier andern von Alkman aufgeführten Hügel.

hardt 1886, Boehlau 1894 dort machten, veranlaßten Kjellberg 1902 zu einer gemeinſam mit Boehlau ausgeführten Grabung. Hierbei wurden auf der höchſten Terraſſe eine in vorperſiſcher Zeit ummauerte Akropole mit einem archaiſchen Tempel feſtgeſtellt.

»Nach den überaus reichlichen Scherbenfunden läßt ſich die Beſiedelung des Berges in älteſter nachmykeniſcher Zeit anſetzen. In helleniſtiſcher Zeit wurde die Befeſtigung der Akropole erweitert und verſtärkt, und gleichzeitig nahe dem alten Tempel ein geräumiger Palaſt erbaut. Zu Strabos Zeit war die Stadt verlaſſen.

»Der Umfang der archaiſchen und der helleniſtiſchen Stadt iſt nicht feſtgeſtellt worden.

»Der archaiſche Friedhof liegt in der Senke zwiſchen dem Stadtberge und der nächſten 180 m hohen kegelförmigen Erhebung des obengenannten Bergrückens. Dieſe, bei einer Belagerung der Stadt von äußerſter Wichtigkeit, war in helleniſtiſcher Zeit durch ein Kaſtell befeſtigt, das gleichzeitig den Weg von Kyme über Lariſſa nach Neonteichos und Smyrna deckte. Wegeſpuren am Nordabhange des Stadtberges laſſen vermuten, daß die Straße nicht wie heute durch die Ebene, ſondern am Fuße der Berge entlang führte.«

9. Neonteichos.

Die Höhe nordöſtlich über den Dörfern Jani-Köi und Doa-Köi trägt eine merkwürdige Felskrone, die einmal eine Burg war; und von ihr herab zieht ſich, auf der Südſeite vollſtändig erhalten, eine winkelig verlaufende Stadtmauer, während nördlich nur der Plattenweg in ſeinem unteren Teile bis zum Dorfe Jani-Köi zu erkennen iſt.

Daß wir hier Neonteichos anzunehmen haben, iſt oben (S. 93) dargelegt worden.

Die Felskrone iſt im Grundriß rundlich, von etwa 35 m Durchmeſſer. Gegen Nordweſt und Südoſt hat ſie je einen viereckigen byzantiniſchen Turm. Die Nordecke aber iſt in altem Polygonmauerwerk erhalten. Ein hinterer Ausbau der oberen Spitze (gegen Nordoſten) zeigt

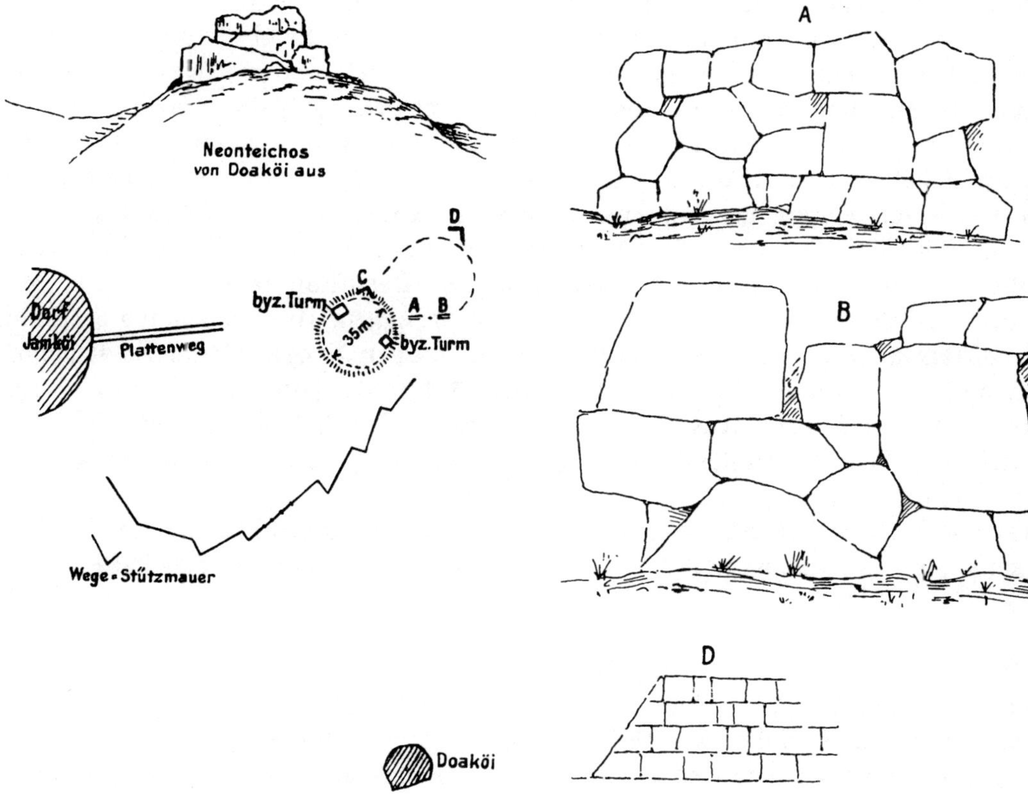

an seiner Südseite schöne Stücke alter polygonaler Ummauerung (s. Abb. A. B) und an der Nordecke eine Böschungsmauer in ziemlich reinem Quaderwerk (Abb. D).

Die Anlage weist also, wie Myrina, als Kern eine kleine Herrenburg auf und dazu einen großen Mauerring, der die Stadtsiedelung umfaßte. Der Beginn fällt in frühgriechische Zeit, die Fortdauer hat sich bis in die byzantinische erstreckt.

Vgl. auch Keil und von Premerstein, Reise, S. 93 f.

10. Temnos.

Auch bei Temnos, wie wir es mit Keil und von Premerstein nach der Bestimmung von Ramsay bei Güridsche ansetzen dürfen, ist eine kleine Akropolis vorhanden, oval von Osten nach Westen gestreckt, mit einer Polygonmauer umzogen. Von ihr geht eine Stufe tiefer eine gleichfalls polygonale Mauer ab zur Umfassung der weiteren Siedelung, und Ramsay hat 1880, ebenso wie Wolters und ich 1886, gesehen, daß hier den weiten Ostrücken entlang die reichsten Reste alter Bewohnung umherliegen. Späte erinnere ich mich nicht gesehen zu haben. Temnos gehört noch zu den Städten, die nach dem großen Erdbeben des Jahres 16 n. Chr. von Tiberius wieder aufgebaut wurden; nachher hören wir nichts mehr von ihr.

Temnos von S. her

11. Tisna.

Die große und die kleine Tschanita werden heute zwei griechische Bergsiedelungen am Mittellaufe des Kodscha-Tschai, also zwischen Aegae und Myrina, genannt, während als die moderne Nachfolgerin der alten Stadt vielmehr Güsel Hissar erscheint. Nach den Beschreibungen von Sayce, Baltazzi-Reinach und von Diest, dann meinen zweimaligen Besuchen und einem von Friedländer haben Schazmann und Hepding mit Sursos eine genauere Untersuchung in den Jahren 1907—1909 vorgenommen, worüber zu verweisen ist auf das Jahrbuch des Instituts 1910, S. 1 ff. mit Taf. 1 und 2 (Conze, Eine griechische Stadt) und Anzeiger 1910, Sp. 405. Die am dauerndsten besiedelte Stelle ist die auf der westlichen Kuppe der lang hingestreckt liegenden Höhen, auf der Kutschuk-Tschanita, wie die heutigen Anwohner sie benennen. Ich habe schon bei Bohn, Aegae S. 61, Tisna oder Titne als den Namen dieser Stadt vorgeschlagen. Der Fluß, an dem sie liegt, später Pythikos genannt, hieß früher, wie die Münzen von Aegae bezeugen, Τιτναῖος, woraus bei Plinius *Titanus amnis et civitas ab eo cognominata* werden konnte (s. oben S. 69). Dieser Stadt gehören dann die Münzen des 4. Jahrh. v. Chr. mit der Legende ΤΙΣΝΑΙΟΝ (Imhof, *Monnaies grecques* S. 275 f., Nr. 241, 242, Taf. J. 31). Aus der Kaiserzeit sind keine Münzen mehr von ihr bekannt, sie hat vielleicht da ihre Selbständigkeit verloren. Galen ignoriert sie, wo er Aegae an Myrina grenzend nennt.

Plinius sagt zwar *in ora Titanus amnis et civitas* .., aber die Aufzählung bei Strabo (XIII, 3. 5) erwähnt kein Tisna an der Küste. So muß es etwas landeinwärts gelegen haben.

12. Maintar.

Den Tschanitas gegenüber, eine kleine halbe Stunde gegen Süden, jenseits des Bachtales, liegt beim Dorfe Maintar eine Höhe, die bisher ebenfalls zumeist für eine Burg angesprochen ist. Es ist aber von einer Ringmauer und einem Burgplatz nichts zu erkennen, dagegen deuten alle Spuren auf eine bedeutende Nekropole. Es wird dieſelbe ſein, in der Baltazzi gegraben hat (Sal. Reinach, *Chroniques d'Orient* S. 9, 21 f.). Kaum 30 m über der Mühle am Bache findet ſich das erſte planierte Rund, in ſeinem vorderen Teile, nach dem Abhange zu durch künſtliche Aufhöhung hergeſtellt und von einer kräftigen Stützmauer gehalten. Ein Stück dieſer Stützmauer habe ich gezeichnet. Weiter nach oben finden ſich dann noch einige Reſte ſolcher Anlagen.

Auch dieſe Stützmauer iſt nicht mehr ganz polygonal; die Steine ſind freilich nicht regelrecht behauen, wie bei Stützmauern häufig, aber ſie lagern durchweg in horizontalen Schichten; von unten her kann man eine erſte, zweite, dritte, vierte ohne weiteres erkennen, erſt darüber wird es etwas wirr.

Wir werden den Hügel von Maintar als Gräberſtadt zu der Siedlung auf den Tſchanitas rechnen dürfen und erhalten damit an dieſer Stelle einen ſtattlichen Komplex altäoliſcher Anlagen. Es iſt ohne Frage die vermittelnde Zwiſchenſtation für Myrina und Aegae, die einander direkt nicht ſehen können. Wir glauben alſo zu erkennen, wie von Kyme, deſſen Münzbild in Münzen von Tisna ſich wiederholt, und von Myrina aus erſt die Siedlung auf den Tſchanitas und dann Aegae angelegt wurde und wie jene von beſonderer Wichtigkeit ſein mußte, ſo lange Aegae als vorgeſchobener Poſten in einem noch unſicheren Hinterlande lag.

13. Aegae.

Die Ruinen von Aegae (Nimrud Kaleſſi) ſind in einer beſonderen Publikation von Bohn und Schuchhardt ausführlich behandelt (2. Ergänzungsheft zum Jahrbuch des Inſtituts 1889). Auf dieſe iſt hier nur zu verweiſen.

Einzigartig iſt die wundervolle Erhaltung des Marktbaues, ſtattlich die Zahl der Inſchriften von Gebäuden, die nach dem Erdbeben unter Tiberius wiederaufgebaut ſind.

Daß, wie dort nachgewieſen, Nimrud Kaleſſi wirklich Aegae iſt, hat ſeitdem niemand bezweifelt. Nachzutragen iſt nur, daß die weite Ausdehnung des aegaeiſchen Gebietes nach Oſten, ins Binnenland hinein, die damals durch einen Grabſtein von Sariſcham angezeigt wurde (Bohn und Schuchhardt, S. 58 f.), ſich durch einige Grenzſteine mit der Aufſchrift ὅροι Αἰγαέων in Egri Köi und Tſcherkeß Haſſanly Köi beſtätigt hat (Keil und von Premerſtein, S. 97 f.).

Zu der einen äoliſchen Inſchrift, die wir 1886 in Aegae gefunden haben (Bohn u. Schuchhardt, S. 54), iſt inzwiſchen eine zweite gekommen (Keil und von Premerſtein, S. 97), als Beweis, wie ſich gerade in dem abgelegenen Gebirgslande der alte Dialekt lange gehalten hat.

C. Das Hinterland der Äolis.

14. Die Straße von Aegae gegen Oſten.

Die ſchön gepflaſterte Straße, die von Aegae durch die Nekropole nach dem Apollotempel hinunterführt, hat v. Dieſt (Reiſe S. 25) weit öſtlich im Tale des Sarum-Tſchai, nördlich von Sarum, 5 m breit, mit großen Platten belegt, in einem 400 m langen Stück wiedergefunden, und die Leute dort haben ihm verſichert, daß ſie ſo über die Dörfer Belen Köi und Aktſche Köi nach Nemrud Kaleſſi hinaufzöge. Von Dieſt ſieht in dieſer Straße den Weg von Aegae nach Sardes. Es iſt aber nicht einzuſehen, warum Aegae ſich eine beſondere Straße durchs Gebirge nach Sardes bauen ſoll, das es über Magneſia weit bequemer und gerader erreichen kann. Erſichtlich verbindet die Straße den Nordrand der Magneſia-Ebene, die Gegend um Sariſcham und Halikli mit Aegae, die Gegend alſo, die wir auch ſchon durch die Grabinſchrift von Sari-Tſcham, deren Abſchrift in Aegae hinterlegt werden ſoll, mit dieſer Hauptſtadt in Verbindung fanden. Bedenken wir dazu, daß das Gebiet von Aegae in römiſcher Zeit ſüdlich an das von Magneſia, nördlich an das von Pergamon grenzt, ſo wird um ſo deutlicher, daß Aegae jenen ſtattlichen Weg für ſein eigenes Hinterland gebaut hatte.

Von Dieſt nahm an, daß der gepflaſterte Weg ſich beim Apollotempel im Pythikos-Tale geteilt habe, daß die eine Linie öſtlich gegen Sardes, die andere ſüdlich und nachher ſüdöſtlich nach Magneſia gelaufen ſei. Auf der von ihm angenommenen Strecke nach Magneſia hat er aber keinerlei wirkliche Wegeſpuren gefunden. Wir ſind deshalb nicht gehalten, mit ihm die Burg auf dem Avdal-Tepe, da wo die angenommene Aegae-Magneſia-Straße aus dem Gebirge austritt, für eine bloße Wegewarte der Aegaeer zu halten, ebenſowenig wie die Burg bei Halikli, ſüdöſtlich von Sarum für eine ſolche an der Straße Aegae-Sardes.

15. Avdal-Tepe.

Beim Austritt des Tſchakal-Dere aus dem Gebirge erhebt ſich auf deſſen Nordſeite beim Dorfe Avdal ein Kegel 280 m hoch über die Talſohle, deſſen Spitze von einer kleinen Burg gekrönt iſt. Sie bildet ein Dreieck von 50 m größtem Durchmeſſer mit je einem ſtarken Turme auf den Ecken. Die Türme ſind ungleich, ebenſo wie die Seiten. Der öſtliche mißt 9 : 9 m, der ſüdweſtliche $7^{1}/_{2}$: 12 m, der nordweſtliche 5 : 8 m. Beſonders bei dem öſtlichen fällt das ſchöne »eumeniſche« Quaderwerk auf, in dem ſich Steine von 1,70 m Länge befinden.

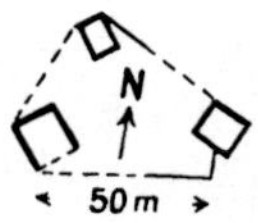

Von der Burg aus überſieht man weithin die Ebene von Magneſia, im Nordoſten erſcheint der zackige Urpek-Kaja, im Oſten 8° nördlich die Burg von Halikli in der Linie hinter Eriköi.

Bei der Kleinheit der Befeſtigung kann es ſich nicht um eine »Stadt« handeln, ſondern nur um eine Herrenburg oder ein militäriſches Fort (*caſtellum*). Die auffällig betonten Türme ſind ungewöhnlich für eine Herrenburg und deuten mehr auf eine militäriſche Beſatzung.

16. Aſſar bei Sümburlu.

Ein Nebenbach des Tſchakal-Dere, der erſt kurz vor dem Hermos in ihn einfließt, kommt direkt nördlich von den Dörfern Tuſchurlu, Eriköi, Bei-Ova, Sümburlu. An ihm liegt nur noch eine Viertelſtunde aufwärts von Sümburlu ein Aſſar mit dem Reſt einer Befeſtigung auf ſeiner Spitze. Zu erkennen iſt nur im Norden ein Viereck, wahrſcheinlich Turm, 15 m lang von gutem »eumeniſchen« Quaderwerk, davon ſüdlich zwei Parallelmauern etwa 30 m auseinander, von denen die öſtliche eine grobe Stützmauer iſt, und ſchließlich zwiſchen beiden eine Ziſterne, die noch Waſſer hält. Dieſe Anlage findet ſich auf der nördlichen Endigung des von Süden her vorſpringenden Bergrückens.

Von der Burg aus ſieht man nordöſtlich den Urpek-Kaja, ſüdweſtlich den Avdal-Tepe, ſüdſüdöſtlich Magneſia.

17. Kara-Hüjük.

Auf einer weit in die Magneſia-Ebene vorgeſchobenen Bergecke, die Kara-Hüjük heißt, liegt wieder eine kleine Burg. Auf dem rundlichen Plateau des Kegelberges bildet ſie ein Quadrat mit abgerundeten Ecken; aus deſſen ringsumgehender Terraſſe erhebt ſich in der Mitte 10 m höher ein beſonderes ummauertes Rechteck von etwa 45 : 30 m, deſſen Südſeite ſchöne »eumeniſche« Technik erkennen läßt. Von der Ummauerung des äußeren Quadrats iſt nichts ſichtbar, ſie iſt nur aus der Bodengeſtaltung zu erſchließen.

Das oberſte Rechteck der Burg liegt nur 45 m höher als das Dorf Halikli.

18. Sari-Tfcham.

Bei Sari-Tfcham muß nach den zahlreichen Infchriftfunden in Dorf und Umgegend — darunter auch eine Infchrift im äolifchen Dialekt im Tfchiftlik-Mufa-Bey — und nach feiner Lage an der Ausmündung der einzigen von Norden her in gerader Linie durch den Jünd-Dag kommenden Straße, an der wir auch eine Reihe weiterer antiker Anlagen erkennen konnten, eine mehr als gewöhnliche Burg und Stadt geftanden haben.

Südweftlich vom Dorf ftreckt fich eine Vorhöhe in die Magnefia-Ebene vor, die zur Anlage der antiken Anfiedlung benutzt ift. Ihr höherer nördlicher Teil war die Burg, 140 m lang (O–W) und gegen 30 m breit (N–S), nach Norden und Weften fteil, nach Süden und Often fanft abfallend, im Süden mit einer langen vorgebauten Terraffe verfehen.

Auf der Burg ift nur eine Fundamentmauer, wenige Meter lang, zu fehen, im übrigen ift alles von der Kultur verwifcht oder verdeckt.

Die Bedeutung von Sari-Tfcham wird gefteigert durch zwei auf Militärkolonien deutende Befeftigungen in feinem Rücken: Duvan-Affar (19) und bei Kodfcha-Kifchlar (20). Wie aber ihr Name war, ift nicht auszumachen. Ich würde an Mofteni denken, wenn nicht deffen Lage nahe am Hermos, etwa bei Bofch-Köi, durch Keil und von Premerftein (a. a. O. S. 5f.) fehr wahrfcheinlich gemacht wäre.

19. Duvan-Affar mit Kleinem Viereck.

Von Sari-Tfcham bin ich am 16. Auguft 1887 den zwifchen Burg und Dorf hindurchfließenden Bach gegen Nordweften hinaufgeritten über Maflar, Giökpeli nach Mamurt-Kaleffi bei Kara-Alan an den Quellen des Pythikos und am folgenden Tage von da zurück die öftliche Linie über Jani-Kagli, Kodfcha-Kifchlar, Tfchaly-Tepe nach Sari-Tfcham.

Eine kleine Stunde nordweftlich von Sari-Tfcham in der erften Flußgabelung, nördlich einer Mühle, liegt ein Bergkegel Duvan-Affar, der eine Befeftigung trägt. Er erhebt fich mit feiner Spitze etwa 90 m über das Flußtal zu feinem Fuße. Die Befeftigung befteht aus zwei Ringen. 22 m unterhalb der Spitze bildet die erfte Mauer ein ungefähres Quadrat, oben auf der Spitze fteht ein zweites kleineres, fchlecht erhalten. Die Mauer ift 1,45 m dick; an einer Stelle fieht man eine römifche Doppelmauer, in der Mitte eine in den Felfen gehauene Zifterne, römifch ausgemauert. Die Maße der Befeftigung waren nicht genau zu nehmen, fie entfprachen ungefähr denen beim Avdal-Tepe.

Dem Duvan-Affar weftlich gegenüber (1/4 Stunde weit), auf der anderen Seite des kleinen Flußtales, erhebt fich noch 95 m höher ein fchöner ifolierter Berg, der mit einem kleinen Mauerviereck von 45 : 45 m gekrönt ift; die Dicke der Mauer war nicht feftzuftellen, ihr Rand felten erhalten. Umher lagen mehrere Ziegelbrocken. Eine zweite größere Umfaffung, wie fie diefe kleinen Vierecke fonft zu haben pflegen, konnte ich hier nicht entdecken.

Eine Viertelftunde füdweftlich von diefem Kaleh, zwifchen ihm und dem Dorfe Maflar, ift die Quelle (Maflar-Tfchefchme) mit der Infchrift der Pakuvia Rufa, nach der Radet (*BCH* 1887, S. 395) Aegae bei Sari-Tfcham anfetzen wollte (f. oben Nr. 13. 14).

20. Affar bei Kodfcha-Kifchlar.

Anderthalb Stunden nördlich von Sari-Tfcham an dem Wege nach Mamurt-Kaleffi und Kinik, liegt wieder in einer Bachgabel, und zwar in dem Hauptfeitentale des faft von Bosköi kommenden und bei Kepenekly in die Ebene austretenden Deïrmen-Dere, ein ftattlicher Kegel mit einer größeren Befeftigung, als die bisherigen derartigen waren. Die untere Umfaffung bildet ein Fünfeck, die drei aneinanderftoßenden Hauptfeiten find je 150 m lang, die beiden andern, welche die Spitze bilden, je 75 m. Diese Mauer ist in einem halbpolygonalen oder, man kann sagen, in einem Stützmauerstile gebaut, wie beistehend skizziert. Das Mittelgebäude

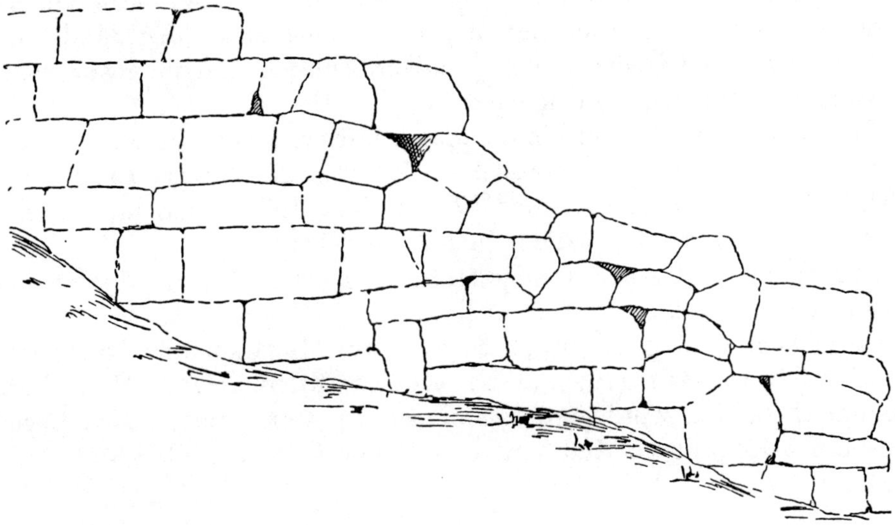

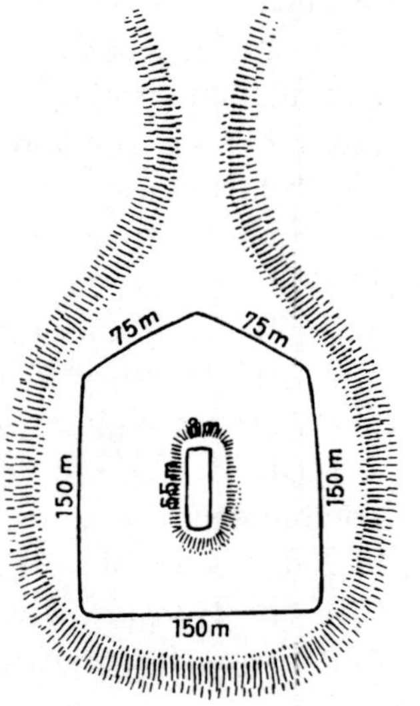

liegt 17 m über dem unteren Ringe und ist ein Rechteck von etwa 54:8 m, in weit regelmäßigerem Quaderwerke aufgeführt.

Die Spitze des Assar liegt 400 m höher als das Flußtal bei Kodscha-Kischlar.

21. Mamurt-Kalessi.

Im Jünd-Dag liegt auf der Höhe, welche um dieser Reste willen Mamurt-Kalessi heißt, die Ruine des Tempels der Göttermutter, nach dem antiken Namen des Gebirges (s. oben S. 69) bei Strabo XIII, 2. 6 Ἀσπορδηνή genannt. Auf dem von mir im Jahre 1887 zuerst besuchten Platze hat die Ausgrabung des Archäologischen Instituts durch Conze und Schazmann im Jahre 1910 den Tempel als vom Philetairos, dem Gründer der Attaliden-Dynastie, erbaut ergeben. Das Nähere wird im Ergänzungshefte VIII des Jahrbuchs des Archäol. Instituts veröffentlicht.

22. Karatut.

Etwa eine Stunde westlich von Mamurt-Kalessi liegt in einer Talsenkung am Fuße einer isolierten Anhöhe das Tschiftlik Karatut, dessen Anpflanzungen mit reicher Vegetation durch das Quellwasser des Platzes gespeist werden. Daß diese Gunst auch schon im Altertum eine Ansiedlung hervorrief, beweist namentlich ein kolossaler Trachyt-Sarkophag römischer Zeit, der mit herabgeworfenem Deckel umgestürzt an seiner Stelle liegt. Als Ornament ist auf seiner einen Langseite eine Vase zwischen zwei auf sie zukommenden Reitern roh in Relief ausgeführt. Und die isolierte Anhöhe, die wir aber nicht bestiegen haben, erscheint wohl passend auch für einen älteren griechischen Wohnsitz (Conze und Schazmann 1910).

II. Die Kaïkoslandschaft.

(Elaïtis, Teuthrania, Pergamene.)

Die ältest genannte Stätte der Kaïkoslandschaft ist Teuthrania, die sagenhafte Residenz des Teuthras und Telephos, die dann der ganzen Landschaft den Namen gegeben hat. Die Burg läßt sich mit Hilfe der genauen Angabe Strabos: 70 Stadien gleichmäßig von Atarneus, von

Elaea und Pergamon, mit Sicherheit in dem Prophet-Elias-Felſen bei Kalerga wiedererkennen. Der Übergang der führenden Rolle von Teuthrania an Pergamon muß ſeinen äußeren Grund darin haben, daß der Burgfels von Teuthrania für die Verwaltung und Beſchirmung eines ſtark erweiterten Gebietes nicht mehr Raum bot, hierfür vielmehr der weit größere und zur Verteidigung nicht minder geeignete Burgberg von Pergamon vorzuziehen war.

Elaea, die ſpätere pergameniſche Hafenſtadt, gehört nicht zu dem altäoliſchen Zwölferbunde; vielleicht daß die Teuthranier ſchon bei der äoliſchen Koloniſation die Mündung des Kaïkos ſich nicht nehmen ließen.

Für die Topographie der Tallandſchaft oberhalb Pergamons darf ich einen Bericht Conzes über die Beobachtungen der letzten Jahre hierherſetzen.

»Von Wichtigkeit iſt vor allem die Beſtimmung des Verlaufs der alten Hauptſtraße von Pergamon in das Hermostal mit Sardes und Magneſia. Das war nicht jener alte Botenweg (Eski-Katyrdſchi-Jolu), den von Dieſt (S. 15) als durch den Jünd-Dag führend nachgewieſen hat und den noch Sal. Reinach (*Revue archéol.* 1902, S. 377, Anm. 4) für die Hauptſtraße halten möchte. Auch Thrämers Ausführungen (S. 199—202) ſind nicht zutreffend.

»Heute führt die Fahrſtraße von Pergamon, zunächſt in ſüdöſtlicher Richtung das Flußtal durchquerend, auf Poiradſchik (Gambreion) und Kinik, und von da am Bergrande der linken Talſeite hin nach Soma. Dieſe Straße iſt aber erſt vor einigen Jahrzehnten mit Benutzung des Flußüberganges über die altottomaniſche Köjün-Köprü und mit Anlage einer von den Gewäſſern oft gefährdeten langen Brücke über den Kaïkos hergeſtellt worden. Noch heute gehen namentlich die Kamelzüge, ſolange nicht die Winterregen Unwegſamkeit bringen, auf der rechten Talſeite von Pergamon nach Balukesri und Soma, den alten Somaweg (Eski-Soma-Jolu), über Ajas-Kiöi, Sanas, Giaur-Kiöi (Chriſtianochori), Borudſche-Kiöi und Tſcherkes-Kiöi (früher Jenitſche genannt). Um von da nach Soma zu kommen, reitet man jetzt meiſt rechts abbiegend am ſanften Abhange hinunter zur Kadimühle (Kadi-Deïrmen), überſchreitet da den Kaïkos und findet jenſeits die heutige Fahrſtraße. Es gibt aber von Tſcherkes-Kiöi noch einen anderen, älteren und unbequemeren Weg, der bei der langen, jetzt nur noch in den Pfeilern ſtehenden Brücke den waſſerreichen Aktſchavla-Tſchaï überſchreitet, dann aber nicht auf die Kadimühle am Kaïkos führt, dieſen vielmehr weiter oben paſſiert und, wie auch der Weg, der vom Dorfe Duwarlar herabkommt, erſt nahe am chriſtlichen Friedhofe direkt vor Soma in die heutige Fahrſtraße einmündet. Dieſer Abweg wird noch heute bei hohem Waſſer wohl aufgeſucht. Er iſt hier die Straße im Altertum geweſen, wie auch die alte Brücke beweiſt, über die F. Gräber weiter unten im Abſchnitt über die Waſſerleitungen handelt. Wiederholt ſtößt man auf der ganzen angegebenen Strecke von Pergamon her an felſigen Stellen auf altausgefahrene Wagengeleiſe.

»Es iſt die Straße, die Strabo (XIII, C. 625, 4) beſchreibt: Wenn man von der Ebene und der Stadt (Pergamon) oſtwärts geht, ſo iſt da die Stadt Apollonia, hochgelegen (μετεώροις ἐπικειμένη τόποις). Deren Platz hat ſchon Humann in dem »Aſſar« auf dem vom Aktſchavla-Tſchaï im Bogen umfloſſenen Bergvorſprunge erkannt. Von der alten Straße, die natürlich nicht erſt auf die Stadthöhe hinaufkletterte, ſieht man beſonders auf der Strecke oberhalb Tſcherkes-Kiöi den Stadtbergrücken hoch aufragend liegen. Südlich, fährt Strabo fort, iſt aber ein Bergrücken (ὀρεινὴ ῥάχις), das iſt der jenſeits des Kaïkostales gelegene Trachala-Dag, auf deſſen zackige Form vom Tale und jenſeits aus geſehen der Ausdruck ῥάχις beſonders gut paßt. Es iſt nicht, wie bei Dieſt und ſonſt angenommen iſt, das ganze Gebirgsland des Jünd-Dag und Trachala-Dag, ſondern nur der letztere Teil; es iſt auch nicht ein Gebirgsname, ſondern es heißt nur: eine ὀρεινὴ ῥάχις. Die, welche dieſe überſchreiten und nach Sardes gehen, fährt Strabo in ſeiner ſehr ſummariſchen Wegbeſchreibung fort, haben Thyatira links und Apollonis rechts, das alſo ſchon im Hermoslande: ἐπὶ δὲ τὸν νότον ὀρεινὴ ῥάχις ἐστίν, ἣν ὑπερβᾶσι καὶ βαδίζουσιν ἐπὶ Σάρδεων πόλις ἐστὶν ἐν ἀριστερᾷ Θυάτειρα, ἐν δεξιᾷ δὲ Ἀπολλωνίς. Mit ὑπερβαίνειν iſt natürlich kein Überſteigen der

Gebirgshöhe gemeint. So gehen Straßen nicht ohne Not, und der Trachala-Dagh bietet hier auch gar keine Gelegenheit dazu. Man ging um die ὀρεινὴ ῥάχις, wie noch heute über Soma, auf ſteigender Straße um den Berg herum und hatte ihn dann hinter ſich, hatte ihn überſchritten.

»Hier ſetzen nun die Itinerare ein, die Peutingerſche Tafel, das *Itinerarium Antonini* (Parthey S. 160) mit der kurzen Angabe *Pergamo, Germe, Thyatira.*

»Die einzige hier genannte Station Germe hat man ſchon immer bei Soma geſucht, und wir werden weiterhin (n. 39) geltend machen, was in der Tat für die Anſetzung an der Stelle von Soma ſelbſt ſpricht.

»Ein Lichtblick fällt endlich auch noch auf die Topographie der Gegend nordöſtlich von Pergamon durch Xenophons eingehende Schilderung der Affäre, in welche er ſich von Pergamon aus auf Anſtiften der Burgherrin Hellas einließ (*Anabasis* VIII, 8, 8ff.).

»In der Ebene, ſo ſagte ſie ihm, ſei ein Perſer Aſidates angeſiedelt, den er mit hinreichender Mannſchaft, mit Weib und Kindern und ſeiner Habe in ſeine Gewalt bekommen könne. Sie ziehen denn auch, nachdem ſie ſich nach der Mahlzeit beim Opfer eines günſtigen Ausgangs verſichert zu haben glauben, abends hinaus. Um Mitternacht kommen ſie bei dem Tſchiftlik, würde man heute ſagen, an, wo Aſidates in ſeiner τύρσις hauſte. Die war hoch und groß, ein Turm mit προμαχεῶνες und beſetzt von zahlreichen kampffähigen Männern. Xenophons Leute machen ſich nun daran, die Turmmauer zu durchbrechen. Die war, ganz wie noch heute bei den ländlichen Bauten der Gegend, die ein Untergeſchoß für das Landwirtſchaftliche und ein Oberſtock zum ſichern Wohnen haben, aus Lehmziegeln, acht Ziegel dick, erbaut. Bei Tagesanbruch dringen ſie da hindurch, aber die Verteidiger ſind mächtiger, einer ſtößt mit einem Ochſenſpieße heraus, die andern ſchießen und ſchreien und geben Feuerzeichen. Und nun kommt Hilfe: Itamenes mit den Seinen, aus Komania aſſyriſche Hopliten und aſſyriſche Reiter, Königstruppen an die achtzig, andere aus Parthenion, andere aus Apollonia, und aus den Nachbarorten auch Reiter. Die Griechen müſſen weichen. Gongylos kommt ihnen zwar auf Treiben ſeiner Mutter zu Hilfe und Prokles von Haliſarna und Teuthrania. Aber nur eng geſchloſſen erwehren ſie ſich der Bogenſchüſſe und Schleudergeſchoſſe, kommen mit Not über den Fluß Karkaſos; wohl die Hälfte wird verwundet. So kommen ſie heim, nur mit gefangenen Sklaven und einigem Vieh. Am andern Tage zieht Xenophon mit dem ganzen Heere bei Nacht aus, um nach Lydien zu gelangen, wir dürfen wohl annehmen, auf der Hauptſtraße. Aſidates aber lagert dann in den Dörfern unterhalb Parthenion. Dort wird er von Xenophon überwältigt, der darauf noch einmal nach Pergamon zurückkehrt.

»Der topographiſche Gewinn aus dieſer Erzählung läßt ſich kurz dahin zuſammenfaſſen, daß das Landgut des Perſers in der Ebene nordöſtlich von Pergamon um das heutige Dorf Sanas gelegen haben wird, man könnte ſagen, beiſpielsweiſe an der Stelle, wo noch heute, durch Terrain- und Waſſerverhältniſſe begünſtigt, eine ſolche ſchöne, große Beſitzung, der Garten liegt, der 1907 dem Hadſchi Tewik gehörte, fünfzehn Minuten ſüdlich von Giaur-Kiöi. Feuerzeichen von dort konnte man von dem uns bekannten Apollonia ſehen, aber auch von Parthenion aus, über deſſen Lage ſonſt nichts bekannt. Es iſt aber nur eine der alten Burgen, von welchen aus man dieſen ganzen Teil der Ebene überſieht und die man von ihr aus dominierend liegen ſieht, das Aſſar im Seitentale des Iliasfluſſes, das man Eski-Bergama genannt hat. Der Iliasfluß oder einer ſeiner Nebenarme kann der Karkaſos Xenophons ſein. Und wenn Xenophon bei dem folgenden Ausmarſch die Hauptſtraße nach Lydien zog, ſo lag dann Aſidates mit ſeiner Mannſchaft über der Straße εἰς κώμας ὑπὸ τὸ Παρθένιον πόλισμα ἐχούσας, etwa wo heute die Dörfer Kuſpoli und Ali-Beyler liegen. Apollonia und Parthenion werden von Xenophon nicht als den Damaratiden gehörig genannt; von deren Plätzen Teuthrania und Haliſarna, die ſüdweſtlich von Pergamon liegen, war dem Xenophon bei ſeinem erſten nächtlichen Unternehmen Zuzug gekommen.«

An der Küſte von Atarneus gegen Norden gibt es allerhand Schwierigkeiten. Eine ſchöne alte Akropolis iſt dort nur oberhalb Makaronia (nordöſtlich) genau in der Mitte zwiſchen Atarneus und Ajasmat. Der weiter nördlich folgende Aſſar-Kaja über Salichlar, wohin Kiepert (Spezialkarte) Attäa verlegt, iſt ein hoher ſchroffer Fels ohne Bearbeitung und antike Reſte, und ebenſo ſteht es mit dem Aſſar-Kaja bei Beiler weiter öſtlich. Dagegen iſt zwiſchen Ajasmat und ſeiner Skala der Mal-Tepe wohl ſicher eine antike Stätte geweſen; wenn er auch flach und unbedeutend iſt und heute keine Baureſte mehr zeigt, ſo finden ſich doch Scherben uſw. umher, und allerhand Steine und Münzen, auch eine bronzene Strigilis, die wir im Tſchiftlik von Haſſan-Bei (Mai 1886) ſahen, ſollen von dorther ſtammen.

So ſcheint mir denn, daß wir in der ſchönen Akropolis bei Makaronia Karene erkennen dürfen[1], in dem Mal-Tepe bei Asjamat aber Attaia. Auf der Peutingerſchen Tafel werden die verderbten Namen Ela X, Attalia XV, Elatia zu leſen ſein: Elaea X, Atarnea XV, Attea.

Die weiter nördlich folgenden mytileniſchen Orte Heraklea und Koryphas ſowie das alte Kiſthene zu placieren, haben wir keinen Anhalt.

Im Oſten waren bis 1885 eigentlich nur Thyateira und Apollonis bekannt; die übrigen ſind nach einigen Vorarbeiten von Radet und Clerc (BH 1886 u. 87) erſt von uns angeſetzt worden. Stratonike, Nakraſa, Attaleia, Hyrkanis darf man darunter wohl als ſicher betrachten.

Moſteni, das lange unſicher war, haben Keil und von Premerſtein (S. 5 ff.) jetzt mit großer Wahrſcheinlichkeit an den Hermos, etwa nach Boſch-Köi, verwieſen.

Eine Reihe von Κατοικίαι treten inſchriftlich auf, ſo die τῶν Σανθαινειτῶν, Τυανωλλειττῶν, Δαραιουκωμητῶν (*BCH* 1887, S. 403), ohne daß wir über ihre Lage und Beſchaffenheit aber etwas Genaueres ausmachen könnten. Vgl. jedoch S. 138 unter 51.

A. Elaïtis und Teuthrania.

23. Elaea.

Die Ruinen liegen in der zurückgezogenen Ecke zwiſchen der nordſüdlich ſtreichenden Feſtlandslinie und der durch Aufſchwemmung weit vorgeſchobenen Mündung des Kaïkos, 1—2 km nördlich von der heutigen Kliſſeköi-Skala.

Die Stätte ſelbſt iſt ein langes Dreieck von 1 km Seebaſis und 3/4 km nördlicher, an flache Hügel ſich haltender Linie. Alles iſt Acker-, Garten- und Wieſenland und zeigt daher das antike Bild nur in ſehr verwiſchten Spuren.

Auf der Nordweſtecke liegt der Hafen, ein unregelmäßiges Dreieck von 270 : 200 m mit einem 75 m weiten Eingang in der Südecke. Von der Ufermauer habe ich nur zwei Blöcke am Platze gefunden; ſie beſtand aus Trachytquadern mit Bindern. Ihre Linie iſt noch zu erkennen an den entlang liegenden Steinen und aus dem plötzlichen Anſteigen des Terrains. Das Alluvium, welches den alten Hafen bedeckt, liegt über 1 m tiefer. Die Molen ſind aus koloſſalen rechteckigen Kalkſteinblöcken mit Schwalbenſchwanzklammern zuſammengefügt und 3,90 m dick. Der vom Ufer ſenkrecht vorſpringende Molo trägt auf ſeinem Ende, zur Seite des alten Hafeneingangs, einen mittelalterlichen Turm auf antikem Unterbau. Die Kaimauer läßt ſich vom Hafen gegen Südoſten noch 400 m weit verfolgen; ſie iſt nur 1,30 m dick.

An den Hafen ſtößt nordöſtlich die dreieckige, kleine und nur 18 m hohe Akropolis (Mal-Tepe), und an ſie in derſelben Richtung eine weitere Höhe, deren erſter Teil bis 21 m, der zweite hinter der Chauſſee aber bis 45 m anſteigt.

---

[1] Und auch das Malene Herodots, bei dem Hiſtiäos gefangen wurde, iſt vielleicht aus Karene verderbt.

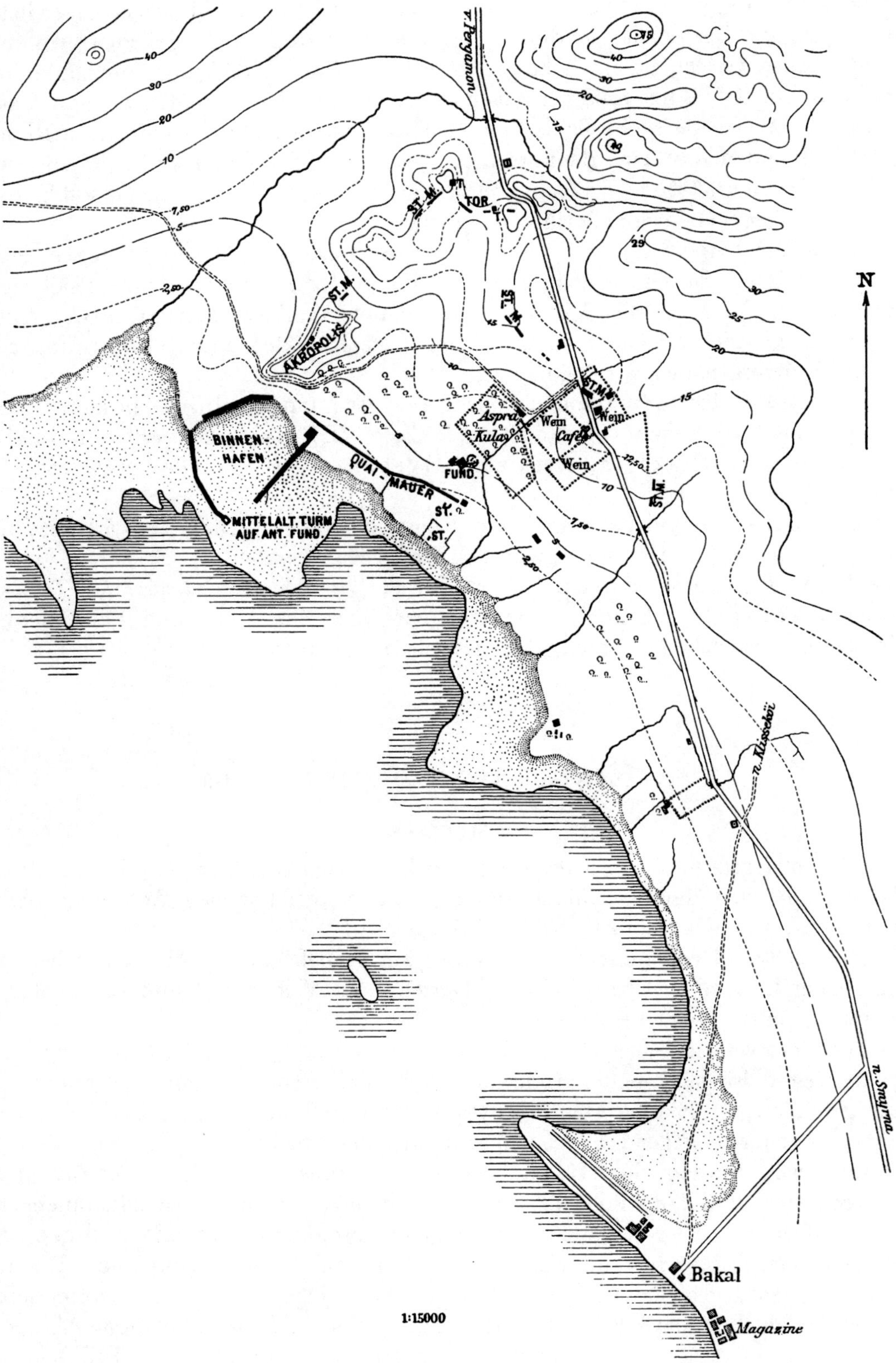
v. Pergamon
N
AKROPOLIS
ST. M.
TOR
BINNEN-
HAFEN
QUAI-MAUER
MITTELALT. TURM
AUF ANT. FUND.
FUND.
Aspra
Kulas
Wein
Cafe
Wein
Wein
n. Kiusschöi
n. Smyrna
Bakal
Magazine
1:15000

Elaea.

Die Umfaſſungsmauer hielt ſich ohne Zweifel vom Hafen aus am Nordrande des Mal-Tepe und der folgenden erſten Höhe, die wir den Torberg nennen wollen. Dieſe Höhe (vor der Chauſſee) wird nämlich in der Mitte geſpalten durch gleichzeitig nach Norden und nach Süden hinabziehende Senken, und in dem Spalt iſt das Tor der Stadtmauer zu erkennen. Auf dem Mal-Tepe, der von Ackerfeldern überzogen iſt, iſt nichts mehr von der Mauer erhalten; ihr erſter Stein *in situ* liegt in dem folgenden Sattel. Aber die Einwohner ſagen, daß auf dem Mal-Tepe immer wieder Marmorreſte zum Vorſchein kommen.

Auf dem Torberg ſind dann längere Stücke von ihr erhalten, erſt in nordöſtlicher Richtung und dann nach rechtwinkliger Umknickung vor und hinter dem Tore. Dicht vor der Chauſſee knickt die Mauer wieder faſt rechtwinklig und zieht gegen Süden den Ausläufer des Torberges hinunter. Nach 230 m wendet ſie gegen Südoſten, überſchreitet in dieſer Richtung die Chauſſee, macht drüben einen oder mehrere kleine Knicke und kehrt nach 350 m bei der kleinen Brücke über die Chauſſee zurück. Von da wird ſie in ſüdſüdweſtlicher Richtung — aber ohne erhaltene Spur — noch 500 m lang bis zu dem verfallenen Turm auf einem Strandvorſprunge anzunehmen ſein.

Die Mauer zeigt ſich an mehreren Stellen 3,50 und 3,55 m ſtark; ſie iſt in Läufern und Bindern gebaut, zumeiſt aus Trachyt, gelegentlich auch aus Trachyt und Kalkſtein gemiſcht. Auf einem Block fand ich die Buchſtaben BA/H die nach Analogie unſerer pergameniſchen Ziegelſtempel Βασιλεύον-ος Ἀττάλου Η′ geleſen werden dürfen. Das A mit der gebogenen Querhaſta weiſt in die Zeit Attalos' I. und der Mauerbau fiele demnach in deſſen 8. Regierungsjahr, alſo um 240 v. Chr.

Innerhalb und außerhalb der Umfaſſung findet man mehrfach Mauerzüge und auf dem ganzen Gebiete Bauſtücke; beim Tſchiftlik ragen Trachytfundamente eines großen Gebäudes aus dem Boden hervor. 1886 ſah ich auch manche ſkulpierte Teile, ſo eine große Gewandfigur ohne Kopf und Beine, ein korinthiſches Kapitell 220 m nördlich vom Café, das Bruchſtück eines ſolchen auf dem Mal-Tepe und das Bruchſtück einer Sphinx. Gräberanlagen ſind in Felsſpuren im Nordweſten der Stadt zu bemerken. Mehrfach ſind Steine von hier nach Kliſſeköi hinaufgebracht worden.

In der Hügelbarre, die nördlich von Elaea gegen den Kaïkos ſich erſtreckt, wird man den λόφος καταντικρὺ τῆς πόλεως zu erkennen haben, den im Jahre 191 v. Chr. Antiochos mit ſeiner Infanterie beſetzt (Polyb. XXI, 8). Dort liegt heute ein türkiſcher Friedhof Kutſcha-Bunar, der manche antike Bauſteine, auch Inſchriften, bewahrt hat (*BCH* 1880, S. 377, Athen. Mitt. XXIV, S. 202).

In der Gegend Laleli, nordöſtlich von der Skala, auf dem Felde eines Sabbas Euſtratios, ſind von dem Eigentümer Baureſte mit Heizungsfußböden im Jahre 1898 aufgedeckt, und im Felde des Jannis Rallis wurde, wie Conze ſelbſt geſehen, in demſelben Jahre in einer Tiefe von mehr als 3 m eine antike Tonrohrleitung gefunden, die anſcheinend nach Elaea zu führte. Die Leitung gab bei der Aufdeckung noch reichlich Waſſer, und die Grundeigentümer hatten ſofort, um jeden Schaden eines böſen Auges abzuwenden, die Stelle um das koſtbare Waſſer mit den üblichen Amuletten, bunten Bändern, Glaskorallen und dergleichen reichlich umhängt.

Galen XIV, S. 22 K:

μεταξὺ Περγάμου καὶ Ἐλαίας λόφος θύμων[1] μεστός, wenn man nach Elaea geht, links, οὐ μὴν ἐγγὺς τῆς ὁδοῦ, da bringen die Bienen den ſchönſten Honig.

[1] Fleiſchiges Gewächs, kleine Feigwarze (die größere σῦκον) Pape.

23a. Brücke über den Kaïkos.

(Siehe Beiblatt 1.)

Nach Schazmanns bei kurzem Beſuche genommenen Notizen geben wir deſſen Zeichnung und Beſchreibung der ruinierten Brücke aus der Kaiſerzeit, welche zwiſchen Emin und Grantoglu den Kaïkos überſetzt, die Zeichnung auf dem Beiblatte.

»Die Brücke (etwa 83 m lang) ſteht quer zum Kaïkos und iſt ungefähr nordſüdlich gerichtet. Sie ſchließt ſich beiderſeits mit Uferpfeilern dem Lande an und hat drei Strompfeiler, die im Norden etwas weniger als halb ſo weit vom Uferpfeiler abſtehen als untereinander; die anderen Abſtände betragen alle drei 19 m. Im Süden iſt der Uferpfeiler mit der Straße verbunden; letztere hat wegen des gegen den Fluß fallenden Terrains einen gewaltigen Unterbau mit durchgehenden querlaufenden Tonnengewölben, die bei Hochwaſſer als Durchlaß dienten; im ſpäteren Aufbau wurden Brücke und Straße über dem antiken Unterbau verſchmälert. Die ſpätere, noch erhaltene Übermauerung vom nördlichen Strompfeiler (A) zeigt drei tonnengewölbte Kammern, von denen nur die mittlere, axiale, durchgehend und von außen ſichtbar war; dieſer Aufbau hat Backſteine in den Fugen. Der Verband der tieferen Schichten der Pfeiler iſt antik, ähnlich wie in Pergamon zur Zeit der Antonine; er beſteht aus Mörtel mit guten Trachytquadern im Äußern. Die Fahrbahn iſt ganz zerſtört. Die Strompfeiler ſind mit dreieckigen Waſſerteilern verſehen, welche in den oberen Schichten nicht binden. Pfeiler und Waſſerteiler ſind mit antiken Werkſtücken erneuert; erſtere zeigen auf Kämpferhöhe ein Marmorgeſims. Beide ruhen auf einem gemeinſamen rechteckigen Fundament. Am ſüdlichen Strompfeiler (B) ſind die Kragſteine, welche beim Bauen das Gerüſt für die Strombogen trugen, noch erhalten.«

24. Giaur-Ewler.

Ein iſolierter Felſen iſt, offenbar von Elaea aus, 3/4 Stunden, 10° ſüdöſtlich von der Stadt, zu einer Hochwarte zugeſchnitten worden, wie wir ſie ſchon in dem Delik-Taſch, nördlich von Pitane, kennen gelernt haben.

Den Grundriß und einen Aufriß der Rückwand geben die beiſtehenden Zeichnungen.

a) In der erſten Kammer an der Rückwand, ungefähr 3,10 m hoch, eingehauene Rille, wie für einen Balken, 1,50 m höher drei runde Löcher.

b) Enger Gang, führt auf 2 m höheres Niveau; an ſeiner Seite Löcher im Felſen für Balken.

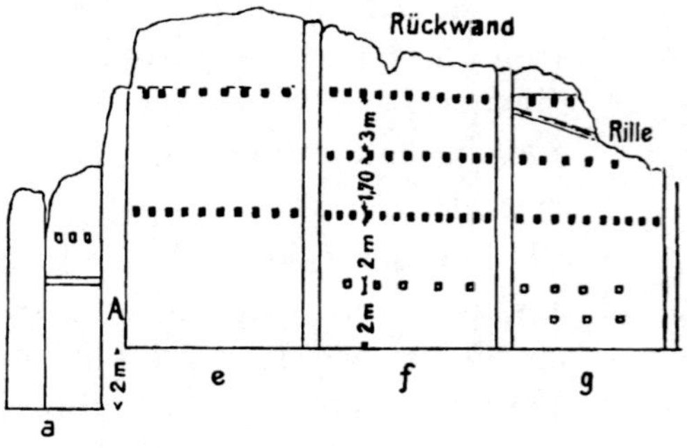

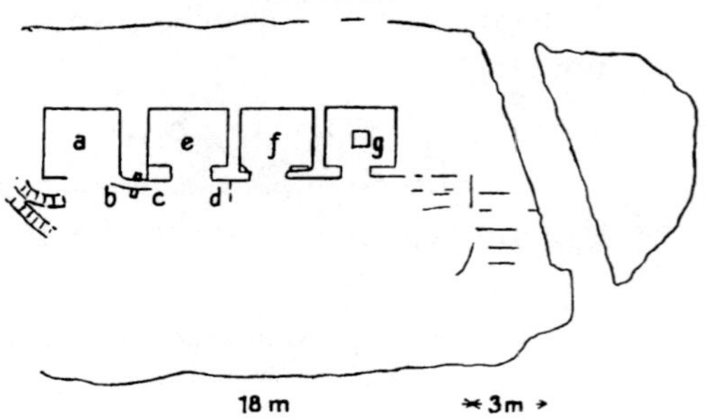

Giaur Ewler.

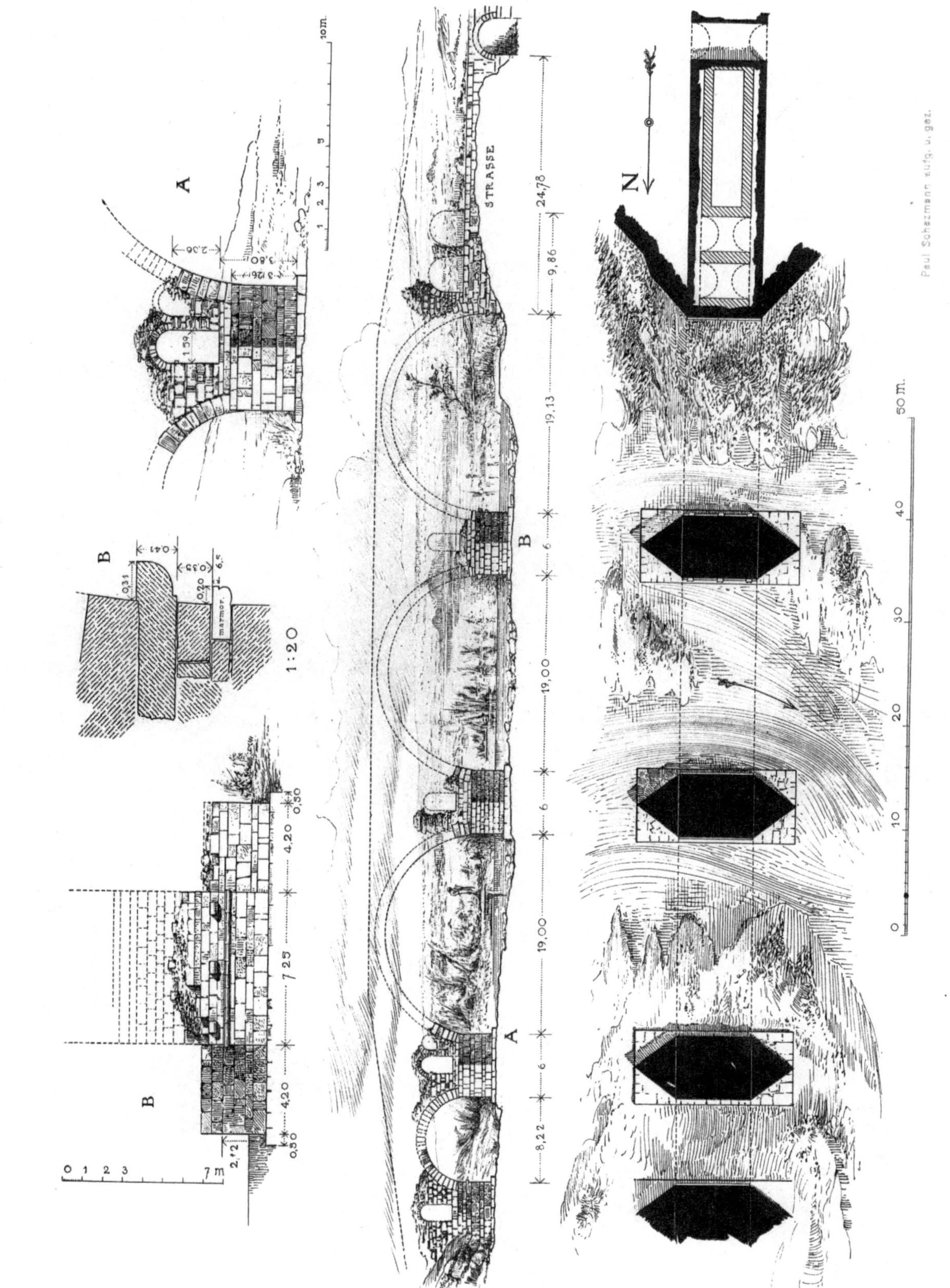
A
B
1:20
marmor
STRASSE
N
8,22
6
19,00
6
19,00
6
19,13
9,86
24,78
4,20
7,25
4,20
0,50
2,12
0 1 2 3 7 m
1 2 3 5 10 m
0 10 20 30 40 50 m
Paul Schazmann aufg. u. gez.

c) 0,85 m dickes Stück der Vorderwand, 1 m lang, 1 m hoch.

d) Oben 0,30 m, unten 0,55 m dickes Wandſtück, 1 m hoch, 1,20 m lang.

e) Gemach, $5^{1}/_{4}$ m breit, $4^{1}/_{2}$ m tief. Wand zwiſchen e und f 0,75 m dick.

f) Gemach, $6^{1}/_{2}$ m breit, 5 m tief. Vorderwand unten 0,70 m, oben 0,40 m dick, Wand zwiſchen f und g 0,58 m dick.

g) Gemach, 5 m breit, $5^{1}/_{4}$ m tief; in der Mitte Ziſterne, viereckig eingehauen, an der Mündung mit dem Einſchnitte für den Deckel.

Die Balkenlöcher in der Rückwand ſind jedenfalls für die Konſtruktion der Geſchoſſe und Dächer beſtimmt. So wohl erhalten wie hier, ſind ſie wohl ſonſt kaum bei einer ſolchen Anlage zu ſehen. Sie ſind aber nicht für uralt zu halten, wie noch von Dieſt für die Geſamtanlage von Giaur-Ewler annehmen wollte.

25. Teuthrania.

Conze, Athen. Mitt. XII (1887), S. 149—160, Taf. IV, V.

Der in beiſtehender Anſicht, die wir Philippſon verdanken, von Süden geſehene Doppelkegel des Prophet-Elia bei Kalerga trägt auf ſeinem weſtlichen Gipfel die Reſte einer kleinen Herrenburg mit Mauern, die dem ſchon in Schichten gefügten, aber in der Form der Steine

vielfach noch unregelmäßigen Werk der äoliſchen Burgen entſprechen. Ein gut angelegter Plattenweg führt von Süden in der Senke zwiſchen den beiden Gipfeln herauf. Um den Fuß des Berges, beſonders im Südweſten und Nordoſten, zahlreiche Reſte ſpäterer Zeit. Vgl. Dörpfeld in Athen. Mitt. des Inſtituts 1910, S. 394 f.

Auf einem jetzt von einer Windmühle gekrönten Hügel, ſüdweſtlich etwa $^{1}/_{4}$ Stunde von Kalerga, ſind, neben Reſten von kleinen Wohnhäuſern, hochalte, der älteſten Keramik von Hiſſarlik entſprechende, ſchwarzüberzogene Gefäßreſte, dergleichen auf dem Eliasberge bisher nicht bekannt wurden, in letzter Zeit zahlreich gefunden worden. Baglar-Tepe heißt der Hügel. Auch hierüber hat Dörpfeld am oben angegebenen Orte gehandelt.

Das ſüdlich gelegene Peſtimaldſchi-Tſchiftlik iſt keine alte Ruinenſtätte, ſondern hat ſich offenbar ſelbſt allerhand antike Baureſte, Säulen aller Form und Größe, byzantiniſche Kapitelle und Verzierungen, runde und viereckige Baſen, Quadern von Trachyt und Marmor aus der Umgegend, wohl hauptſächlich von Teuthrania und Elaea, zuſammengeholt. Eine am Tſchiftlik eingemauerte Inſchrift, anſcheinend vorrömiſch, hat nach zwei verſtümmelten Zeilen als letzte: οἱ παρὰ θάλασσ[αν (Athen. Mitt. XXIV 1899, S. 209).

25. Erigöl-Tepe (Halisarna?).

Der Erigöl-Tepe, ein Basaltkegel dicht am rechten Kaïkosufer, auf ein Drittel des Weges von Pergamon nach Elaea, bildet durch seine dem japanischen heiligen Fudschi-Berge im kleinen ähnliche Gestalt, für den Blick von Pergamon die Ebene hinunter geradezu das Wahrzeichen.

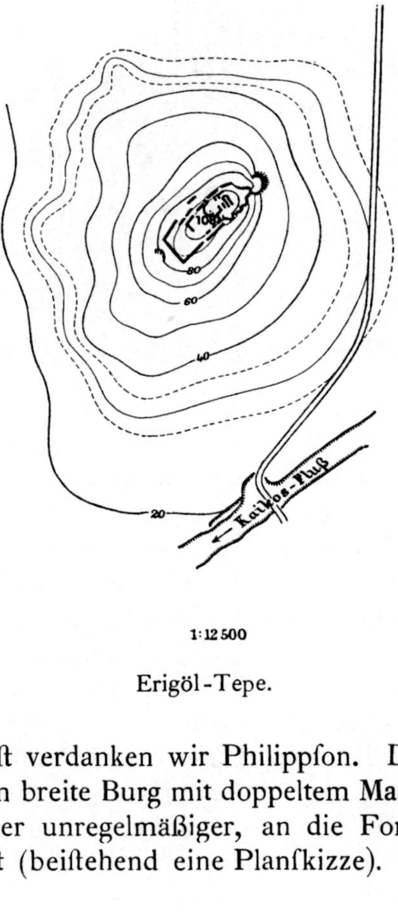

Erigöl-Tepe.

Vorstehende Ansicht von Nordost verdanken wir Philippson. Der Tepe trägt auf seinem ovalen Gipfel eine 75 m lange und 30 m breite Burg mit doppeltem Mauerring, indem aus dem äußeren, langen Viereck noch ein innerer unregelmäßiger, an die Form der obersten Felskuppe sich anschließender Bau herauswächst (beistehend eine Planskizze). Darin ist eine Zisterne und eine Felstreppe zu erkennen.

Am Abhang des Berges und unten war kein baulicher Rest weiter zu entdecken. Aber wie oben, so finden sich auch an den Abhängen, und besonders an dem sanfteren südlichen, zahlreiche Scherben und Dachziegelstücke. Die Scherben sind zumeist von rhodischen Amphoren oder feinen griechischen Vasen. Die Ziegelstücke regelmäßig mit dem glänzend roten Firnis überzogen wie in Pergamon die der Königszeit; ein Stück fand ich auch mit schwarzem Firnis.

Die Burg hat also in griechischer Zeit und anscheinend nicht mehr in römischer bestanden. Für Pergamon mußte sie besonders wichtig sein als Brückenkopf auf dem Wege nach Elaea und Smyrna, denn am Fuße des Erigöl geht die alte Straße dorthin wie die heutige über den Kaïkos. An der Stelle (Ismir-Köprü, »Smyrna-Brücke«, heißt sie) sind denn außer der heutigen auch die Reste mehrerer Brücken erhalten, von antikem Mauerwerk ist an ihnen aber nichts zu sehen.

Ich halte die Burg auf dem Erigöl für Halisarna, das von Xenophon zweimal als unter demselben Herrscher wie Teuthrania und mit Pergamon in engster Verbindung stehend genannt wird.

Kiepert hatte Halisarna auf den Prophet-Elia gesetzt, solange dieser noch nicht als Teuthrania erkannt war; nachher hat er der Burg keine bestimmte Stätte mehr angewiesen.

27. Beiram-Tepe und Molla-Mustafa.

Der Beiram-Tepe liegt etwa in der Mitte zwischen Kalerga und Dikeli, unmittelbar nördlich von der jetzigen Straße Pergamon–Dikeli. Im Jahre 1908 haben Dörpfeld und Schazmann dort eine kleine Grabung vorgenommen. Auf der abgeflachten, engen Spitze fanden sie Reste eines runden, mit Kalkmörtel gemauerten Bauwerks, vielleicht einer Zisterne oder einer Windmühle, ferner Reste einer Stützmauer aus kleinen Steinen am nordwestlichen oberen Rande. Oben und am Abhange lasen sie antike, doch kaum vorrömische, und mittelalterliche Scherben auf. Es hat wohl eine antike Ansiedlung da gelegen, aber erheblich scheint sie nicht gewesen zu sein.

Eine größere Ansiedlung oder ein Heiligtum lag etwa einen Kilometer weiter nordöstlich bei dem jetzigen, zum Dorfe Sanschí gehörigen Kloster des Agios Johannis Prodromos Dort haben die Einheimischen die Reste einer byzantinischen Kirche mit drei Apsiden ausgegraben. In einem modernen Bau sind antike Säulentrommeln, Kapitelle und Basen als Fundamente für Holzstützen verwendet. Auf den Feldern liegen mittelalterliche und antike Tonscherben.

Der Molla-Mustafa ist ein Felskegel, an dessen Fuß eine antike Kome gelegen hat. Der Oberteil, dessen Felsen rauh und zackig stehen, scheint aber nicht bewohnt gewesen zu sein.

28. Kara-Chidirli.

Gleich aufwärts vom Erigöl mündet von Süden her das Sinir-Dere, in dessen unterstem Lauf sich beiderseits starke Reste alter Besiedelung finden. Eine Viertelstunde südsüdwestlich vom Dorfe Kara-Chidirli liegt eine kleine Burg mit römischer Mauer. Der danebenliegende Kirchhof heißt Dschelebli-Mesar. Dort sah ich mehrere Trachytsäulen, auf einer einige Buchstabenreste, auch Profilblöcke und Quadern, neben dem Kirchhof eine alte Zisterne mit neuer Bedachung.

Nördlich von Kara-Chidirli aber erstreckt sich die Besiedelung über die ganze Höhe. Eine Viertelstunde vom Dorf im Weinberg: Marmorquadern, Säulen und andere Steine; viele Mauern, alle römisch, ein Pithosstück, 6 cm dick. Noch eine Viertelstunde weiter nördlich ein Felsgrab, nach Westen schauend. Noch ein zweites Felsgrab soll in der Nähe sein, mein Führer konnte es aber nicht finden (17. September 1887). Nicht weit davon die Reste eines römischen Hauses aus Bruchsteinen mit Kalk.

Es hat sich hier also im ursprünglichen Schutz einer kleinen Burg eine Ansiedlung befunden und dann in friedlicher Zeit immer freier gegen Norden die Höhe hinaufgezogen[1].

29. Assar bei Guinardschi.

Auf dem weiteren Wege von der kleinen Burg bei Kara-Chidirli gegen Süden findet man noch mehrfach spätantike Baureste, so eine Viertelstunde südlich von dem Dschelebli-Mesar 0,95 m dicke römische Mauern, Ekklesia genannt. Gleich oberhalb (südlich) des Dorfes Guinardschi tritt dann eine prächtige ragende Felsburg in die Erscheinung mit einer byzantinischen Mauer um ihre gegen 40 m breite Oberfläche, wie beistehend skizziert.

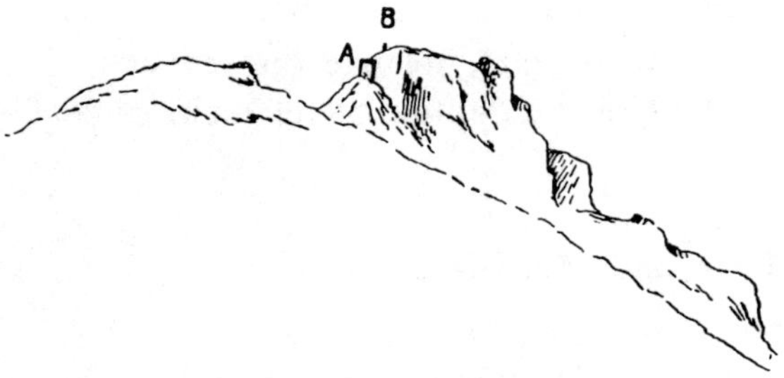

A = Turm
B = Zisterne, in den Fels gebohrt

B. Küste und Gebirge nördlich des Kaïkos.

30. Kane.

Südlich von Dikeli springt vor der Halbinsel, die nach Süden gegen die Arginusen sich zieht, eine kleine Bergzunge nordwestlich ins Meer vor. Auf und hinter dieser sind starke Spuren antiker Ansiedlung erhalten, so daß hier Kane gelegen zu haben scheint und nicht in dem südlichen Busen, in dem man es zunächst erwarten würde. Reste von Kaimauern an der Südwestseite und weiter südlich Bausteine und Säulentrommeln, Pithosstücke und Dachziegel in den Feldern.

Erst 1 Stunde südlich von dort, kurz vor der Südspitze der Arginuse, finden sich wieder Ruinen, nämlich die Reste einer großen römischen Thermenanlage. Es sprudeln hier warme Quellen im Meere, am Rande, auf. Die Mauern, aus kleinen Bruchsteinen mit Kalk, befinden sich daher zum Teil im Wasser. Man erkennt einzelne Bassins, zum Teil modern hergerichtet, aber mit antiken Fundamenten.

31. Hatiplar.

Am Kopfende des Flüßchens, das nach Adjano hinuntergeht, auf der Wasserscheide zwischen Meer und Kaïkos, eine Akropolis von etwa 150 m Länge (N–S) mit ummauerten Ausbauten nach Norden und Süden von je etwa 70 m Länge. Die Ausbauten haben grobe Mauern, die Hauptmauer aber ist von »eumenischer« Technik mit starken Bossen, Steine bis 1,63 m lang und 0,50 m breit.

Ich halte es für sehr wohl möglich, daß in dieser Burg das früh zugrunde gegangene Lysimachea, das nur Plinius (V, 30 [32]) mit Kane zusammen erwähnt, zu erkennen ist.

[1] Wenn Rallis (Ἱστορία καὶ τοπογραφία τῆς Περγάμου S. 5f.) die Überreste von Teuthrania bei Καρὰ Χιτρελῆ ansetzt, so muß dieser Name nach dem, was über die Lage gesagt wird, einfach verschrieben sein für Κάλεργα (Conze).

32. Warten zwiſchen Kane und Hatiplar.

A. Kabalyk. Am nächſten über Kane, oſtſüdöſtlich von dort, über dem Dorfe Juruk-Köi liegt ein kleines Kaleh Kabalyk. Es iſt ein Kreis von etwa 45 m Durchmeſſer mit einer Mauer, die unten rohe, aber ſchön behauene Steine hat. Auf der Fläche nur ein Fundament aus kleinen Steinen und Felsbettungen. Etwa 300 m über dem Meere.

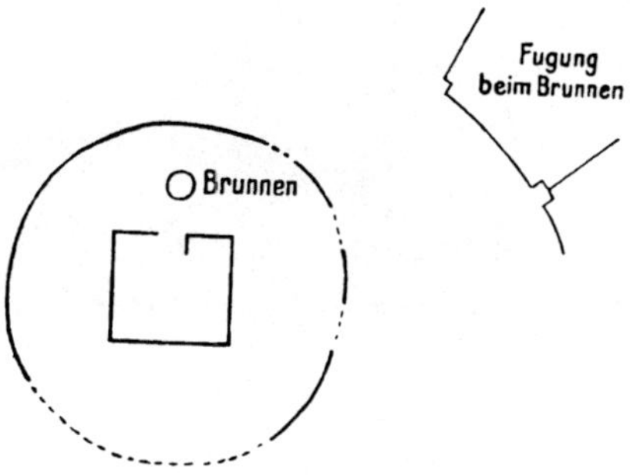

B. Aſſarlik. Südlich von Adjano auf einer etwa 270 m hohen, oval von Norden nach Süden geſtreckten Kuppe von etwa 45 : 23 m ein Mauerkreis (die Mauer 2 m dick) mit quadratiſchem Turm in ſeiner Mitte. Der Turm mißt 10 : 10 m, iſt aus ſchönem »eumeniſchen« Quaderwerk, Blöcken mit Boſſe in der Mitte, Rundung an der Fuge, und hat im Süden ſeinen Ausgang. Vor dieſem ein runder Brunnen, 1,50 m Durchmeſſer. Außerhalb des Kreiſes noch einige viereckige Hausfundamente.

C. Suitlu-Kaleſſi, ſüdöſtlich vom Aſſarlik, etwa 250 m hoch.

33. Atarneus.

Am Nordrande der Strandebene, deren Verkehrsmittelpunkt heute das Griechenſtädtchen Dikeli hart am Meere iſt, liegt der rundlich anſteigende, bis etwa 150 m ſich erhebende, nach Nordoſt durch einen Sattel mit dem weiteren öden Gebirge verbundene Bergvorſprung Kale-Agili. Eine Anſicht, vom Wege Pergamon-Dikeli aus aufgenommen, geben wir umſtehend Wie dominierend die Höhe in der Strandebene liegt, erkennt man beſonders augenfällig vom Meere aus auf der Fahrt nach Mytilene.

Öſtlich von ihr tritt ein Wildwaſſer aus den Bergen, der Bogas-Aſſar-Tſchaï, von deſſen urſprünglichem Verlauf ins Meer noch ein Rinnſal übrig iſt, während das Waſſer jetzt meiſt in das ſumpfige Gelände gegen die Kaïkosniederung hin verläuft. Die von dem Wildwaſſer herabgeſchwemmten Maſſen haben längſt dem, wie Dörpfeld erkannt hat, urſprünglich in die Dikelibucht abfließenden Kaïkos den Weg verſperrt. Infolgedeſſen hat ſich ſein Waſſer hinter der Barre ſtauen müſſen, welche ſich quer vor ſeiner jetzigen Mündung hinzieht. Der Durchbruch durch dieſe Barre iſt erſt mit Naturgewalt bewirkt an der Stelle, wo jetzt die Reſte einer Brücke aus römiſcher Zeit erhalten ſind (ſ. oben S. 66. 114).

Die Fläche ſüdlich und weſtlich unterhalb Kale-Agili iſt jetzt ſumpfig und im Winter der Überſchwemmung preisgegeben. Alle dieſe Veränderungen müſſen die einſt auf Kale-Agili gelegene Stadt ſtark beeinflußt haben. Die Überreſte dieſer Stadt hat nach Humanns Hinweis Lolling im Jahre 1878 beſucht, ſie ſummariſch beſchrieben und als das alte Atarneus erläutert (Athen. Mitt. des Inſtituts 1879, S. 1 ff.). Den umſtehenden Plan habe ich dann im Jahre 1898 aufgenommen. Nachher haben Schazmann und Conze den Platz beſucht, eine kleine Grabung vorgenommen und Aufnahmen gemacht. Endlich, im Jahre 1909, ſind in Dörpfelds Auftrage Prinz und Rodenwaldt dort geweſen und haben meine Aufzeichnungen ergänzt. Immerhin iſt ein klares Bild der im Laufe der Zeiten Umfang und Geſtalt wechſelnden Stadt bei dem wenig überſichtlichen Terrain noch nicht zu gewinnen.

Auch hier, um damit zu beginnen, hat ſich in byzantiniſchen Notzeiten die Anſiedlung wieder auf die allerhöchſte Spitze geflüchtet und dort befeſtigt. Zahlreiche Scherben der Zeit liegen umher; außer den zerfallenen Mauern iſt unter dem Rande der Kuppe eine anſehnliche überwölbte Ziſterne (○ auf dem Plane) aus dieſer letzten Beſiedlungszeit erhalten.

Südlich von dieſer Ziſterne ragt ein Stück Mauer von elegant-polygonem Bau aus der Verſchüttung heraus. Im Jahre 1908 iſt es etwas weiter freigelegt. Schazmanns Aufnahme

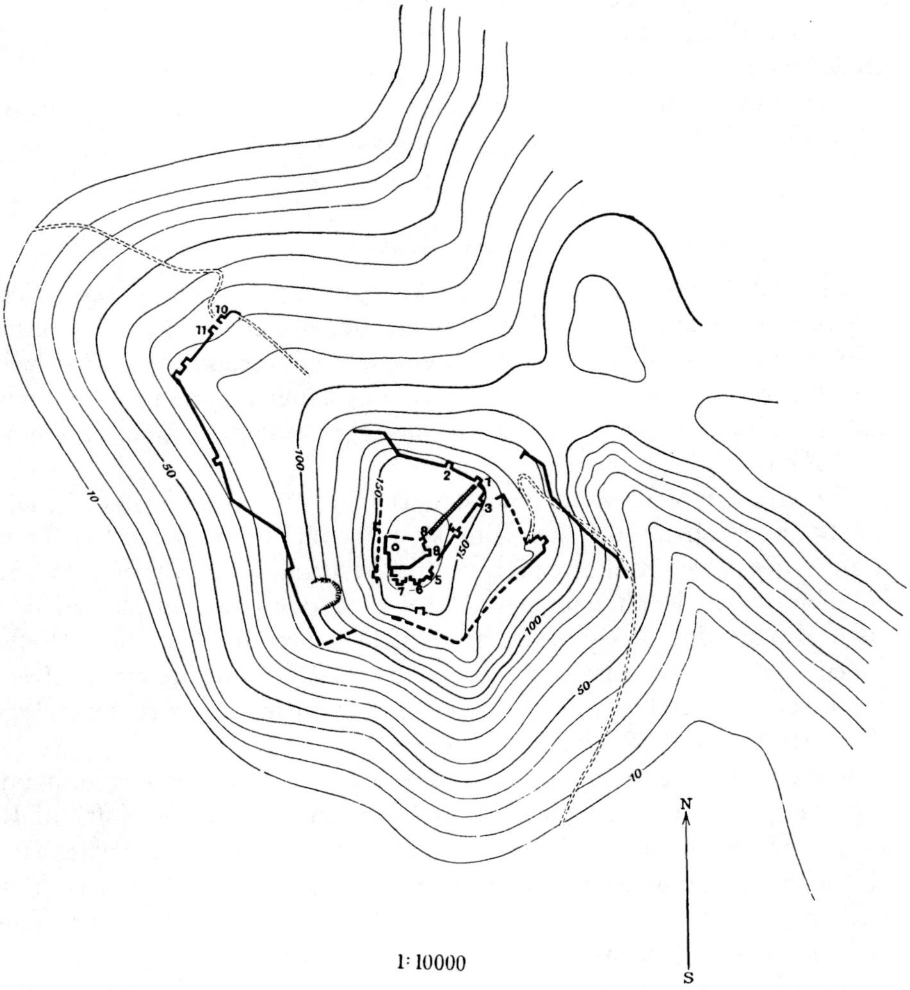

1: 10000

Atarneus.

und Zeichnung auf S. 121 zeigen ſeine Lage zur Ziſterne (D, auf dem Plane ○) und die Anſicht ſeiner Weſtfront. Über dem Polygonmauerwerk liegt eine Bande ſchmaler boſſierter Platten, darüber beginnt Quadermauerwerk. Das Ganze von der Subſtruktion eines Baus anſcheinend aus der Blütezeit von Atarneus, vielleicht als Ariſtoteles dort verweilte.

Nordwärts von dieſem beachtenswerten Überreſte zieht ſich die oberſte Befeſtigungsmauer helleniſtiſcher Zeit hin, in ſchönem Quaderbau, von der die Zeichnung Schazmanns auf S. 122 ein auf 15 m Länge erhaltenes Stück zeigt. Ein wenig abwärts, wie von dort herabgefallen liegt ein 0,80 m langes Werkſtück mit dem Zeichen ΗΦ.

Weiter abwärts, nördlich oberhalb eines Steinbruchs (nicht Theater, wie ich früher, Ath. Mitt. des Inſtituts 1899, S. 144, annahm), nahm Schazmann, wie auf S. 122 wiedergegeben, einen doriſchen Simsblock auf, aus Trachyt, wie alles bisher auf dem Berge Bemerkte.

Langhin, aber noch nicht vollſtändig zu verfolgen, ziehen ſich im ganzen drei Befeſtigungslinien, anſcheinend alle, wenn auch verſchiedener Technik, aus helleniſtiſcher Zeit, um den

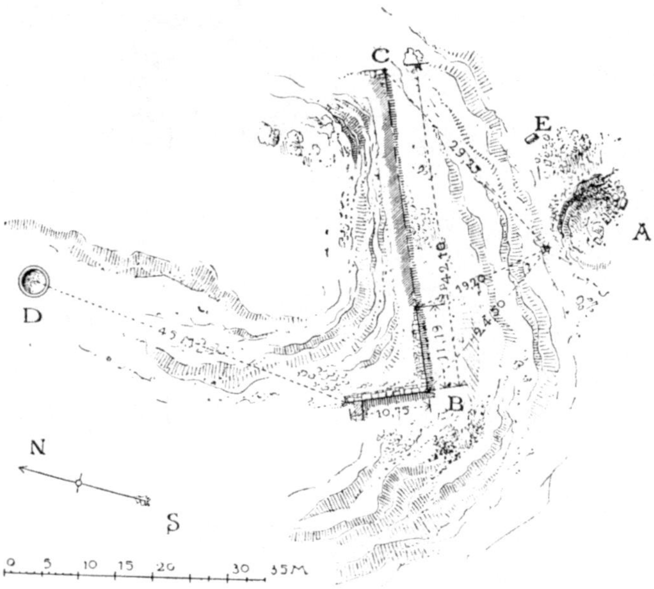

Berg. Der Hirtenpfad, der von Süden hinaufführt, tritt in ein Tor der mittleren, der von Nordweſten hinaufführende durch ein Tor der unterſten Linie ein.

Gefäßſcherben helleniſtiſcher Zeit liegen vielfach verſtreut.

Oberhalb des letztgenannten Tores (zwiſchen Turm 10 und 11) hatte Lolling auf einem Vorſprunge des Abhangs die Fundamente eines viereckigen Baus bemerkt und ein Heiligtum dort vermutet. Prinz und Rodenwaldt haben nachgegraben und die Reſte eines viereckigen Quaderbaus von etwa 10 : 8 m, mit Mauerſtärke von etwa 0,50 m feſtgeſtellt. Vgl. dazu Athen. Mitt. des Inſtituts 1910, S. 395.

Pauſanias (VII, 2. 11) gibt die intereſſante Notiz, daß Atarneus dasſelbe Schickſal gehabt habe wie Myus: die Bewohner ſeien durch die Mückenplage vertrieben worden, intereſſant deshalb, weil wir annehmen dürfen, daß durch Verlegung der Kaïkosmündung von der rechten auf die linke Seite des Kanegebirges dieſe Verſumpfung eingetreten ſein wird (ſ. oben S. 66).

In römiſcher Zeit iſt Atarneus nach Plinius V, 122 untergegangen, XXXVII, 156 nennt er es einen Pagus. Es iſt alſo die Burg und befeſtigte Stadt verfallen und nur noch unten eine Siedlung ohne politiſche Kraft und Bedeutung geblieben.

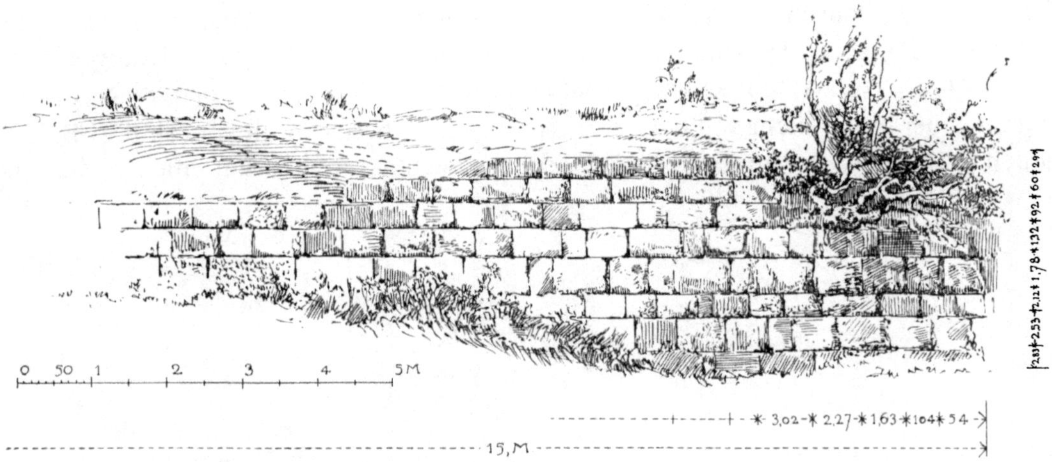

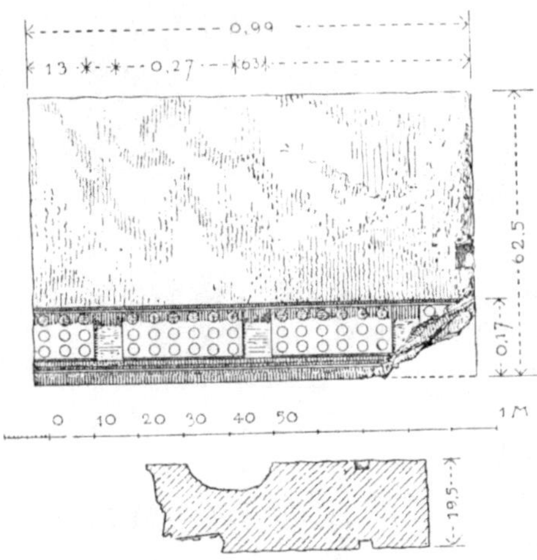

34. Karene.

Nördlich Atarneus, zwiſchen Makaronia und Salichlar, eine ſchöne alte Akropolis. Auf der Spitze ein kleines Haus und eine ſtarke Eiche. Um den ovalen Kopf ein Mauerring. Im Süden etwa 10 m unter dem Mauerring ſehr ſchönes Stück »attaliſcher Mauer« aus meiſt Trachyt-, zum Teil Kalkſteinquadern. Im Weſten mit Blick auf das Meer eine Mulde mit Fläche unten, vielleicht das Theater.

Nach Norden baut ſich der Burgberg mit weitem Vorſprung aus. Hier ein Brunnen, alt, mit kleinen Quadern gemauert, Schacht, etwa 60 : 80 cm weit, unten ſich erweiternd. Von hier geht ein Waſſerlauf abwärts, der den Berg in zwei Teile ſpaltet.

Auf dem ganzen Berge viele einzelne Reſte: Amphorenſtücke, Henkel, Terrakottenfragmente, Dachziegel und rote Topfſcherben.

35. Attaia (Mal-Tepe bei Ajasmat).

Kleiner flacher Hügel zwiſchen Ajasmat und der Skala, ohne Baureſte, aber umgeben von Scherbenfeldern. Von dem Hügel ſollen Steine, Münzen und eine bronzene Strigilis mit der Inſchrift Θεόδωρος Θαρσεὺς ἐπο(ίησεν), die wir Mai 1886 im Tſchiftlik von Haſſan-Bey ſahen, ſtammen (Athen. Mitt. des Inſtituts 1899, S. 201, 1). Über die Benennung der Ruinenſtätte ſ. die Beſprechung der Küſtenſtrecke oben S. 111.

36. Perperene (Bergas).

Von den anſehnlichen Stadtruinen bei Aſchaga-Bei-Köi hat zuerſt Fabricius Nachricht gegeben und mit Bohn den Platz unterſucht (Athen. Mitt. des Inſtituts 1886, S. 1 ff., mit Bohns Plan auf Taf. I und S. 444 f. mit Taf. XII); dann bin ich dort geweſen und habe den Namen Perperene für die Stadt vorgeſchlagen, zu deſſen Empfehlung hier noch der bei Hierokles erhaltene Satz Galens (vgl. Ramſay, *Hist. Geogr.* S. 13 und 457) nachzutragen iſt: Αἰγαῖς καὶ Περπερίνῃ, τῇ μὲν ὁμόρῳ Μυρίνῃ, τῇ δὲ Περγάμῳ (Sitzungsber. d. Berl. Akad. d. Wiſſ. 1888, S. 1207). Von meinem wiederholten Beſuche habe ich dann berichtet in den Athen. Mitt. des Inſtituts 1899, S. 147, wo ich auch den Nachweis einer benachbarten Stelle, an der weißer Marmor vorkommt, gegeben habe. Der Stadtplatz zeigt auffallend viele ſpätrömiſche und byzantiniſche Reſte, was zu dem ſpäteren Namen Theodoſiopolis (Ramſay S. 117) gut paßt.

37. Kome mit Kammergrab.

Zwiſchen Aſchaga-Bei-Köi und Aſſarköi.

Eine Viertelſtunde von Aſſarköi gegen Weſten liegt etwa 150 m vom Wege ab im Weinberge ein auffallendes, aus Quadern gebautes Kammergrab. Ich beſuchte es im November 1898 zuſammen mit Dimitrios Tſcholakidis.

Es iſt eine viereckige Kammer, das Grab in den Fußboden eingetieft. Von den beiden Längswänden ſteht die innere Steinlage, die äußere iſt weggeriſſen. Urſprünglich müſſen die Wände etwa 0,85 m ſtark geweſen ſein. Die Vorderwand fehlt ganz, von der Seitenwand fehlen die beiden oberſten Steinſchichten. Von der Decke iſt der rückwärtige Teil erhalten (3 Steine); ein Deckſtein von weiter vorn liegt vor der Tür. Hier liegen auch zwei Steine, die wahrſcheinlich die Türpfoſten waren. Die Wandquadern haben an ihrer Innenſeite ſchöne Flächen ohne Randbeſchlag. Das ganze Steinmaterial iſt Trachyt.

In der Nähe dieſes Grabes liegen viele Bruchſtücke von Pithoi, roten rohen Gefäßen, Dachziegeln. Es hat hier alſo wohl ein antikes Dorf gelegen.

38. Sakar-Kaja.

An dem Wege von Jokari nach Aſchaga-Bei-Köi liegt $^1/_4$ Stunde öſtlich vom Fluſſe (Ajasmat-Tſchaï) der Sakar-Kaja, wahrſcheinlich ein antiker Burgfelſen mit Quadern, rohen Säulen und türkiſchen Gräbern; an ſeinem Fuße und zwiſchen ihm und dem Fluſſe finden ſich noch mehrere Sarkophage — drei habe ich geſehen — am Wege.

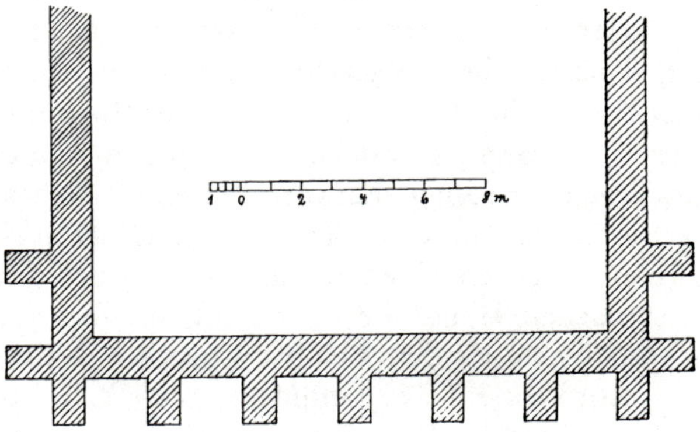

In der Nähe, in einer Felshöhle Sindán, findet ſich ein vorzüglicher feiner Ton, der in neuerer Zeit vorübergehend verarbeitet worden iſt. Auf dem Wege von da, abwärts nach Kapu-Kaja hin, liegt ein alter Bau, anſcheinend ein Waſſerreſervoir. Die beiſtehende Skizze beruht auf einer Aufnahme des Schmiedes Hippokratis in Pergamon.

39. Assar bei Tekke-Köi.

2 Stunden nördlich von Jokari-Bei-Köi.

Unmittelbar über der Mühle am Fluß. Auf der Burg sah ich am 16. Mai 1886 mit Diest und Karolath nur byzantinisches Mauerwerk; der Müller zeigte uns nachher aber ein paar sicher hellenistische Münzen, die von oben stammten.

Philippson hat die Stätte im November 1900 wieder besucht und berichtet brieflich von einem »Kranz roh zusammengefallener Steine, ähnlich wie bei den Anlagen oberhalb Kiresin«.

40. Kastelle um Kiresin.

Im August 1887 habe ich von Kiresin aus vier nördlich von da auf Bergvorsprüngen gelegene Ruinenhöhen besucht. Nach meinen Routen hat sie Kiepert bereits in seine Spezialkarte des westlichen Kleinasiens eingetragen und nach meiner damaligen Auffassung als »Spuren

römischer Lager« bezeichnet. Diese in den Sitzungsberichten der Kgl. Preußischen Akademie der Wissenschaften zu Berlin 1888, S. 5 f., befürwortete Benennung halte ich aber nicht mehr fest.

Dann haben im Jahre 1907 auf mein Ansuchen Conze, Schazmann und Jacobsthal gemeinsam die Plätze besucht und mit meinen Beschreibungen verglichen.

Kiresin ist der heutige Hauptort einer für den Ackerbau fruchtbaren Region der Vorberge südlich der Wasserscheide, von wo namentlich die Zuflüsse des wasserreichen Aktschavla-Tschaï, der in den Kaïkos geht, herabkommen. Es finden sich in Kiresin mehrfach antike Steine verwandt, römischer und byzantinischer Zeit; dergleichen sind auch auf einem alten türkischen Friedhofe aufwärts Kiresin. Mehrfach versicherte man uns, daß der Fundplatz für solche Steine auf dem Assar von Chalka-Bunar sei. Das ist ein etwa eine Stunde von Kiresin über den Friedhof hinaus gelegenes großes Quellbassin. Dicht daneben das Assar, auf einer flachen Höhe, die übersät ist mit Ziegelbrocken und unbearbeiteten Steinen alten Mauerwerks, die durch den Feldbau anders zusammengetragen liegen.

Auch eine halbe Stunde nordwestlich von Kiresin, auf dem Kilise-Tepe, finden sich Reste einer alten Ummauerung; von dem Stücke auf der Südseite geben wir vorstehend eine Probe in Photographie von Schazmann. Es ist etwa 1 m dick, mit Kalk gemauert.

Etwa anderthalb Stunden füdlich von Kirefin liegt ein anderes Affar bei Jagdfchilar auf anfehnlicher, gegen die Seite dem Dorfe zu jäh abfallender Höhe, am Südfuße eine reiche Quelle, deren Waffer in das Ilidfchatal und von da in den Aktfchavla-Tfchaï geht. Die Höhe ift, dem Terrain folgend, mit einem, jetzt zu mehr als 2 m breiter Maffe auseinandergefallenen Mauerwerk von Bruchfteinen ohne Kalk umgeben. Nach Norden ift diefe Befeftigung in weitem Bogen von einer ebenfo roh gebauten Außenmauer umgeben, die, auseinandergefallen, jetzt zwifchen 2 und 3 m breit liegt. Sie fteigt nach beiden Seiten talabwärts. Wo fie im Nordnordweften der oberen Burgmauer nahekommt, liegt zwifchen beiden eine mit Kalk rohgemauerte Zifterne im Ruin.

Die anderen drei Kaftelle liegen in mehrftündigem Abftande nördlich von Kirefin in den oberften Gabelungen der Quellbäche des Aktfchavla-Tfchaï.

Ich habe diefe drei Kaftelle befucht, indem ich von Kirefin weftlich nach Saribeïler ritt, von da das Kuru-Dere hinauf über die Dörfer Kuru-Dere und Akbunar und dann im Bogen nach Often um das Quellgebiet herum über Tfchamurlu, Tfchinardag, Mugdan, Karadfchalar

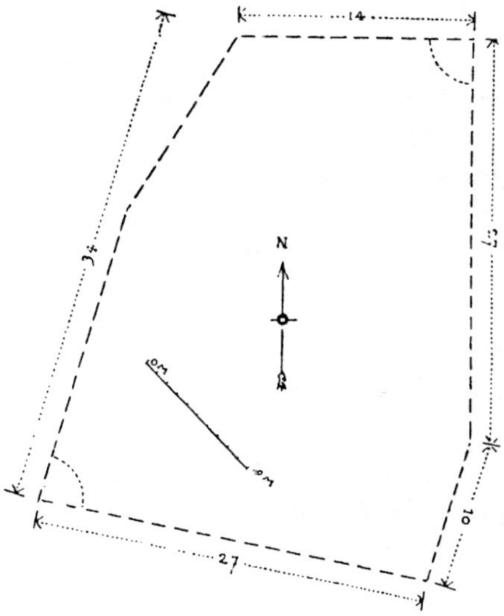

Tfchinarli-Affar.

nach Kirefin zurück. Conze, Schazmann und Jacobsthal ritten von Kirefin über Chalkabunar, von da in etwa 2 Stunden nach dem Dorfe Tfchinarli-Kiöi und auf das Tfchinarli-Affar, von da in einer Stunde bis auf das Hadfchi-Eslar-Affar und füdlich von da ab über das Dorf Kara-Oluk in 2 Stunden nach Kirefin zurück.

Das Akbunar-Affar haben fie nicht befucht. Es ift das weftlichft gelegene, gleich über dem Dorfe Akbunar, 140 m höher als Kirefin, alfo abfolut 470 m hoch. Das Plateau des Bergkegels mißt 120 m an der längften und 30 m an der breiteften Stelle. Es wird 6—8 m unterhalb der Spitze von einer Mauer umzogen, die 1,50 m dick ift und aus kleinen Bruchfteinen ohne Kalk befteht.

Das öftlich auf das Akbunar-Affar folgende Tfchinarli-Affar liegt eine Viertelftunde vom Dorfe Tfchinarli-Köi in abfoluter Höhe von 450 m. Man fieht im Weften das Akbunar-Affar, im Süden Kirefin, im Nordoften deutlich Balukesri. Die zufammengefallene Mauer aus Kalkfplittfteinen ohne Mörtel umgibt, etwa $1^1/_2$ m dick, dem Terrain folgend, als ein unregelmäßiges Polygon die Höhe. Wir geben vorftehend eine von Schazmann und Genoffen mit dem Bandmaß aufgenommene Planfkizze; innerhalb der Nordnordoftecke ift ein kleiner Raum befonders ummauert. Ein einigermaßen erhaltenes Stück der Mauer geben wir ebenfalls vorftehend in Photographie.

Endlich das Hadſchi-Eſlar-Aſſar iſt das höchſtgelegene, 550 m abſoluter Höhe. Eine wüſt zuſammengefallene, ohne Mörtel gebaute Mauer umgibt in unregelmäßig ovaler Geſtalt das Plateau, etwa 140 : 60 m. Ein beſonders gut erhaltenes Mauerſtück im Südweſten beſteht aus polygonen, an eine Felskuppe gelehnten Blöcken und iſt hier 2,40 m dick. Wie auf Tſchinarli-Aſſar iſt im Nordoſten, innerhalb der hier im Bogen verlaufenden Umfaſſungsmauer, ein Raum beſonders abgetrennt mit zwei im rechten Winkel ſich treffenden Mauern von jedesmal etwa 15 m Länge. Von der Ecke dieſer Abmauerung liegt etwa 8 m nach Südweſten hin eine Ziſterne, aus großen, rohbehauenen Quadern mit Mörtel gebaut. Vier Steinſchichten ſind ſichtbar, 0,31, 0,34, 0,33 und 0,34 m hoch, bei einer Länge der Steine zwiſchen 0,35 und 0,58 m.

Die ganze Gegend um dieſe Kaſtelle, vom großen Verkehr entfernt, hat Ackerbau- und Hirtenbetrieb. Von gleicher Art der Beſchäftigung zeugt ein kleiner Votivſtein aus weißem Marmor, 0,35 m breit, 0,34 m hoch, aber unten abgebrochen, aus römiſcher Zeit, verbaut an einem Hauſe im Tſchinarli-Köi. In Z. 1 iſt von dem kurzen Namen des Weihenden nur der Schluß, ος, erhalten, dann folgte in Z. 1 und 2 der Name gewiß ländlicher Gottheiten Θεαῖς . . θαις vor dem εὐχα[ριστ]ήριον ὑπὲρ α[ὐτ]οῦ καὶ τῆς συμ[βίο]υ καὶ τῶν τέκν[ων. Darunter in Umrißrelief ein Ziegenbock. Er iſt gleichſam die Signatur der Gegend, wie ſie iſt und geweſen ſein wird.

C. Umgegend von Pergamon.

41. Karadſcha-Kaja bei Aladſchalar.

Im Geikli-Dag, in Luftlinie 7 km weſtlich von Pergamon, liegt am Kopfende des Kara-Dere, zwiſchen den Dörfern Tijilti und Aladſchalar, eine merkwürdige Ruinenſtätte, die ich 1887 und wieder 1898 beſucht habe.

Vom Dorfe Aladſchalar aus ſchiebt ſich ein breiter Felſenriegel gegen Oſten vor, hier und da in hohen Spitzen aufragend. Ihn hat der Fluß, der vom Geikli reichlich Waſſer bekommt, jäh durchbrochen. Auf dem weſtlichen Flußpfeiler iſt nun eine Burg angelegt. Hier teilt ſich nämlich oben die Felsmaſſe, ſo daß eine hufeiſenförmig von Felswänden umrahmte, nach Oſten offene Fläche entſteht (ſ. nebenſtehende Skizze). Hier iſt vor die weſtliche Felsſpitze (die auf der Skizze in der Mitte erſcheint), 25 m unter ſie, von Norden nach Süden lang geſtreckt, ein Mauerviereck von 55 : 11,25 m hineingeſetzt (*A*).

Die Mauer iſt 1,90—2,15 m ſtark, ſtellenweiſe noch bis 4 m hoch erhalten. Sie beſteht zumeiſt aus Bruchſteinen mit Mörtel, hat unten auch einige Quadern, im Innern, wie es ſcheint, byzantiniſche Ziegel.

B. Auf dem ſüdlichen Felsrande iſt eine oſtweſtlich ziehende Mauer erhalten, über der ganz ſteil nach Süden abſtürzenden Wand; ſie iſt wieder ſpät und hat wenig behauene, nicht große Steine mit Kalk und iſt nur 0,92 m dick.

C. Oben auf demſelben Felſen ein ſpätes Gebäude, etwa 10 : 10 m äußeres Maß; kleine Steine mit Kalk und Ziegelſtücken.

D. Ziſterne über dem quadratiſchen Gebäude *C.*

Überall ſieht man Felsbearbeitungen und Ziegelbrocken.

Die Burg beherrſcht auf ihrem ſteilen Fels faſt unangreifbar das Kara-Dere, das aufwärts eine ſchöne, faſt eine halbe Stunde im Quadrat meſſende Ebene bildet mit Oliven- und

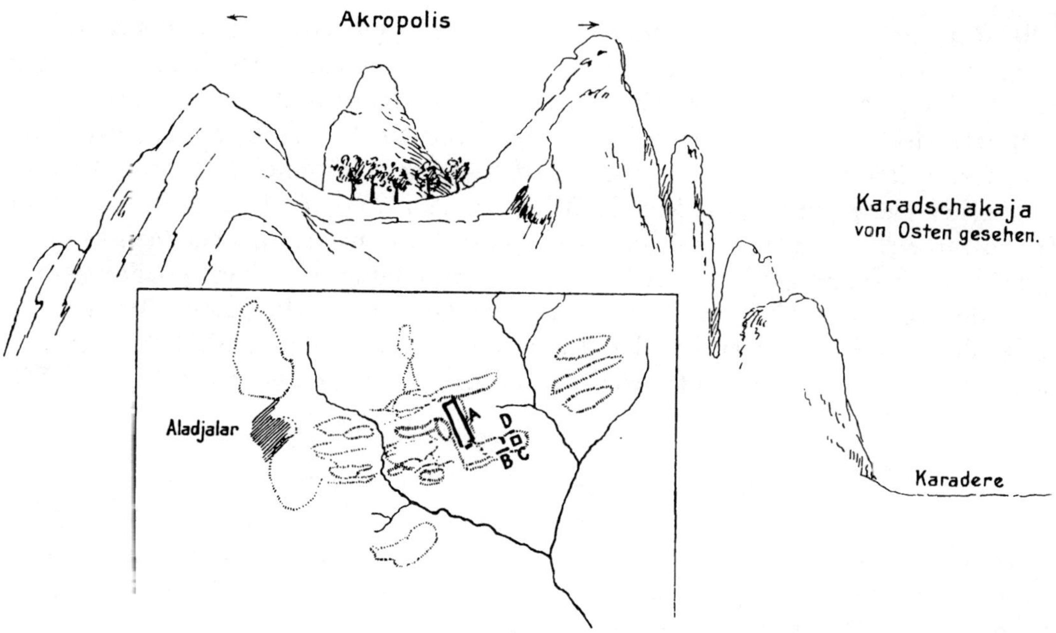

anderen Bäumen und üppigem Oleanderbuschwerk am Fluß. Dort unten finden sich ebenfalls zahlreiche Gebäudereste, Ziegelbrocken usw., so daß dort eine stattliche offene Ansiedlung gelegen haben muß.

Nach der Form des Felsens, der einer Bischofsmütze gleicht, und seinen späten Ruinen möchte man, etwa in Analogie des Monte Popena im Ampezzotale, an das bei Plinius und Hierokles im Pergamenischen genannte Tiarai denken, das noch in byzantinischer Zeit als Bischofssitz blühte.

42. Andere Ruinen am Geikli-Dag.

A. 1100 m westlich vom Asklepieion am Kopfe der Schlucht, die südlich nach Tabak-Ludscha führt und über der nördlich die von Tijilti nach Pergamon gehende Wasserleitung verläuft: Reste einer antiken Ansiedlung. Starke Mauer am Schluchtrande aus rohen, großen Steinen, kleine Mauern, viele Ziegel (5. Dezember 1898).

B. Beim Dorfe Efine, 3¾ km nordwestlich Pergamon, westlich unmittelbar vor dem Orte: 2 Säulentrommeln von Trachyt, Quadern, zum Teil in der Erde, als Fundament. Unzählige Dachziegel und unbehauene Steine. Bruchstücke von Pithoi. Vasenscherben.

C. Von Turkman-Köi (nordwestlich Pergamon, 370 m hoch) ½ Stunde gegen Westen auf einem Bergvorbau, 500 m hoch, dicht unter der Ostspitze des Geikli, wo reichliches Wasser ist und noch Feldbau getrieben wird, liegen viele antike Reste: Säulen, Quadern, Dachziegel, so daß hier eine kleine Siedelung bestanden haben muß. Es geht die Sage, die Bauern hätten einmal einen Stein von hier nach dem Dorfe gebracht und ihn am andern Morgen wieder oben gefunden. Die Stelle heißt Panagir-geri, auch Panavur, und die Leute sprechen davon, daß da eine Kirche und eine Panigyris gewesen sei. Es scheint die von von Diest zwischen den Quellbächen des Tschorakli erwähnte Stelle zu sein; etwas, das besonders hohes Alter verriete, ist aber nicht zu bemerken.

In Turkman-Köi selbst, in einem Weingarten, liegen mehrere Quadern, eine Säulentrommel und viele Dachziegel; es muß also auch hier etwas gestanden haben.

D. Zwischen Kütschük-Burun und Pergamon, 1 Stunde von Turkman-Köi entfernt fand ich hoch über dem Atma-Dere (das in das Kabaklik-Tschaty und mit diesem oberhalb Kapu-Kaya in das Komür-Dere fällt) auf einem weit nach Norden gehenden schmalen Vorſprung die Fundamente a) eines Rundbaus aus großen Quadern und b) eines Rechtecks von etwa 24 : 30 m aus kleinen Quadern, dazu viele Dachziegelſtücke, auch Tonrohrfragmente.

Dies iſt alſo wohl auch ein Wachtpoſten auf dem Gebirgswege Pergamon-Atarneus.

E. Kütſchük-Burun am Kopfende des Komür-Dere, beim Übergang in das Orpalik-Dere, das, weiterhin Aſſar-Bogas genannt, nach Atarneus hinunterführt. Auf der Spitze eines nur 12 m breiten Bergvorſprunges, den der Weg umzieht, ſind die Grundriſſe von zwei großen Gebäuden zu erkennen, 12 : 7½ und 15 : 12 m, dicke Mauern aus unbehauenen kleinen Steinen, wegen ſchlechter Erhaltung nichts meßbar. Viele Bruchſtücke antiker Dachziegel. Offenbar die Warte, die den hier über den Paß führenden Gebirgsweg Pergamon-Atarneus bewachte. Der Zuzug, den die Pergamener bei der Belagerung durch Seleukos im Jahre 190 v. Chr. von der Küſte her heimlich erhalten, iſt vielleicht auf dieſem Wege gekommen (Liv. XXXVII, 20).

43. Kapu-Kaja und Agios Georgios.

(Beiblatt 2.)

A. Am Kapu-Kaja-Felſen, am linken Selinusufer, iſt hoch an der Wand eine Anlage im Felſen ausgehauen. Von Dieſt (S. 9) hat ſie beſchrieben; wir geben auf Beiblatt 2 eine Zeichnung von Schazmann und deſſen Beſchreibung wie folgt:

»Am Weſtrand der hohen Trachytmaſſe Kapu-Kaja, welche den Selinus vom Bergama-Tſchaï trennt, ſenkrecht über letzterem, iſt mehr als 60 m hoch über dem Fluſſe ein kleines Bergheiligtum noch deutlich zu erkennen, nicht ein Wachtpoſten, wie v. Dieſt wollte.

»Der antike Weg, der dahin führte, iſt von einer gewiſſen Höhe an noch ſichtbar. In der nächſten Umgebung des Heiligtums findet man mehrere Felseinarbeitungen, bearbeitete Blöcke, antike Ziegel u. a. Eine flach abgearbeitete Felswand zeigt geritzte Ornamente, dicht dabei ſind Stufen in den Felſen gehauen, dann haben kleinere Felſen auf der Oberfläche rechteckige Einläſſe für Stelen.

»Vor den mächtigen Felsblöcken, welche eine wenig tiefe Höhle bilden, erſtreckt ſich eine Plattform, künſtlich in den Felſen gehauen, an deren äußerem Rand eine abgeſtufte Schranke ſtehengeblieben iſt, welche durch Öffnungen für Waſſerabfluß durchbrochen iſt. An der Felsfaſſade erblickt man eine ungefähr 2 m hohe, tiefe Niſche und daneben mehrere rechteckige Ausfräſungen zur Aufnahme von Platten, auch Löcher, in denen Nägel und Haken angebracht waren zu demſelben Zwecke. Im Innern der angrenzenden Höhle ſind überall in den künſtlich geglätteten Wänden ſolche Niſchen und Einläſſe verſchiedener Größe. Der Innenwand entlang läuft eine Bank, mit einer Rille verſehen, für den Ablauf des aus einem Felſenriſſe ſickernden Waſſers, vielleicht früher eine Quelle.«

B. Am Agios-Georgios-Berge liegt bei der Ak-Tſchesme, rechts ab vom Wege nach der Agios-Georgios-Kirche, ein rechteckiges Fundament, etwa 9 : 7 m in den Seiten meſſend, die Wände etwa 0,90 m dick, aus großen, wenig behauenen Steinen ohne Mörtel. Einige roh bearbeitete Quadern liegen umher. Der Bau ſcheint aus griechiſcher Zeit zu ſein und war wohl eine Warte, um den Agios-Georgios-Weg zu überwachen, aber auch die Päſſe, die von Nordoſt in das Ketiostal führen; beſonders offen bietet ſich gerade gegenüber der von Amdſchali.

44. Tſchoban-Tepe und andere Ruinen.

Nordnordöſtlich von Pergamon, auf dem markant am rechten Ufer des Ketios aufſteigenden Tſchoban-Tepe (»Hirtenhügel«), zwiſchen den Dörfern Amdſchali und Dſchaberler, hat 1898 Berlet eine höchſt intereſſante Befeſtigung gefunden, die mehr vorſtellt als eine bloße Warte.

Sie beſteht, wie nebenſtehende Skizze zeigt, aus einem ſchiefen Rechteck auf der höchſten Kuppe und einer davor gehängten unregelmäßigen Befeſtigung, die ſich bis 15 m tiefer hinabzieht (D).

Paul Schazmann gez.

Das obere Viereck iſt aus Quadern, die andern Teile vielfach polygonal gebaut.

Die Technik von A und B, die Wegeſtützmauern ſind, zeigen die beiſtehenden Skizzen.

Bei C iſt die Ecke an der Felsbearbeitung zu erkennen, bei E ein dicker Kalk-Eſtrich mit Steinchen darin durch Grabung freigelegt.

Nordnordöſtlich unter dem Tſchoban-Tepe, auf dem ſogenannten Kodſcha-Tarlá (großen Felde), liegen zahlreiche Überreſte einſtiger Anſiedlung, Quadern, Ziegel, auch Einarbeitungen in den Felsboden und Fundamentteile. Auch von einem zerſtörten Grabe liegen Trachytplatten umher.

Wir dürfen alſo in dem Ganzen eine kleine Burg mit einer offenen Anſiedlung darunter erkennen, als deren in die Berge zurückgewichene Fortſetzung man das Doppeldorf Dſcheberler anſehen kann; dahin gehören jetzt die Felder am Tſchoban-Tepe.

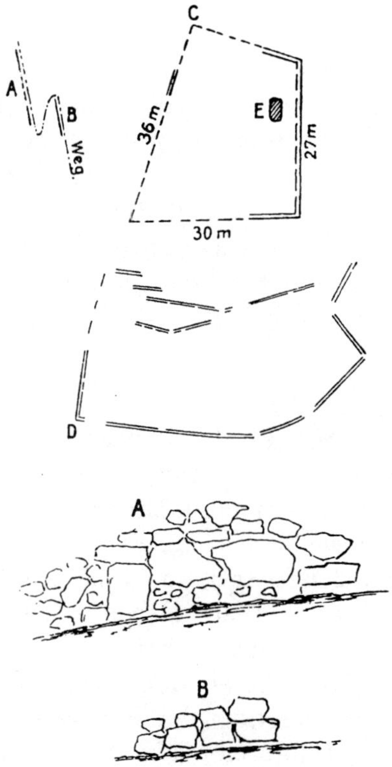

Tſchoban-Tepe.

Vom Ketiostale oberhalb der Agia-Kaſtelliani zieht ſich in nordöſtlicher Richtung eine Einſenkung hinauf; an deren Eingang, zwiſchen den Abhängen des Amdſchali-Baïr und des Agios Ilias, liegt eine abgeſonderte Anhöhe, der Orta-Tepe (»Zwiſchenhügel«), von ſeiner Lage benannt. Auf ſeiner Höhe liegen die Fundamente eines Wachtturmes, gute Arbeit griechiſcher Zeit; an ſeinem Abhange auf halber Höhe iſt eine Grabkammer mit drei Totenbetten und wölbförmiger Decke, alles aus dem Fels gearbeitet.

In der Einſattlung zwiſchen dem Amdſchali-Baïr, auf deſſen Höhe türkiſche Gräber liegen, und ſeiner nordöſtlichen Fortſetzung, dem langgeſtreckten Uſum-Baïr (langer Berg), liegt das Dorf Amdſchali.

500 m öſtlich von da bei einem alten überwölbten Laufbrunnen, beſonders in einem Weinberge, bemerkte ich Dachziegel, Gefäßſcherben, Tonröhren, unzählige Bauſteine, unbehauen. Im Wege ſteht ein alter Mauerreſt ohne Kalk, und unterhalb des Brunnens liegen im Felde vier große Quadern. Auch im Dorfe ſah ich antike Dachziegelſtücke.

Auf dem Uſum-Baïr ſcheinen Steine gebrochen zu ſein; auf der vom Dorfe her zweiten Kuppe liegt ein etwa 1,50 m langer, 0,70 m breiter Stein mit den Werkzeichen aus guter Zeit Γ⊔. Tonſcherben oder andere Spuren menſchlicher Anſiedlung fehlen auf dem langen Berge.

Zwiſchen ihm und dem nach Südoſten gegenüberliegenden Taſch-Tepe liegt ein Tumulus, der Siwri-Tepe.

Was man auf dem Agios-Ilias-Berge, öſtlich von Pergamon, früher als Reſte einer Warte anſah, gehört wohl zu den Grabanlagen dort. Nach kleinen Ausgrabungen Hepdings vermutet Dörpfeld ein Heiligtum der Kybele dort (Athen. Mitt. des Inſtitus 1910, S. 400). Die ſoviel höhere Hochburg der Stadt überſieht dieſe Höhen.

Dagegen liegen ſüdweſtlich von der Stadt auf der nach einem dortigen türkiſchen Grabe Dikeli-Baba genannten Höhe Fundamente, welche man als von einem Wachtturme herrührend anſehen kann.

Am linken Ufer des Kaïkos unterhalb des Dorfes Sendél[1] kommen am Abhange unter großen Bäumen ſtarke Quellen zum Vorſchein, heute in drei Laufbrunnen gefaßt. Dicht unter-

[1] Die Juruken des Dorfes ſind vom Stamme der Burchanides (wie es uns griechiſch angegeben wurde), daher heißt das Dorf auf von Dieſts Karte Burchan.

halb ſind auf eine lange Strecke hin anſehnliche Reſte von Gemäuer aus römiſcher Zeit teilweiſe durch Ausgraben der Anwohner freigelegt; Fußbodenreſte, Flach- und Dachziegel finden ſich, auf den Mauern mit Bogenanſätzen Wandputz aus grobem Kalk. In den Reſten einer Niſche wurden im Jahre 1902 zwei verſtümmelte Hermen gefunden, die eine iſt abgebildet Bd. VII, n. 261, die andere in den Atheniſchen Mitteilungen des Inſtituts 1904, S. 165 ff. (vgl. 1907, S. 365, Anm. 1), letztere mit der Inſchrift:

Ἄτταλος εἰκόνα ἤνθηκεν | Νύμφαισιν ἄγαλμα,
ἀΐδιον λουτρῶν ὄφρ' ἀπό|λαυσιν ἔχοι.

Das reichliche Waſſer am Platze hatte alſo, jedenfalls in römiſcher Zeit, hier eine Badeanlage entſtehen laſſen. Jetzt ſchließt ſich an die Ruinenſtelle ein großer Gemüſegarten an.

Am rechten Ufer des Ketios, im Ackerfelde zwiſchen ihm und der heutigen Straße, nahe vor dem den Fluß überſetzenden römiſchen Aquädukte, iſt erſt im Jahre 1910 das Fundament eines kleinen Tempels aufgedeckt worden. Dem Material nach wird es aus der Königszeit ſein, vom Hochbau iſt aber kein Stück mehr gefunden.

45. Gambreion.

Schon früh iſt Gambreion durch ſehr zahlreiche Münzfunde (Warwick Wroth, *Coins of Mysia*, S. 62 f.) und durch eine Inſchrift (*CIGr* II, 3561) erkannt worden beim Dorfe Poiradſchik, etwa 15 km öſtſüdöſtlich von Pergamon (Franz, 5 Inſchriften und 5 Städte, S. 16). Dort erhebt ſich weſtlich unmittelbar über dem Orte ein Aſſarlik als kleiner runder Kopf, durch einen Sattel mit den Bergen im ſüdlichen Hintergrunde verbunden. Schon von weitem erkennt man Terraſſierungen am Berge, offenbar durch Mauern gebildet, die unter dem Boden ſtecken. An verſchiedenen Stellen ſind die Steine großer Mauern ausgehoben, man ſieht noch die Löcher. Verſtreut liegen Dachziegel, Topfſcherben, Rohrſtücke, die Dachziegel mit dem ſchönen roten Farbenüberzug der Königszeit.

Gambreion übte eine ſo ſtarke Münzprägung, wie außer der Hauptſtadt kein anderer Ort des Kaïkostales; Zeugnis ſeines Wohlſtandes, der auf dem noch heute als beſonders anbaufähig geſchätzten Boden beruht, der von den Einheimiſchen dem bei Pergamon und bei Soma vorgezogen wird. Daher heute zwei beſonders anſehnliche Orte dort nahe beieinander, Poiradſchik und Kinik. In ihnen lebt das alte Gambreion weiter. Heute iſt Kinik der Halbweghalteplatz zwiſchen Soma und Pergamon. Dieſe Bedeutung als Wegeſtation konnte Gambreion nicht in gleichem Maße haben, da die Hauptſtraße von Pergamon aus oſtwärts nicht wie die heutige, erſt junge Fahrſtraße, ſondern auf der rechten Seite des Kaïkostales verlief (ſ. oben S. 109).

Bei Kodſchi-Jatak, das nach Süden höher hinauf liegt, ſollen Gräber ſein; dorthin bin ich aber nicht gekommen.

Im Beſchik-Taſch, eine halbe Stunde ſüdöſtlich von Poiradſchik, hieß es, ſei ein unterirdiſcher Gang, von Menſchenhand gemacht, der bis Pergamon führe.

Bei Örtülü, 4—5 Stunden ſüdlich von Poiradſchik, ſoll ſich ein Paläokaſtro befinden mit vielen Bauſteinen, Sarkophagen uſw. Auch dorthin iſt niemand von uns gekommen.

46. Aſſar im Kara-Dere, ſüdöſtlich von Kinik.

Von Kinik das Kara-Dere hinauf, auf dem Wege nach Mamurt-Kaleſſi einer- und nach Apollonis anderſeits, kommt man nach 1¹/₄ Stunde zu einem dominierend am Talwege gelegenen Aſſar (auf der Dieſtſchen Karte Kiſil-Aſſar), der ein ſehr ſtattlicher Kegel iſt (475 m über Kinik!) mit zwei deutlichen Terraſſen gleich unter ſeiner runden Kuppe.

Oben fand ich (14. Auguft 1887) außer einem Brunnen zwei Strecken dicker Mauer: innen nur kleine Bruchfteine mit Kalk, außen regelmäßige Ziegellagen dazwifchen; die Ziegel find 0,28 m lang, 0,055 m dick. Die Innenfront ift ohne Ziegel, die Mauer 5,30 m dick. Diefe Mauer bildet einen Kreis von etwa 100 m Durchmeffer.

Ganz oben fah ich noch eine Kalkmauer etwa 8 m hoch erhalten, in ihr Balkenlagen von 25 : 15 cm Querfchnitt.

Es hat alfo auf diefem Affar in byzantinifcher oder türkifcher Zeit eine Befeftigung geftanden.

Der Eski-Katyrdfchi-Jolu (alter Poftbotenweg) mit fehr alteingetieften Spuren, geht hier vorbei, aber nicht, wie Dieft ihn weiterführt, über Kalem-Köi nach Apollonis und Sardes, fondern über Abadfchilar-Bos-Köi nach Magnefia. Es war ein Richtweg, aber nicht Hauptftraße (f. oben S. 109).

47. Affar bei Dfchumali.

Zuerft mit v. Dieft und v. Carolath im Mai 1886, dann im Dezember 1898 befucht, fpäter von Schazmann und Genoffen.

Eine fanfte Höhe, nur etwa 30 m anfteigend, zwifchen den Dörfern Dfchumali und Hamdfchali, rechtsab gelegen von der von Kinik nach Soma führenden heutigen Straße, zeigt auf ihrer halbmondförmigen Oberfläche an mehreren Stellen fehr deutliche Refte antiker Ummauerung aus griechifcher Zeit. Befonders im Often ift ein faft 50 m langes Mauerftück zu verfolgen, aus großen (z. B. 0,71 und 0,80 m langen) faft unbehauenen Blöcken. Obenauf und an den Abhängen find Dachziegelftücke, Topffcherben und Bruchftücke von Tonröhren verftreut.

Die Pforten der Mofchee in Dfchumali ruhen auf verkehrt geftellten, fehr reich ornamentierten byzantinifchen Kapitellen.

48. Pafcha-Ludfcha und Eski-Bergama (Parthenion?).

(Beiblatt 3.)

In nordöftlicher Richtung, zweiundeinehalbe Wegeftunde von Pergamon entfernt, liegt am rechten Ufer des Ilia-Tfchaï der noch heute benutzte Badeort mit feinen warmen Quellen und feinen anfehnlichen Bauwerken aus der Kaiferzeit. Im Jahre 1904 hat der Kaïmakam von Pergamon, Kemal-Bey, die Badebauten aufräumen laffen, fie aber nicht ganz vor einftrömendem Waffer fchützen können.

Der Gegenfatz einer einft hier in glänzendem Luxus lebenden Kultur und der heute in das Primitive zurückgefunkenen Lebenshaltung der Bevölkerung tritt einem draftifch entgegen. In der Sommerzeit fammeln fich Badegäfte auch aus den wohlhabenden Kreifen der Umgegend. Sie fchaffen fich in elenden leeren Baracken mit ihrem mitgebrachten Bett- und fonftigen Zeuge eine notdürftige Unterkunft, die fie mit dem Ungeziefer teilen, und bei der fie außer dem Kaffee, den ein Badewirt bietet, auf eigene Beköftigung angewiefen find. Dann fteigen fie auf gebrechlicher Holztreppe in die vom verfchmutzten, naturwarmen Waffer überfüllten Baderäume hinab, in denen die Marmortäfelung der Wände und der bunte Marmorplattenbelag des Fußbodens noch ziemlich intakt die alte Pracht zeigt.

Der Zugang zu dem Badeorte führt vom anderen Flußufer her noch heute über eine mit zwei Bogen ftehende Brücke römifcher Zeit. Auf S. 132 zu oberft geben wir die Anficht, vom jenfeitigen Flußufer aus genommen.

Den Grundriß der Badegebäude, foweit fie wieder frei liegen, geben wir auf S. 133 nach Dörpfelds Aufnahme aus dem Jahre 1904 und fügen feine Befchreibung hinzu.

»Zuerft tritt man in einen runden Saal A, deffen reicher, aus buntem Marmor getäfelter Fußboden noch faft ganz erhalten ift. An den Wänden ift ferner noch etwa 2 m hoch die Verkleidung erhalten, und in den vier diagonal angeordneten Nifchen ftehen noch die Marmorbänke.

Paſcha-Ludſcha.

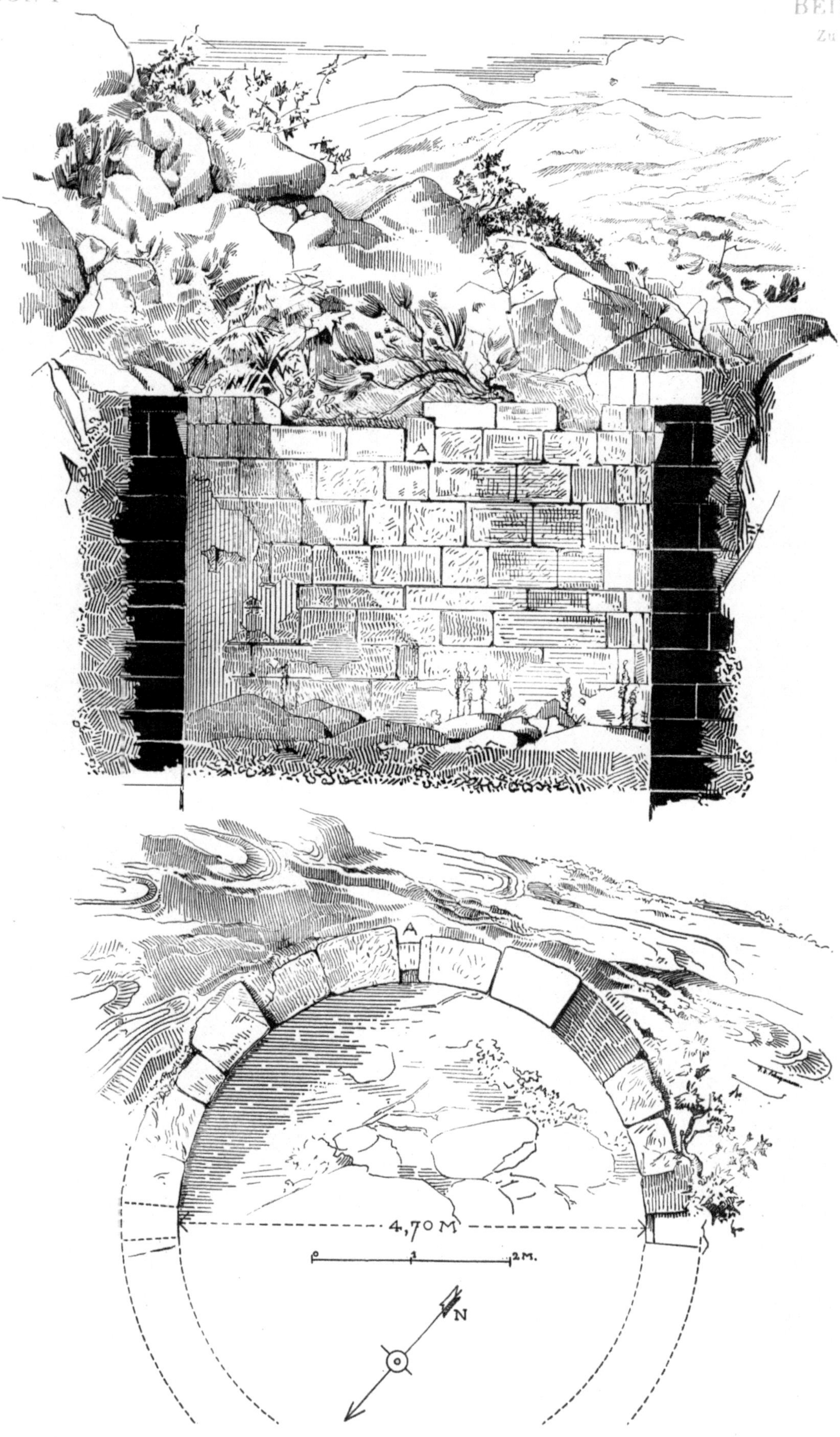

Paul Schazmann aufg. u. gez.

Durch eine Tür, deren Verkleidung und Pilafter noch exiftieren, betritt man den Hauptfaal, in dem das marmorne Schwimmbaffin und auch ein großer Teil der Marmorverkleidung der Wände vorhanden find. Wir geben vorftehend (S. 132 unten) eine Anficht, das Waffer fteht bis über den Umgang.

»Zu einem dritten, wieder runden Raume mit rundem Baffin führt der Eingang neben der Apfis des Hauptfaales. Hier ftrömt noch jetzt das 45° warme Waffer aus einer Öffnung der Mauer, füllt beide Baffins und läuft dann als ftarker Bach in den Ilia-Tfchaï.

»Die Marmorinkruftationen des Baues entfprechen denen, die wir in Pergamon an den Bauten etwa von der Hadrianifchen Zeit an finden. Auch einzelne Architekturdetails, wie ein fogenannter Pfeifenfries, laffen die Prachtanlage in diefe Zeiten fetzen.«

Von Skulptur war, als wir in den achtziger Jahren dort waren, der Torfo einer männlichen Koloffalftatue, jetzt verfchwunden, vorhanden; der Oberleib war nackt, um den Unterkörper lag Gewandung. Infchriften find am Platze nicht bekannt geworden. Der antike Name ift nicht zu beftimmen. Hadrianuteba, das ich einmal vorfchlug (Athen. Mitt. 1899, S. 153) und das Philippfon annahm, ift nicht möglich, da es auf der Tab. Peut. entfchieden aus Hadrianutherai verderbt ift und demnach nicht, wie fie angibt, VIII *m. p.*, fondern viel weiter nördlich liegt (f. Ramfay, *Hist. geogr.* S. 155. 167).

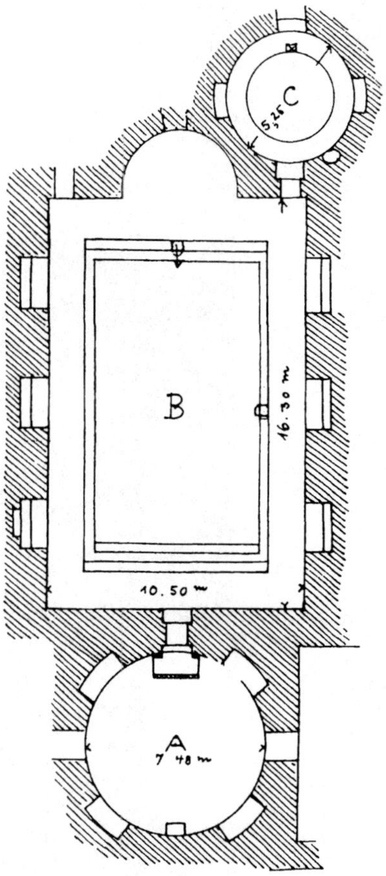

Heute ift die Benennung Eski-Bergama (Alt-Pergamon) geläufig und wird von den Leuten in der Stadt auch gerade für das warme Bad gebraucht, obgleich fie vielmehr einem Affar, einer Ruinenhöhe, ganz in der Nähe flußabwärts zuzukommen fcheint. Der Ilia-Tfchaï macht in füdöftlicher Richtung von Pafcha-Ludfcha aus eine Biegung in eine Ebene, in der er fich mit einem anderen Fluffe vereinigt, dann tritt er durch eine Enge, welche die römifche, von den Kaïkosquellen nach Pergamon führende Wafferleitung überfetzte, mehrere Mühlen treibend, in die Kaïkosniederung ein. Zwifchen den zwei Flüffen liegt auf vorgefchobener Höhe, etwa der Lage von Pergamon vergleichbar, der Affar Eski-Bergama. Auch die Bildung der Stadthöhe ift der von Pergamon verwandt. Sehr anfehnlich, und fo bis in das Ketiostal weithin fichtbar, ftreckt fie fich zwifchen den Flüffen vor, nach rückwärts von einer felfigen Kuppe gekrönt, hinter der ein tief eingefenkter Sattel die Verbindung mit den weiteren Bergen bildet. Die ganze Höhe in ihrem oberen, abgeflachten Teile ift von verfallenem fpäten Gemäuer umgeben. Dicht unterhalb der Kuppe liegt eine gewaltige Zifterne, in fchönem Quadergemäuer ausgeführt. Schazmanns im Jahre 1906 gemachte Aufnahme geben wir auf Beiblatt 3. Der Stein bei A weicht in feiner Vorderfläche fchräg zurück, der Rückfprung ift oben vom darüber folgenden Steine überdeckt. Das wiederholt fich, ins Kreuz geftellt, auf vier Seiten, alfo eine Vorkehrung zur Abdeckung der Zifterne durch Balken. Von einer Mittelfäule, wie in Pergamon auf der Hochburg, ift keine Spur. Die Fugen waren gedichtet und die Fläche einft geputzt.

Eine Anficht der Höhe aus der Ferne von Pafcha-Ludfcha her, die wir Philippfon verdanken, und eine von Schazmann, aus der Nähe von Südweft vom Bette des Ilia-Tfchaï aus genommen, geben wir umftehend. Nach diefer Seite liegen auf einer flachen Vorhöhe am Fuße des Berges Fundamentrefte von Wohngebäuden. So war die Höhe in der Königszeit, der die Zifterne angehören wird, bewohnt, gewiß befeftigt, wovon noch geringe Mauerrefte unter dem fpäten Ge-

Eski-Bergama.

mäuer oben zu ſehen ſind, ſo beiſpielsweiſe der Mauerreſt auf der Südſeite, den wir vorſtehend (S. 134 unten) geben. In römiſcher Zeit des Friedens wird die Anſiedlung an den Bergfuß, wo die Wohngebäudereſte liegen, hinabgerückt und in byzantiniſchen Notzeiten wieder auf die Höhe zurückgewichen ſein, der typiſche Hergang.

Was dafür ſpricht, in dem Platze das bei Xenophon erwähnte Parthenion zu ſehen, iſt oben (S. 110) dargelegt worden.

49. Apollonia.

Am Unterlaufe des Aktſchavly-Tſchai liegt in einer Schleife des Fluſſes eine ſtolze, lang von Norden nach Süden geſtreckte Akropolis, die ſchon Humann als das Apollonia μετεώροις ἐπικειμένη τόποις des Strabo (XIII, 4, 4) erkannt hatte (anbei eine Fernanſicht von Weſten

nach einer Aufnahme von Philippſon). Wir haben die Höhe wiederholt beſucht (13. Dez. 86, Okt. 06). Der Fluß geht von Norden über Weſten faſt rings um ſie herum. Erhalten iſt aber auf der Burgfläche nichts, nur die Situation, der durch ehemalige Ummauerung gebildete Abſatz des Felsrandes und auf der inneren Fläche zahlreiche Stein- und Ziegelbrocken verraten die Benutzung als Wohnplatz.

50. Germe.

(Beiblatt 4. 5.)

»Der Ort wird nicht unter den altgriechiſchen genannt, ſondern erſt von den Itineraren (Tab. Peut., It. Antonini) als Station auf der Straße von Pergamon nach Sardes. Über den Verlauf der Straße bis Soma haben wir oben (S. 109) gehandelt. Es liegt in der Natur der Sache, daß die Straße, welche um den Trachala-Dag herumbiegen mußte, dieſe Biegung zur Abkürzung möglichſt nahe an dem Berge und alſo nicht auf dem rechten Kaïkosufer zu machen ſuchte. So noch heute, und ſo iſt man ſchon immer für die Lage der Station Germe auf das heutige Soma gekommen. Philippſon neigt zwar zu anderer Anſicht, indem er die Straße nach Magneſia auf das rechte Kaïkosufer und Germe nach Gertſche verlegen möchte (Reiſen und Forſchungen S. 68. 70 und oben S. 53.

»Bei Soma iſt keine für eine antike Burg geeignete Höhe, außer allenfalls der bei Ilidſcha, eine Viertelſtunde weſtlich vor Soma an der Straße, auf Humanns Karte Hadſchi-Kale genannt. Dort haben wir aber keinerlei antike Reſte bemerkt. Germe iſt aber auch, wie geſagt, nicht als altgriechiſche Burg bezeugt, ſondern nur als römiſche Straßenſtation. Auch Münzen von Germe gibt es nicht aus griechiſcher, ſondern erſt, und da zahlreich, aus der Kaiſerzeit (Warwick Wroth, *British Museum Catalogue, Mysia*, S. XXXIII ff., 64 ff.). Wenn es zweifelhaft ſein konnte, nach welchem Germe, dem am Rhyndakos oder dem an der Pergamon-Sardes-Straße, dieſe Münzen zu ſetzen ſeien, ſo neigen, wie von Fritze verſichert, die Numismatiker jetzt doch dazu, ſie alle dem letzteren zuzuſchreiben, ſeit Imhoof (Lydiſche Stadtmünzen 1897, S. 66 ff.) dies auf Grund des Charakters und der Typen nachgewieſen hat (vgl. Imhoof, Kleinaſiatiſche Münzen S. 16, 171). Daß von Dieſt ein Exemplar in der Nähe von Soma kaufte (Petermanns

Mitt., Ergänzungsheft 94, S. 16 f.) ſpricht auch dafür. Die zahlreichen Münzen bezeugen dann eine Blüte des Platzes in der Kaiſerzeit.

»Vereinzelte antike Reſte, Inſchriftſteine, fehlen in Soma nicht ganz, könnten aber von anderer Stelle dorthin gebracht ſein. Reſte eines mit kleinen quadraten (0,05 : 0,05) und kreisrunden Platten bunten Marmors belegten Fußbodens kamen jedoch jüngſt, 1907, beim Brunnengraben in einem der Haushöfe am weſtlichen Ende der Stadt im Ulu-Bunar-Machalas zum Vorſchein. Beſonders wichtig iſt aber, daß Soma ſchon in frühottomaniſcher Zeit eine bedeutende Wegeſtation war.

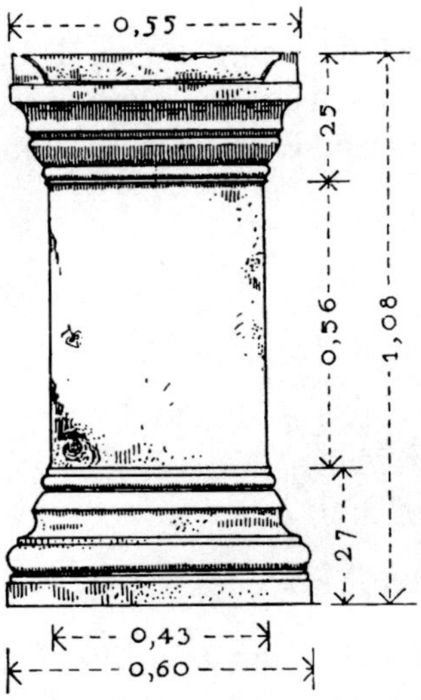

»Neben der alten, 1206 der Hedſchra reſtaurierten Karabegdſchami und dem noch im Gebrauche ſtehenden, aber jetzt ſehr elenden Muri-Beg-Chan liegt das Budrun-Wakuf-Chan, zur Zeit als Petroleummagazin benutzt. Fellows hat es beſchrieben (*A journal written during an excursion in Asia Minor.* London 1839. S. 27), ſeitdem ſcheint kein Reiſender es mehr beachtet zu haben, lange auch wir nicht, für die Soma zu ſehr nur Durchgangsſtation war, bis im Jahre 1907. Wir geben auf Beiblatt 4 und 5 Schazmanns Aufnahme und ſeine Anſicht der von heutigen Vorbauten und Gerümpel freigelegten Front. Das ganze ſolide Gebäude iſt offenbar noch in dem Zuſtande, wie Fellows es ſah.

»Als Unterlagen der drei Gurtbögen des Gewölbes ſind ſechs ganz gleichartige Grabaltäre aus römiſcher Zeit benutzt, ſo vollſtändig nur mit einer Seite ſichtbar (Abbildung beiſtehend). Von hinten im Gebäude links gerechnet iſt der erſte Altar ohne ſichtbare Inſchrift, der zweite mit der Inſchrift C I Gr II, 3563 (Θεύδας ſo!). Der dritte hat auf der in die Wand gebauten Seite die Inſchrift:

. . Ε Ι Δ Η Ϲ ω
. . Ι Π Π ω Τ Ϲ
. . \ ϕ ω Α Ν Ε
. . Ε Ν

.... εἴδης | ... ἵππῳ τῷ | [ἀδε]λφῷ ἀνέ|[θηκ]εν.

»Die Inſchrift auf dem vierten Steine iſt ausgemeißelt, der fünfte zeigt eine inſchriftleere Seite, auf dem ſechſten ſteht die Inſchrift C I Gr II, 3565. Die Inſchrift C I Gr II, 3564 iſt nicht vorhanden.

»Natürlich iſt das Gebäude jünger als die in ihm als Material verwendeten Altäre, aber nicht, wie Fellows annimmt, der Bau römiſch, die Altäre *old Greek materials*, ſondern dieſe ſind evident aus der Kaiſerzeit, etwa dem zweiten Jahrhundert n. Chr., das Gebäude aber iſt altottomaniſch, wie beſonders die Vorderſeite mit der Tür und innerhalb die Einzelheiten der Vorhalle unzweifelhaft zeigen. Es mag etwa aus der Zeit um 1400 nach Chr., wie die Ulu-Dſchami in Pergamon, ſtammen. Die Steinplatte, welche über der Tür die Bauinſchrift getragen haben wird, iſt leider herausgenommen und nicht mehr nachzuweiſen. Das Gebäude wird nach Boeckh in den Askew-Scheden ein *deversorium* genannt, ſo diente es noch zu Fellows Zeit *as a stable* und heißt noch heute Chani. Von der derartigen alten Benutzung zeugt es, daß die Altäre mehrfach an den Ecken zum Anbinden der Tiere durchlocht ſind.

»So beweiſt dieſer Bau, daß in erſter Zeit der ottomaniſchen Herrſchaft an der Stelle von Soma eine anſehnliche Station an einer frequenten Straße lag, und man hat ſchwerlich in jener Zeit die großen Straßenzüge verlegt. An der Stelle von Soma wird ſchon in römiſcher Zeit der Straßendurchgang geweſen ſein, wie wir es wahrſcheinlich fanden, daß er die Nähe des zu umgehenden Gebirges ſuchte. Von einem in der Kaiſerzeit anſehnlichen Platze rühren in ihrer Gleichartigkeit ſichtlich die ſechs im Chani verbauten Grabaltäre her. Wollte man ſie auch als von

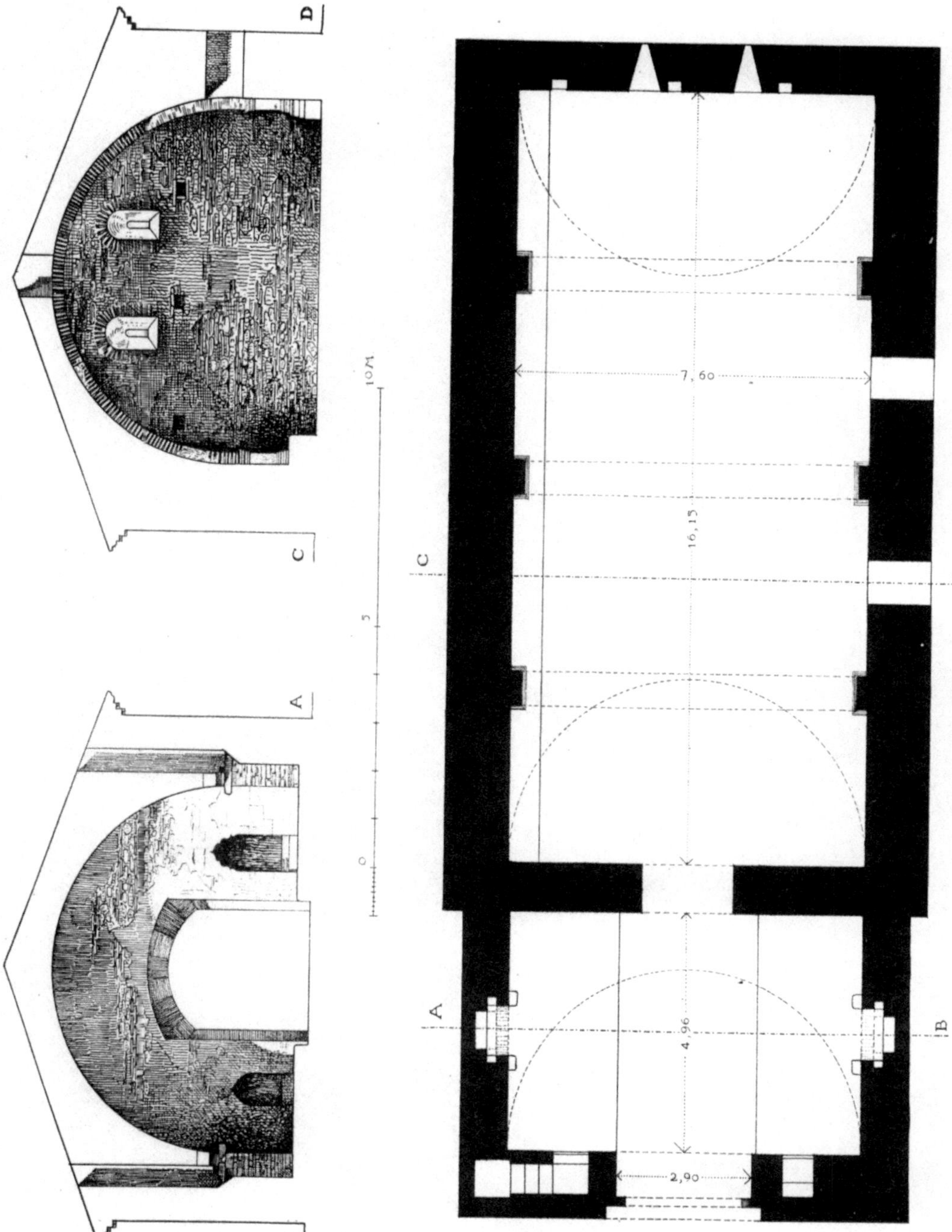

Paul Schazmann aufg. u. gez.

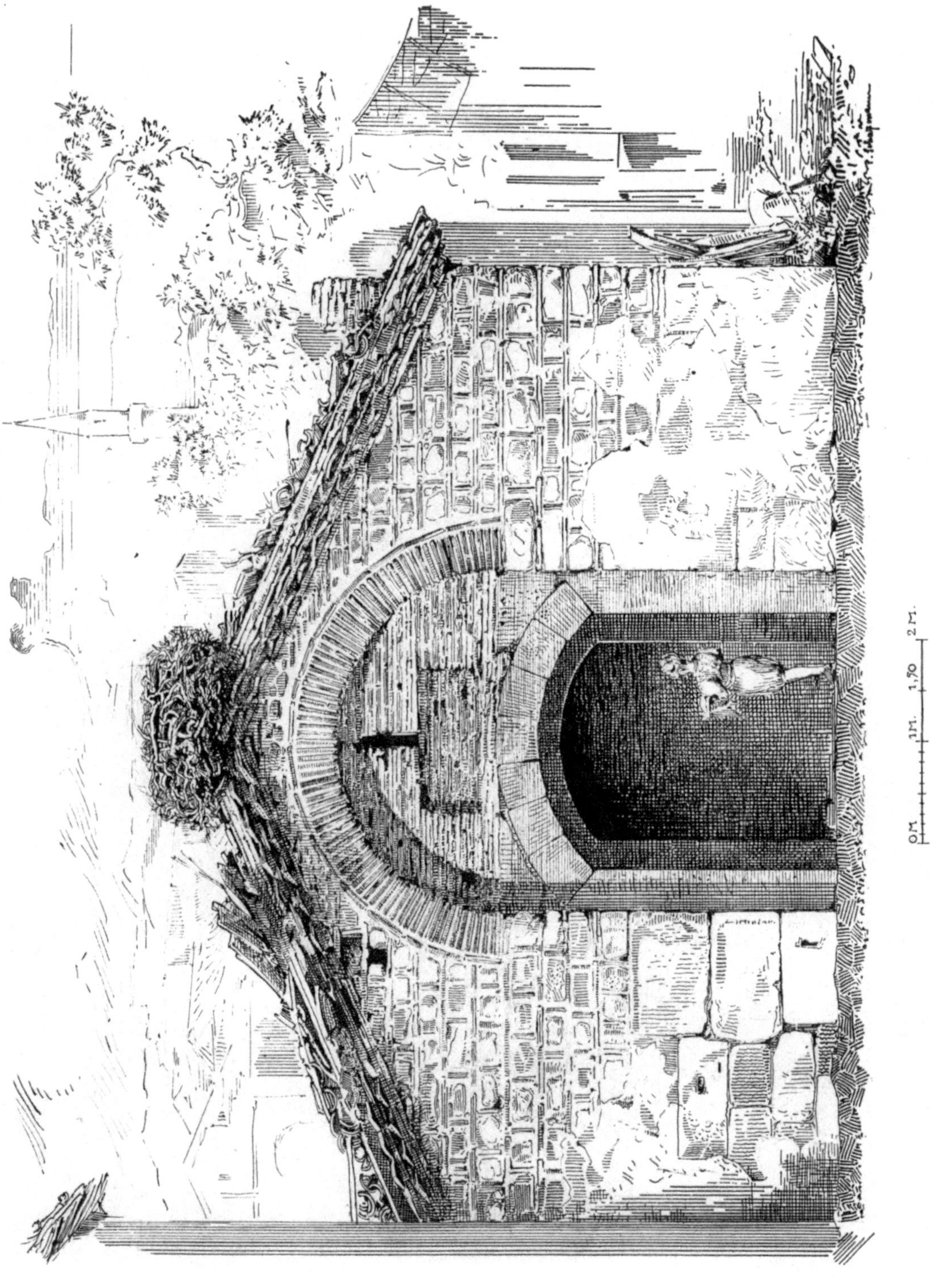

Paul Schazmann aufg. u. gez.

anderwärts herbeigeholt anſehen, wie es bei den wenigen anderen Inſchriftſteinen, die ſich in Soma finden (Athen. Mitt. des Inſtituts 1899, S. 212 ff., n. 36, 37)[1], noch leichter geſchehen kann, ſo beweiſen doch die dort erwähnten Reſte des Fußbodens frühe Bebauung des Platzes noch in ſpätantiker Art.

»So iſt die Wahrſcheinlichkeit dargetan, mit der wir Germe an der Stelle von Soma anſetzen.« (Conze.)

Der etwa eine Stunde oberhalb Soma gelegene Bergort Trachala iſt kein Platz antiker Siedlung, vielmehr ein Zufluchtsort byzantiniſch-türkiſcher Zeit, wie auch Philippſon (Reiſen und Forſchungen S. 69) annimmt. Byzantiniſche Reliefplatten finden ſich an den Brunnen, auch ein kleines byzantiniſches Kapitell liegt im Orte. Man ſieht von da hoch oben am Felſen mit Abarbeitung hergeſtellt den Platz des Kaleh, wie es die Einwohner einfach nennen. Wir ſind nicht oben geweſen, da Lage und, ſoweit von unten zu ſehen, Geſtalt von der Ebene aus wie die Ruine eines Kloſters anmuten. Daher werden alſo Inſchriften, wie die Athen. Mitt. des Inſtituts 1899, S. 215 erwähnte, ſchwerlich von dieſem Fundplatze ſtammen. Aber es kann ſich hier um den Biſchofsſitz »Trakoula« handeln, deſſen Vertreter auf dem Konzil zu Nicäa anweſend war (Ramſay, *Hist. Geogr.* S. 127).

51. Aſſarlik unterhalb Gerdſche.

Das Dorf Gerdſche liegt etwa 6 km öſtlich von Soma. Die Anwohner nennen es auch Jürdſche oder Girdſchi. Im Dorf liegt ein ſogenanntes Palmblattkapitell römiſcher Arbeit; am Platze des Dorfes iſt aber keine Spur einer antiken Anſiedelung. Erſt ganz erheblich weiter abwärts, vom Dorfe durch einen zwiſchenliegenden ſtarken Hügel getrennt, liegt auf einer iſolierten, kleinen Erhebung das Aſſarlik, mitten in den Feldern.

Die beiſtehende, in Fernſicht von Weſten her genommene Anſicht der Gegend läßt links hinten an den Bergen ganz ſchwach die Häuſer des Dorfes Gerdſche erkennen. Davor rechts-

hin erhebt ſich der ſtattliche Hügel, der es von dem in unſerem Bilde nicht erkennbaren Aſſarlik trennt. Dieſes liegt in der flachen Öffnung zwiſchen jenem Hügel und dem von rechtsher vorſpringenden Ausläuſer des Trachala-Dag. Das iſt das Tor nach dem oberen Tale der Kaï-

[1] Noch ein Grabaltärchen fand ſich im Jahre 1907 hoch oben in Soma an einem türkiſchen Hauſe, unten abgebrochen, noch 0,81 m hoch, 0,45 m breit, 0,40 m tief: Ἀνδρόνεικος ὁ πα | [τ]ὴρ Ἀπολλειναρίῳ | [τῷ] ἰδίῳ τέκνῳ ἐπο| [ίει μ]νείας χ[αρ]ιν.

kosquellen, deren ſtärkſte das Ak-Su iſt. Dort außen vor dem Tore der Kaïkoslandſchaft (περὶ πηγὰς Καΐκου I. v. P. 20. 24) iſt der Schauplatz der Schlacht Attalos' I. gegen die Galater.

Das ſo gelegene Aſſarlik unterhalb Gerdſche iſt eine kleine, unanſehnliche Erhöhung von rundlichem Umriſſe, nur zu etwa 10 m Höhe über ſeine öſtliche und ſüdliche Umgebung erhaben, weit weniger noch auf der Nordweſtſeite. Man hat beim Eiſenbahnbau ſehr ſtark Steine der einſt hier gelegenen, aber nicht bedeutenden antiken Ortſchaft gebrochen und dabei deren Überreſte weitgehend zerſtört. Mauerwerk aus kleinen mit Ziegeln untermiſchten Steinen in Kalkmörtel ſteht noch zutage; Dachziegel, Gefäßteile, alles in Trümmern, liegen umher. Vielleicht handelt es ſich um den δῆμος Σανδαινειτῶν, von dem eine Inſchrift im benachbarten Dorfe Tſchawdir gefunden iſt (*BCH* 1887, S. 403. Athen. Mitt. 1899, S. 153).

III. Lydiſches Grenzland.

52. Stratonike.

Beſtimmt durch die Hadriansinſchriften am Brunnen von Jahmurlu (*BCH* 1887, S. 108 ff. Athen. Mitt. 1899, S. 220).

Der zwiſchen Jahmurlu und Siledik gelegene ſtolze Felſen, wie ihn die beiſtehende, von Philippſon von Weſten her genommene Fernanſicht zeigt, verrät in ſeiner Geſtalt ohne weiteres

die antike Burg. Ich habe ihn am 6. Juni 1886 beſtiegen. Er iſt groß, bietet aber kein Mauerwerk mehr und auch ſonſt wenig.

Die Benennung Stratonike unter den Attaliden wird eine Umtaufe ſein, ſowie nachweislich die des benachbarten Attaleia und wahrſcheinlich auch von Apollonis.

Die Inſchriften in den umliegenden Dörfern Jahmurlu, Siledik, Ahmetli ſtammen jedenfalls von Stratonike, das ſich nach dem Hadriansbriefe ſpäter Hadrianopolis nannte.

53. Felsgräber bei Gelembe.

Eine gute halbe Stunde ſüdlich von Gelembe, an dem Wege nach Ak-Hiſſar, liegt zunächſt ein Felsgrab A, nach Norden offen, und wenig weiter ſüdöſtlich ein zweites, B, nach Süden offen. Beide ſind beſonders groß und das eine durch ſeinen architektoniſchen Frontſchmuck, das andere durch ſeine Grundrißgeſtaltung intereſſant.

A ift eine faft quadratifche Felfennifche von 3,66 m Breite und 3,43 m Tiefe. Der Frontpfeiler ift links in fcharfer Profilierung erhalten, rechts zerftört. Über dem Architrav und Zahnfchnittgeifon entwickelt fich ein Giebel, deffen hübfches Geifonprofil ebenfalls deutlich erkennbar ift. In der linken Grabwand ift eine Nifche.

B. Wenig füdöftlich von *A* ift ein zweites Grab. Im Innern ift geradeaus eine niedrige Bank, rechts eine apfisartige Nifche mit drei vortretenden Wandpfeilern. Auf der Schwelle und im Türfturz wohlerhalten die Löcher für die zwei Türflügel. Die Stelle einer Infchrift bei diefem Grabe ([Ἀπ]ολλωνίου, davor ein Kreuz) habe ich mir nicht genauer notiert.

54. Mal-Tepe bei Bakir.

Der Mal-Tepe liegt einen guten Kilometer öftlich von der Straße Ak-Hiffar–Kirkagatfch. Die Eifenbahn fchneidet 200 m öftlich von ihm durch, nicht, wie Kiepert zeichnet, weftlich.

Der Hügel fchwimmt als einzige Infel in dem weiten Flachland zwifchen Trachala- und Kadi-Dag. Er erhebt fich nur 13 m hoch und erftreckt fich lang von Norden nach Süden. Der nördliche höchfte Teil bildet ein Rund mit einer oberen Plattform von etwa 50 m Durchmeffer. Diefes Rund fällt nach drei Seiten gleichmäßig rafch ab, nach Süden aber hat es einen 6 m tiefer anfetzenden und immer flacher werdenden Ausläufer.

Auf dem runden Hügel find viele antike Dachziegel und Bruchftücke von feinen roten Schälchen. Ringsumher in den Feldern die üblichen Refte: Bruchftücke von Ziegeln und Rohren und von kleinen und großen Gefäßen. In Kirkagatfch und Bakir viele Infchriften, denen ich leider keine Zeit widmen konnte.

Auf dem großen Ritt, den ein türkifcher Häuptling Tfchineit von Lopadion nach Smyrna macht, überfchreitet er die lydifche Grenze in der Gegend von Chliara und Thyateira (Ramfay, *Hist. Geogr.* S. 117). Ramfay möchte dies Chliara, das anderweit nicht erwähnt wird, in Kirkagatfch anfetzen, wo aber keine Spuren antiker Siedlung vorhanden find. Wir dürfen als feinen Kern wohl den Mal-Tepe anfehen.

55. Nakrafa.

Weftlich vom Dorfe Eljesler liegt eine kegelförmige Akropolis, von der die Infchriften — darunter eine der Μακεδόνων Νακρασειτῶν (Athen. Mitt. 1888, S. 2) — und die Nakrafamünzen in der Umgegend ftammen. Der Burgberg erhebt fich etwa 100 m über die Ebene. Der oberfte rundliche Mauerring hat etwa 80 m Durchmeffer. Die Mauer aus kleinen Bruchfteinen ift 1,55 m dick.

Von Eljesler 3/4 Stunden gegen Süden, 15° öftlich, auf der niedrigen Spitze des Kadi-Dag zwei kleine Fundamente, roh, ohne Mörtel Dachziegelftücke; im Süden Kammern und Treppe aus dem Fels gehauen; fcheint alles griechifch. Wahrfcheinlich Warte. Die Leute nennen es auch Viglia. Im Norden fieht man die Burg Nakrafa, im Süden Ak-Hiffar.

Nördlich von Eljesler liegen drei Felsgräber.

A. Das erfte hat eine niedrige (0,48 m) Eingangstür. Im Innern bildet, wie gewöhnlich, der hintere Raum eine Bank, die hier umfangreicher ift als der Vorraum. Die Decke hat Giebelform. Die Außenwand des Felfens ift bis 0,20 m rechts und links von der Tür vertikal geglättet, fonft abgefchrägt. Orientiert ift das Grab nach Südoften.

B. Das zweite hat eine 1,57 m hohe Tür, eine Bank rechts und links im Hintergrunde, rechts hinten auch einen engen befonderen Ausgang.

C. Gleich neben *B* ist ein kleineres Grab, 0,70 : 1,50 m, mit Bänken links und hinten. Die Decke ift flach gewölbt, die Wand 1,40 m, die Tür 1,14 m hoch.

56. Attaleia.

Nachdem vom Dorfe Jenidſcheköi bereits eine Inſchrift bekannt geworden war, die beginnt ἡ βουλὴ καὶ ὁ δῆμος ὁ Ἀτταλεατῶν (*BCH* 1887, S. 173), fand ich im Auguſt 1887 eine ebenſo beginnende (Athen. Mitt. des Inſtituts 1899, S. 221 ff.) auf dem Karaman-Meſar, eine halbe Stunde ſüdlich von Serdſchikli und die offenbar zugehörige Ruinenſtätte auf dem Hügelauslauf öſtlich des von Serdſchikli kommenden Baches. Der Berg hat nicht die gewöhnliche Kegelform der altgriechiſchen Akropolen, ſondern iſt unregelmäßig, erhebt ſich aber 60 m über die Talſohle. Er iſt überſät mit Reſten von Dachziegeln, Tonrohren und Gefäßſcherben.

Dies iſt das Attaleia, das zuſammen mit Philetaireia am Ida in dem Söldnervertrage Eumenes' I. (I. v. P. 13) erwähnt wird, beide augenſcheinlich als Grenzfeſtungen.

Nach Steph. Byz. hat Attaleia, die πόλις Λυδίας, urſprünglich Ἀλλόειρα oder Ἀγρόειρα geheißen. Eumenes I. oder vielleicht ſchon Philetairos ſcheint ſie alſo nur umgetauft zu haben.

57. Aſſar-Kaleſſi bei Baſchlemiſch.

Etwa 1½ Stunden nordöſtlich oberhalb Attaleia und ½ Stunde oberhalb des Dorfes Baſchlemiſch ſteigt, dicht am Lykosfluſſe und von einem Nebenbache desſelben umgangen, ein ſchroffer Felſen 100 m hoch aus der Talſohle auf. Sein vorderer (nördlicher) Teil iſt von einer ſchmalen, etwa 150 m langen Burg gekrönt, von der nur ſpätes, wahrſcheinlich byzantiniſches Mauerwerk erhalten iſt. Auf der Spitze iſt ein großer viereckiger Turm zu erkennen, auf der Weſtſeite Reſte des Mauerzuges, auch Bruchſteinwerk mit Kalk und Ziegeln (ſehr flach und anſcheinend quadratiſch) darin. Umher liegen auch Dachziegelſtücke.

58. Gördük-Kaleſſi.

Wo der Kadi-Dag gegen Südoſten hin urſprünglich in ſchmaler, hoher Brücke mit dem Gürenes-Dag zuſammenhing, der Lykosfluß dann aber die Verbindung durchgeriſſen hat, iſt der weſtliche Pfeiler dieſes Flußtores der markanteſte Felſen am Lykoslaufe von Attaleia abwärts geworden. Er heißt Gördük, und nach ihm iſt auch der Fluß Gördük-Tſchai genannt worden. Auf ihm liegt eine Burg als ummauertes, ungefähres Dreieck von etwa 60 : 100 m Durchmeſſer. Die Mauer erſcheint im Weſten noch römiſch und iſt hier 1,70 m dick, an der Südecke beſteht ſie aber aus großen und kleinen Steinen mit vielen Ziegeln, weiter öſtlich regelmäßig aus kleinen Steinen mit Ziegeln und auch Holzeinlagen darin, iſt hier alſo jedenfalls recht ſpät.

Dieſer prachtvolle Felſen an dem wichtigen Wege von Magneſia und Sardes nach dem Norden (Kyzikos) iſt offenbar zu keiner Kulturzeit unbeſetzt geweſen, daher ſind die Spuren ſeiner älteren Benutzung völlig verwiſcht. Wir werden ihn auch für die griechiſche Zeit mit einer Burg beſetzt denken dürfen, aber ein Name bietet ſich für ſie nicht dar.

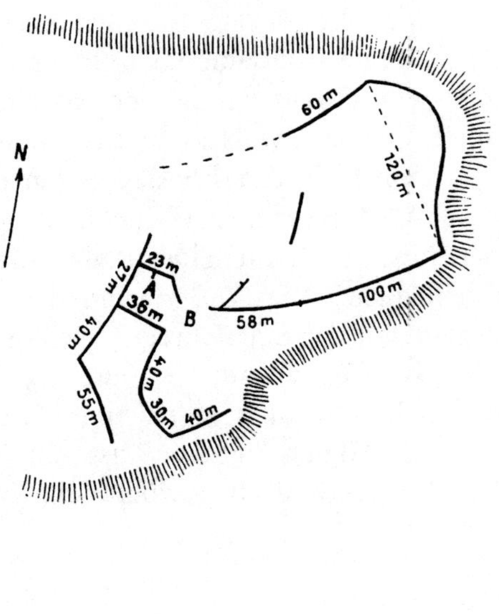

59. Ak-Kaja bei Jenidſcheköi.

Oberhalb Jenidſcheköi (1 Stunde öſtlich) liegt zwiſchen den Quellen zweier Zuflüſſe des Lykos auf dem Ak-Kaja das wunderliche Gebilde einer Befeſtigung, das die beiſtehende Skizze veranſchaulicht. Es beſteht augenſcheinlich aus zwei Teilen, einem größeren, faſt viereckigen im Nordoſten und einem kleinen, fünfeckigen im Südweſten, die wieder durch Zwiſchenlinien miteinander verbunden erſcheinen. Die Mauer maß ich mit 1,30 m, gelegentlich (bei A) auch mit 3 m; bei B ſcheint ein Ausgang geweſen zu ſein.

Die gänzlich unregelmäßige Form erinnert an die früheſten weſteuropäiſchen Volksburgen, z. B. die Heidentränke im Taunus. Wie ſie hierherkommt, ob etwa durch die Galater, weiß ich durchaus nicht.

60. Arlak-Tſchesme bei Jajaköi.

Nach den vielen Inſchriften, die ſchon in Jajaköi, einem anſehnlichen, von Türken und Griechen bewohnten Orte, abgeſchrieben ſind, hat man öfter den Ort ſelbſt für eine antike Stätte gehalten. Dieſe liegt aber ½ Stunde ſüdöſtlich von der heutigen Stadt bei der Arlak-Tſchesme. Hier erhebt ſich weſtlich 100 Schritt von der Tſchesme ein kleiner Hügel, jetzt beackert, der ringsum von Scherben, Ziegeln, Steinen, Fundamentreſten umgeben iſt. Er iſt der ſüdlichſte Vorſprung der Jajaköer Hügelgruppen und liegt frei über der weiten, nur ſchwach gewellten Fläche, die bis Apollonis reicht. Hier war ſicher eine antike Anſiedlung, aber anſcheinend erſt ſpät.

70 m nördlich der Arlak-Tſchesme ein Grab aus grauen Steinplatten, 40 m ſüdlich der Reſt eines ebenſolchen. An der Tſchesme ſelbſt viele Marmorquadern, auch eine Inſchrift (Athen. Mitt. 1889, S. 229), in den Gartenmauern in der Nähe unzählige antike Steine und Ziegel. Ebenſo finden ſich auf dem Friedhofe, 10 Minuten nordweſtlich von Arlak-Tſchesme, viele antike Steine.

61. Apollonis und Doidye.

Apollonis war ſchon von Humann in den Ruinen bei Palamut erkannt und aufgenommen. Es iſt ein großer einheitlicher Stadtring, »eine königliche Befeſtigung« (Conze). Die Mauer aus dem bläulichen Kalkſtein des Berges iſt als Quaderbau beabſichtigt mit Ungleichheiten, die in Einzelheiten an Polygonbau erinnern können; aber immer wieder treten die horizontalen Ober- und Unterflächen der Steine in den Vordergrund. Die gewaltige, 4 m dicke Mauer erſcheint in ihrem Stil als eine Anlage der pergameniſchen Königszeit. Sehr wohlerhalten ſind viereckige Türme in großer Zahl ſowie drei geſchickt angelegte Tore und drei Pforten. Im Innern ſind mannigfache Fundamentmauern von Gebäuden zu erkennen. Die Stadtmauer zieht ſich mit ihrer Südweſtſpitze faſt ganz zur Gong-Ludſcha hinunter, einer prachtvollen warmen Quelle (am 2. Dezember 1898 22° C), die als fertiger Bach den niedrigen Kalkgeſchieben entſtrömt und gegen Südoſten abfließt, die ganze Gegend weithin befruchtend.

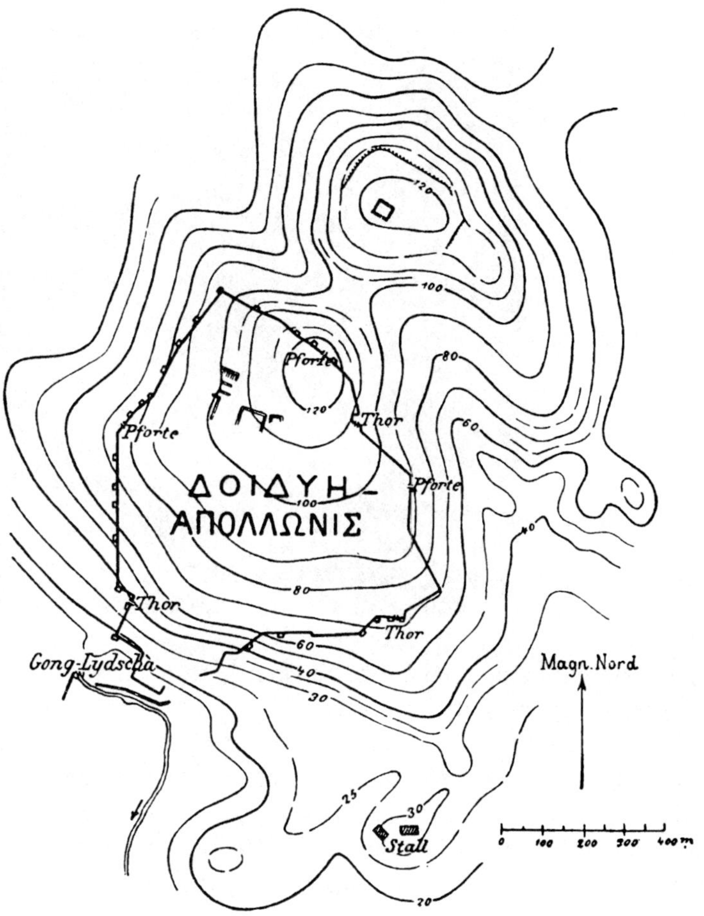

Den Stadtplan wiederhole ich anbei nach meiner in den Athen. Mitt. 1899, S. 155 gegebenen Aufnahme. Von der Stadtmauer geben wir nach Schazmanns Aufnahmen zwei Proben, ein Mauerſtück oben am Berge, mit ſtarker Hinneigung

zum Polygonalbau (beiſtehend oben), und einen Reſt der bis zur Gong-Ludſcha hinabreichenden Befeſtigung (beiſtehend unten).

Nördlich dieſes großen Palamut-Kaleſſi habe ich 1908 auf anſchließender Höhe eine kleinere Befeſtigung gefunden, die in nahezu viereckigem Grundriß eine ganz zerfallene Mauer aus kleineren Steinen ohne Mörtel zeigt. In ihrem ſüdlichen Teile liegt ein rechteckiges Gebäude von etwa 30 : 30 m Größe. Dieſe Befeſtigung erinnert ſehr an die rohen Mauerwälle bei Kireſin und an die vor den Siedlungen liegenden viereckigen Befeſtigungen nördlich von Saritſcham.

Im Jahre 1887, als ich diese zweite Befestigung noch nicht kannte, hatte ich angenommen (Athen. Mitt. 1888, S. 15 f.), daß die bei Palamut gefundene Inschrift Βασιλεύοντος Εὐμένου . . οἱ ἐκ Δοιδύης Μακεδόνες, die aus dem Jahr 161/60 stammt, bedeute: die große Stadtanlage bei Palamut habe ursprünglich Doidye geheißen und sei dann von den pergamischen Königen neugegründet und Apollonis benannt worden.

Diese Auffassung ist erschüttert worden durch den Nachweis Imhoof-Blumers, daß bereits Münzen Eumenes' II. um 186 v. Chr. die Stadt Apollonis nennen. Wenn wir nun aber neben dem königlichen Apollonis eine zweite Befestigung sehen, die, wie Conze und Schazmann nach ihrem Besuch im Jahre 1910 betonen, einen altertümlichen Eindruck macht, so wäre das Nächstliegende, in dieser kleinen Akropole das alte Doidye zu sehen. Sie wäre die alte Militärkolonie gewesen, die dann auch neben der neuen Stadt Apollonis noch fortbestanden hätte. So habe ich das Verhältnis schon in den Athen. Mitt. 1899, S. 154—156 aufgefaßt.

62. Thyateira.

Ak-Hissar ist als Thyateira immer bekannt gewesen und hat als Mittelpunkt einer weiten fruchtbaren Ebene und Hauptstation an der wichtigen Straße vom Hermosgebiet (Magnesia-Sardes) nach dem Norden auch immer seine Bedeutung behalten. So wie aber in der Stadt heute meines Wissens kein baulicher antiker Rest mehr vorhanden ist, so ist auch um sie her die alte Stätte, die Pelopia, Euhippia, Thyateira geheißen hat und doch aus einer Burg hervorgegangen sein muß, nicht ohne Schwierigkeit nachzuweisen. Ich bin nach zwei mehrtägigen Aufenthalten in Ak-Hissar zu dem Ergebnis gekommen, daß es nur jenseits des osmanischen Friedhofes — der antike Inschriften und Gräber hat — und des Windmühlenberges, 3/4 Stunden von der jetzigen Stadt, der kahle, platte Berg von bläulichem Marmor gewesen sein kann, trotzdem er keine so stolze Form wie Teuthrania hat und heute auch keinerlei Bauresté mehr aufweist.

Die römische Wasserleitung, die in der Inschrift von der Arman-Kuju-Tschesme (s. oben S. 70) erwähnt wird (παρατείχισμα ὑδραγωγίου ἐν τῷ Λύκῳ ποταμῷ), ist noch mehrere hundert Meter weit erhalten. Sie kommt ziemlich direkt von Osten (10° O—S) nach Thyateira und ist gebaut aus kleinen Lesesteinen mit viel Mörtel, die Bogen sind meist aus flachen Schiefersplittern mit Mörtel; die übrigen Steine sind bläulicher Marmor, aus dem der ganze Berg südlich von Ak-Hissar besteht. Die Partien unter den Bogen sind später eingesetzt, darin Ziegel- und Rohrstücke, kleine schlechte Steine, sehr grober Sand im Mörtel. Die Inschrift Μουσεῖον καὶ βιβλ. 1886, S. 56, φμγ'. *BCH* XI, 1887, S. 100, n. 23 (Fontrier-Foucart).

63. Hyrkanis.

Im Dorfe Papasli liegt eine große Inschrift der Μακεδόνων Ὑρκανῶν πόλις, die nicht weit verschleppt sein kann. Die einzige Akropolis, die in jener Gegend zu finden ist, ist die kleine, aber stattlich gelegene, eine Stunde südlich von Papasli. Hier wird also Hyrkanis und damit der Mittelpunkt der »hyrkanischen Ebene« anzusetzen sein, die von den Persern nach der Eroberung des lydischen Reiches besiedelt wurde. Mit diesem von Fontrier (Μουσεῖον 1886, S. 11 f.) gewonnenen und von mir 1886 als richtig erkannten Resultate stimmen auch Keil und von Premerstein (S. 59) vollständig überein.

Im Druck abgeschlossen Juli 1911.

MIX
Papier | Fördert gute Waldnutzung
FSC® C083411

Kolibri 360 GmbH
Ferdinand-Jühlke-Straße 7
99095 Erfurt, Deutschland
produktsicherheit@kolibri360.de